浙江省普通高校“十三五”新形态教材

基于Proteus和Keil的C51程序设计项目教程（第2版）——理论、仿真、实践相融合

周灵彬　刘红兵　江　伟　武　芳　编著

電子工業出版社
Publishing House of Electronics Industry
北京·BEIJING

内 容 简 介

本书是项目导向、任务驱动式的教材，将 C51 语言的知识、编程技巧和单片机原理及接口技术融入键控花样灯、音乐门铃、DS18B20 测温、PWM 调光灯、打地鼠等 42 个任务中。以工程教育为理念，采用五步软件开发流程（谋、写、仿、测、判）来组织内容。涵盖 C51 的基本语法，单片机的中断、定时及动态扫描、LCD 及点阵、键盘、A/D、D/A 等接口技术，代码调试、串口助手数据监测等内容。本书例程均经仿真调试与实验板运行验证。多个程序模块可直接移植到其他项目开发中。

为配合本书的教学，作者在"浙江省高等学校在线开放课程共享平台""学银在线"提供了配套的在线开放课程，还提供 PPT、微课讲解、源代码、在线测试实验、作业、试卷库等配套资源，形成立体化移动式教学资源，供读者免费使用。另外，扫描书中的二维码，可以观看配套视频。

本书既可作为高等院校和各类培训班的单片机原理与应用、C51 程序设计的教学用书，也可作为相关爱好者的自学用书。

图书在版编目（CIP）数据

基于 Proteus 和 Keil 的 C51 程序设计项目教程：理论、仿真、实践相融合 / 周灵彬等编著. —2 版. —北京：电子工业出版社，2021.1
ISBN 978-7-121-40331-6

Ⅰ. ①基…　Ⅱ. ①周…　Ⅲ. ①单片微型计算机-程序设计-高等学校-教材　Ⅳ. ①TP368.1

中国版本图书馆 CIP 数据核字（2020）第 261621 号

责任编辑：刘海艳
印　　刷：北京天宇星印刷厂
装　　订：北京天宇星印刷厂
出版发行：电子工业出版社
　　　　　北京市海淀区万寿路 173 信箱　邮编　100036
开　　本：787×1092　1/16　印张：18.5　字数：473.6 千字
版　　次：2016 年 7 月第 1 版
　　　　　2021 年 1 月第 2 版
印　　次：2024 年 7 月第 9 次印刷
定　　价：69.00 元

凡所购买电子工业出版社图书有缺损问题，请向购买书店调换。若书店售缺，请与本社发行部联系，联系及邮购电话：（010）88254888，88258888。

质量投诉请发邮件至 zlts@phei.com.cn，盗版侵权举报请发邮件至 dbqq@phei.com.cn。

本书咨询联系方式：lhy@phei.com.cn。

前　言

C 语言是高级计算机编程语言，具有接近自然语言和形如数学表达式的特点，因其丰富灵活的控制和数据结构、简洁高效的语句表达、清晰的程序结构和良好的可移植性，成为程序设计的首选语言。它又有直接控制硬件的能力，成为开发众多智能电子产品控制系统软件的首选编程语言。在学校的课程体系中，计算机编程语言、控制系统相关的课程可能不在同一学期开设，往往由于先后次序不同造成教学脱节的问题。为了解决该问题，增强编程语言课程学习的实用性、实效性，作者将 C 语言程序设计的教学内容与常用的 51 内核单片机知识相融合，写成本书。

为配合本书的教学，作者在“浙江省高等学校在线开放课程共享平台”“学银在线”提供了配套的在线开放课程，还提供 PPT、微课讲解、源代码、在线测试实验、作业、试卷库等配套资源，形成立体化移动式教学资源，供读者免费使用。另外，扫描书中的二维码，可以观看配套视频。

本书有如下特点：

1．以工程教育 CDIO 理念为指导，授予“渔”的方法，训练“渔”的能力

曾有学生在程序设计的课堂上问“你是怎么想到的？”他这是求捕鱼之法，而不是简单的“怎么写”，是“求渔”! 这一问也道出了程序设计教学的根本所在——教学生如何“想到”的思维方法并训练其编程能力。故“思维训练”是本书的核心，按照程序开发流程（问题→算法设计→数据抽象→流程设计→语句选择→程序书写→调试、测试与判定→总结），将编程思维方法与步骤归纳为五步流程（谋、写、仿、测、判），解决学生“怎么想（思想方法）”“怎么写（编程落地）”的疑问，培养学生分析问题和解决问题的能力。同时也努力建立全局意识，先整体后模块，通过算法设计、程序框架、程序流程等强调从整体上把控设计，而不是只记得零星的句式或语法。本书还特地安排了强化逻辑思维训练的项目 4，包括“歌星大赛计分”“求车号是多少”“谁是罪犯”“百鸡百钱”“数据排序”等任务，培养学生探索、创新精神和实践能力，磨炼“将军脑袋”，体验谋划的思维快乐和编程实践成功的喜悦。拥有独立思考的能力将使学生终生受用。

2．理论、仿真、实践相融合

高职学生乐于形象思维、动手实践，宜采用在做中学的教学形式。应用最先进的单片机和嵌入式系统及电子电路仿真软件 Proteus 作为形象直观的仿真教学与仿真实践的平台，仿真设计实践使学生如虎添翼，可以通过仿真实践快速完成程序设计。仅有仿真实践还不够，开发的程序还应经得起实物运行考验，将仿真调试好的代码下载到配套的实物实践板，运行如期才算真正的成功。理论、仿真、实践互相融合，使仿真在现实中落地，会有效增

强学习信心，培养学生会想、会写、会调、会测试、会判断的综合能力。

3．趣味任务驱动，循序渐进

本书设计了 8 个项目，共包括 42 个任务、32 个进阶子任务，使本书实用、学生上手快，教学内容与实际接轨，即学即用。每个项目后配有思维导图形式的小结。在项目任务的选取上，融合了知识、技术、技能、趣味性。

遵循学习规律和人的发展规律，以项目为导向，将知识点与技能、技巧、规范融入任务中，化解学习难度，通过完成任务来学习知识、训练技能，培养专业素养，力求让读者在完成每一个任务项目的实践中解决若干个技术难点。本书整体的组织结构由易到难、由浅入深、由单一到综合，循序渐进，可操作性强。每一个任务都以步步高式层次化组织及安排内容，在进阶设计环节有思路点拨，满足不同能力的学生需求，举一反三，触类旁通。

4．注意工程意识的培训，强调编程书写规范，采用模块化的设计思想

本书在源代码编写方面注重规范，有注释、有说明、有层次，培养学生编程书写规范的意识。

在模块化设计方面，本书项目中的一些实用模块头文件，如 dly_nms.h、seg_dis.h、key16.h、cd1602.h、18b20.h、ADC0831.h、serial_init.c 可移植到其他项目中。

5．强调程序调试

运行测试异常或运行有问题时需要进行调试，而源代码调试是解决问题的重要方法。书中讲解了 Keil 调试、Proteus 调试及用串口助手实时监测数据。本书的源程序都通过仿真测试、实物运行成功，保证正确性。

本书项目 1 及 2.1～2.2 节、项目 7～8 由周灵彬编写，2.3～2.7 节及 3.1～3.5 节由刘红兵编写，3.6～3.9 节及项目 4、项目 6 由江伟编写，项目 5、附录由武芳编写。配套的实验板由周灵彬设计，全书由周灵彬主编并统稿。

感谢徐爱钧教授和王荣华工程师提出许多宝贵意见！

感谢张靖武教授的鼓励和指导！

感谢学院与省教育厅的重视与政策支持！感谢家人的默默付出与支持！感谢可爱的同事、同学的配合与建议！感谢广州市风标电子技术有限公司、祈禧电器公司的大力支持！

本书既可作为各类大专院校和各类培训班的 51 单片机应用、C51 程序设计的教学用书，也可作为单片机技术应用爱好者的自学用书。相信通过本书的学习，读者能掌握 51 单片机应用系统程序设计的方法与技能。

由于编著者水平有限，对书中存在的谬误之处敬请读者批评指正！

编著者

2020.8

目　　录

项目 1　认识编程载体——单片机和编程开发环境

项目目标

（1）建立几点共识：①编程是针对一个自动控制系统，是控制系统的灵魂；②一个控制系统包括以单片机为核心的硬件和在这个单片机上运行的软件程序；③软件必须与单片机硬件密切配合；④C51 程序是由函数构成。

（2）初步认识单片机的硬件架构、存储器结构和引脚。

（3）掌握程序开发环境 Keil 基本应用。

项目知识与技能要求

（1）与计算机对比，了解单片机内部硬件框架结构、存储器构成和引脚名称及功能。

（2）掌握程序开发环境 Keil 七步法应用要领会通过串口查看输出内容。

（3）建立树状结构化程序设计全局认识。

（4）建立规范书写程序的质量与效率意识。

“C51 编程”是使用 C 语言对以 51 系列单片机为核心的控制系统进行程序设计。

一个以单片机为核心的控制系统除了单片机和其外围的电子电路，还必须与软件配合才能实现一定的控制功能和性能指标。这个控制系统可以简单地用人体比喻，其硬件犹如人的血肉之躯，没有它就无法行动；其软件就像人的大脑，没有它就无法思考，无法解决问题，虽然四肢很健全，但可能是乱动，而不是有节奏地协调运动；没有软件的系统就像植物人，空有躯体却不能做最基本的动作。

编程是基于硬件的软件开发。首先要熟悉和掌握单片机的结构、存储空间的分配、各功能模块具有的相应寄存器配置等。程序运行就是配置、支配和使用单片机内部资源。

1.1　单片机的应用及主要类型

单片机是一块集成电路芯片，其全称是单片微型计算机。它是典型的嵌入式微控制器。它就在我们身边，无处不在，它就是电磁炉、U 盘、鼠标、手机、空调、相机、玩具、遥控器、洗衣机、机器人等控制电路板中的核心芯片（见图 1-1）。

纵观这些电子产品都有一个特点，它们都有输入或输出设备。比如，鼠标的按键、遥控器的按键等是输入设备，洗衣机的电动机、机器人的执行机构是输出设备。形形色色的输入设备和输出设备都在单片机的控制下协调工作。

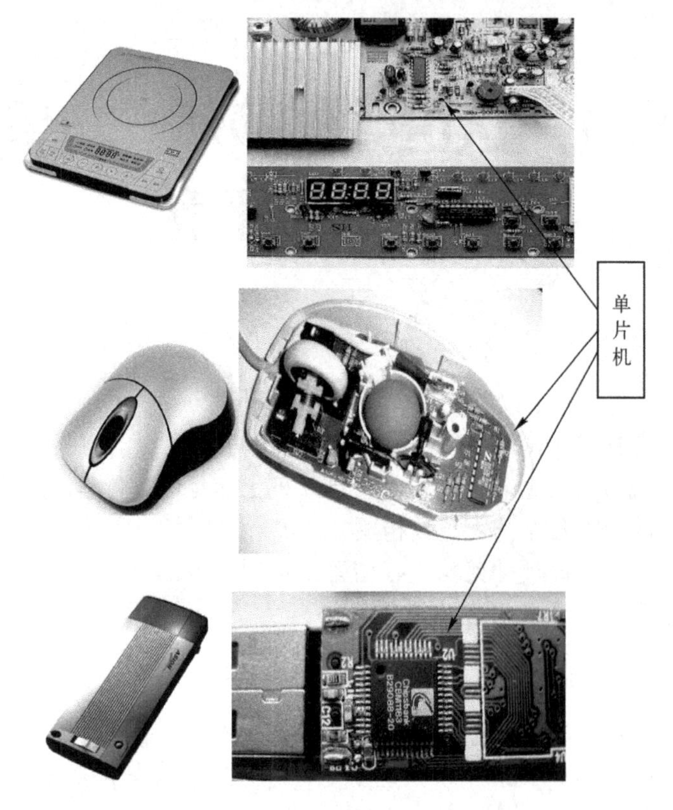

图 1-1　无处不在的单片机应用产品

单片机的发展先后经历了 4 位、8 位、16 位和 32 位等阶段。8 位单片机由于功能强，被广泛用于工业控制、智能接口、仪器仪表等各个领域。8 位单片机在中、小规模应用场合仍占主流地位，代表了单片机的一个发展方向。

1．Intel 8051 单片机

Intel 8051 单片机于 1980 年由 Intel（英特尔）公司首先研制出来并应用于嵌入式系统中。随后 Intel 公司将 80C51 内核使用权以专利互换或出让形式提供给世界许多著名 IC 制造厂商，如 Philips 、NEC、Atmel、AMD、Dallas、siemens、Fujutsu、OKI、华邦、LG 等。厂商们在保持与 80C51 单片机兼容的基础上，融入了自身的优势，扩展了针对满足不同测控对象要求的外围电路，如 ADC、PWM、HSL/HSO、I^2C、WDT、Flash ROM 等，开发出上百种功能各异的新品种。80C51 是 8 位单片机的主流，成了事实上的标准 MCU 芯片。

国内新崛起的 51 单片机是宏晶公司的 STC 系列单片机。拥有中国大陆独立自主知识产权，具有高速、低功耗、超强抗干扰特点。指令代码完全兼容传统 8051，但速度快 8～12 倍，内部集成 MAX810 专用复位电路、PWM、高速 10 位 ADC、EEPROM、看门狗等丰富资源。

2．MicroChip 单片机

MicroChip 单片机的主要产品是 PIC16C 系列和 PIC17C 系列 8 位单片机。MicroChip

单片机采用精简指令集、Harvard 双总线结构，运行速度快，工作电压低，功耗低，有较大的输入/输出直接驱动能力，价格低，一次性编程，体积小，适用于用量大、档次低、价格敏感的产品。MicroChip 单片机在办公自动化设备、消费电子产品、通信、智能仪器仪表、汽车电子、金融电子、工业控制等不同领域都有广泛的应用。

3．AVR 单片机

AVR 单片机是 Atmel 公司 1997 年推出的 8 位精简指令集 RISC（Reduced Instruction-Set Computer）单片机。它的结构更加简单合理，具备了 1MIPS/MHz（百万条指令每秒/兆赫兹）的高速处理能力。它有 3 个档次：

- 低档 Tiny 系列，主要有 Tiny11/12/13/15/26/28 等；
- 中档 AT90S 系列；
- 高档 ATmega：主要有 ATmega8/16/32/64/128 以及 ATmega8515/8535 等。

另外，流行的 Arduino 电子开发平台包括主要以 AVR 单片机为核心控制器的开发板和配套的集成开发环境，是开源的软硬件，适合创客、艺术家等探索把玩。

4．其他单片机

- 基于 ARM 技术的系列单片机：高端、复杂系统应用。
- TI 的 MSP430 系列单片机、凌阳 SPCE061A 系列单片机。
- Freescale 公司的系列单片机。
- Texas Instruments 公司的系列单片机。

1.2　单片机的外形与框架

单片机与我们日常办公等用的台式计算机、笔记本电脑等都属于微型计算机系统。与计算机相比，单片机只少了显示器、键盘等输入/输出设备。它如计算机一样有自己的硬件资源，如 CPU、存储器等，但在量上相差太悬殊，如此它才能做到微小，而且弱化计算功能，强化控制功能，可以嵌入被控对象中，成为嵌入式微控制器。它已渗透到我们生活的各个领域，如使用智能 IC 卡等的仪器仪表，录像机、摄像机、全自动洗衣机等家用电器，程控玩具、电子宠物、医用设备、航空航天、专用设备等。下面通过表 1-1 的比较建立对单片机的感性认识。

表 1-1　单片机与 PC 的比较

项目	单片机	电脑
大小	像钮扣一样大小	平板电脑约 32 开纸张大小
接口	少，32 个引线脚（51 单片机）	多，显示器、鼠标、键盘、USB、音频、存储卡等
CPU	有，简单	有，复杂
运行速度（主频）	1～几百 MHz	几 GHz
ROM 容量	1～几十 KB	几百 GB～几 TB
RAM 容量	256～几 KB	几 GB

1.2.1 内部结构框图和主要部件

1. 内部结构框图

AT89C51 内部结构框图如图 1-2 所示，给出了单片机的基本硬件资源。

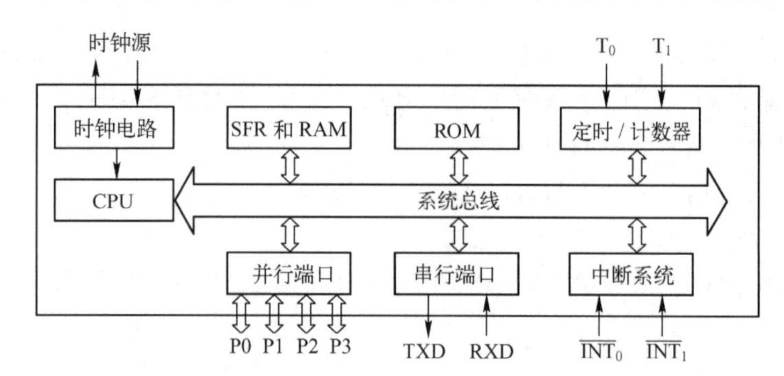

图 1-2 AT89C51 内部结构框图

2. 主要部件

AT89C51 有下列主要部件。

（1）一个以 ALU 为中心的 8 位中央处理器（CPU），完成运算和控制功能。

（2）128B 的内部数据存取存储器（片内 RAM），其地址范围为 00H～7FH。

（3）21 个特殊功能寄存器（在片内 RAM 的 SFR 块中，又称专用寄存器），离散分布于地址 80H～FFH 中。

（4）程序计数器 PC，是一个独立的 16 位专用寄存器，其中的内容是将要执行的指令地址（程序存储器中的地址）。

（5）4KB Flash 内部程序存储器（片内 ROM），用来存储程序、原始数据、表格等。

（6）4 个 8 位可编程 I/O 口（P0、P1、P2、P3）。

（7）一个 UART 串行通信口。

（8）2 个 16 位定时器/计数器。

（9）5 个中断源，两个中断优先级的中断控制系统。

（10）一个片内振荡电路和时钟电路。

1.2.2 引脚：数据输入/输出通道

双列直插式封装的 AT89C51 单片机的引脚和逻辑符号如图 1-3 所示。40 个引脚大致可分为 4 类：电源、时钟、控制和 I/O 引脚。

1. 电源引脚

（1）GND（20）：接地端。

（2）V_{CC}（40）：接 DC 电源端，在−40～85℃时，V_{CC}=5.0V±20%，极值为 6.6V。

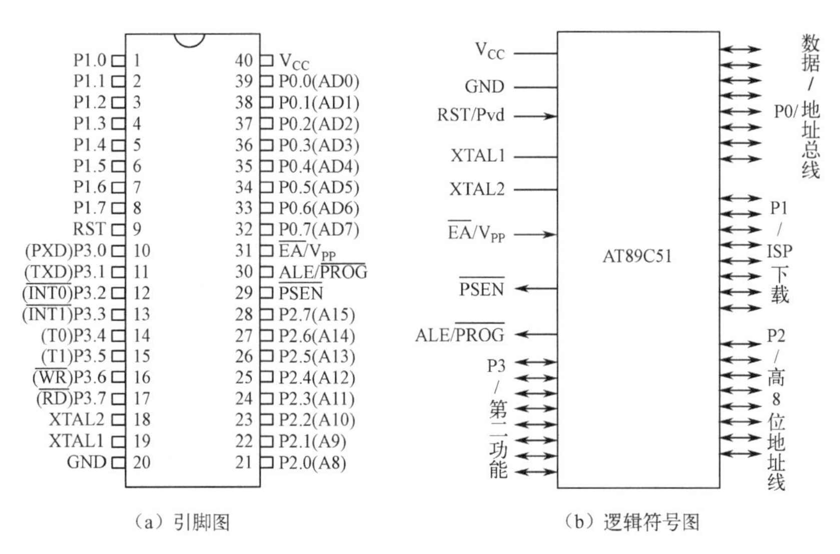

（a）引脚图　　（b）逻辑符号图

图 1-3　双列直插式封装的 AT89C51 单片机的引脚图和逻辑符号图

2．时钟引脚

（1）XTAL1（19）：外接振荡元件（如晶振）的一个引脚。采用外部振荡器时，此引脚接振荡器的信号。

（2）XTAL2（18）：外接振荡元件（如晶振）的一个引脚。采用外部振荡器时，此引脚悬浮。

3．控制线

（1）RST（9）：复位输入端。

（2）ALE/（$\overline{PROG}$）（30）：地址锁存允许/编程脉冲。在对 Flash 存储器编程期间，此引脚用于输入编程脉冲（$\overline{PROG}$）。

（3）$\overline{EA}$/V_{PP}（31）：内、外 ROM 选择/编程电源

$\overline{EA}$ 为片内外 ROM 选择端。ROM 寻址范围为 64KB。AT89C51 单片机有 4KB 的片内 ROM，若不够用时，可扩展片外 ROM。当 $\overline{EA}$ 保持高电平时，先访问片内 ROM，当 PC 的值超过 4KB 时，自动转向执行片外 ROM 中的程序。当 $\overline{EA}$ 保持低电平时，只访问片外 ROM。在 Flash 编程期间，此引脚用于施加编程电压 V_{PP}。

（4）$\overline{PSEN}$（29）：外部 ROM 读选通信号。

在从外部程序存储器取指令（或常数）期间，每个机器周期出现两次 $\overline{PSEN}$ 有效信号。但在此期间内，每当访问外部数据存储器时，这两次有效的 $\overline{PSEN}$ 信号将不出现。$\overline{PSEN}$ 有效信号作为外部 ROM 芯片输出允许 OE 的选通信号。在读内部 ROM 或 RAM 时，$\overline{PSEN}$ 无效。

4．P0～P3 口的 32 根引脚

P0～P3 口的 32 根引脚是四个并行 I/O（输入/输出）口，即 P0、P1、P2、P3。P0 有 P0.0～0.7 引脚 8 根，P1 有 P1.0～1.7 引脚 8 根，P2 有 P2.0～2.7 引脚 8 根，P3 有 P3.0～3.7 引脚 8 根，共 32 根。

1.3 C51 语言及其开发环境简介

1.3.1 C 语言的历史及特点

在 C 语言诞生以前，系统软件主要是用汇编语言编写的。由于汇编语言程序依赖计算机硬件，其可读性和可移植性都很差；但一般的高级语言又难以实现对计算机硬件的直接操作（这正是汇编语言的优势），于是人们盼望有一种兼有汇编语言和高级语言特性的新语言。C 语言是贝尔实验室于 20 世纪 70 年代初研制出来的，后来又被多次改进，并出现了多种版本。20 世纪 80 年代初，美国国家标准化协会（ANSI），根据 C 语言问世以来各种版本对 C 语言的发展和扩充，制定了 ANSI C 标准（1989 年再次做了修订）。

使用 C 语言来进行 51 内核单片机的程序设计，就是 C51 程序设计。其语法规定、程序结构及程序设计方法，都与 ANSI C 相同。

用 C51 语言编写的应用程序必须经单片机的 C 语言编译器，转换生成单片机可执行的代码。此处采用 Keil 软件介绍 C51 程序设计。

C51 语言与汇编语言相比，有如下优点：

（1）语言简洁、紧凑，使用方便、灵活。

（2）运算符极其丰富。

（3）生成的目标代码质量高，程序执行效率高。

（4）可移植性好（较之汇编语言）。

（5）可以直接操纵硬件。

1.3.2 C51 的 Keil μVision 开发环境简介

Keil μVision 是支持 51 系列与 ARM 的 IDE（Integrated Develop Environment，集成开发环境），简称 Keil。它集成了工程管理、源程序编辑、MAKE 工具（汇编/编译、链接）、程序调试和仿真等功能；支持汇编、C 语言等程序设计语言，易学易用；支持数百种单片机，是众多单片机应用开发软件中的优秀软件。

Keil 提供源码级调试功能，支持断点、变量监视、存储器访问、串口监视、指令跟踪。

Keil 将选择单片机、确定编译/汇编器、连接参数、指定调试方式及各种选项设置、所有源程序文件、说明性的文本文件都加在一个“工程（Project）”中。因此使用 Keil 开发一个项目时必须建立一个“工程”，它保存各种设置，组织和管理一个项目的所有文件，在这个工程中才能编译/汇编得到目标代码、进行调试。

一般的家用计算机足以支持 Keil 软件。根据 Keil 安装指导，将 Keil 正确安装到计算机中，注意正确填写序列号。

1.4 任务 1：Keil C 应用入门——单片机输出“Hello C51”

为快速入门，下面以简单实例来讲述 Keil 的应用。本节假设读者已正确安装了

Keil，并已在桌面上建立了快捷方式图标。

1.4.1　建立工程、设计程序、编译

1．进入 Keil μVision

双击快捷方式图标，则出现如图 1-4 所示的 Keil μVision 工作界面。

图 1-4　Keil μVision 工作界面

单击图标 Pro...，可开/关工程管理窗口。

2．建文件夹，建立工程

先建自己的文件夹。在文件路径、文件夹、文件名中，尽量不要出现中文。

执行菜单命令“Project”→“New μVision Project”，弹出如图 1-5 所示对话框。先选择保存路径（若要创建文件夹，可单击图 1-5 中的“新建文件夹”按钮，并命名），为工程取名（如 HELLO），单击“保存”按钮，则名为 HELLO.uvproj（若使用 uv4 以前的版本的 Keil μVision，则工程后缀是 uv2）的工程文件存盘。随即弹出“Select Device for Target ‘Target 1’”对话框，如图 1-6 所示，要求选择用于工程的某型号单片机。

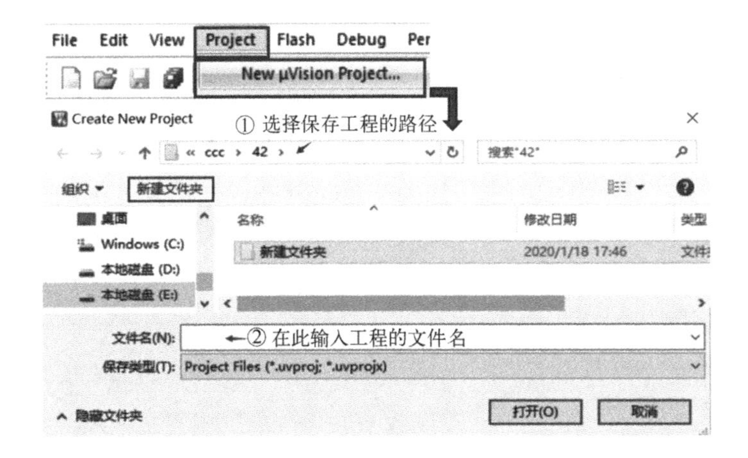

图 1-5　新建工程及保存工程（建议保存在自己的文件夹中）

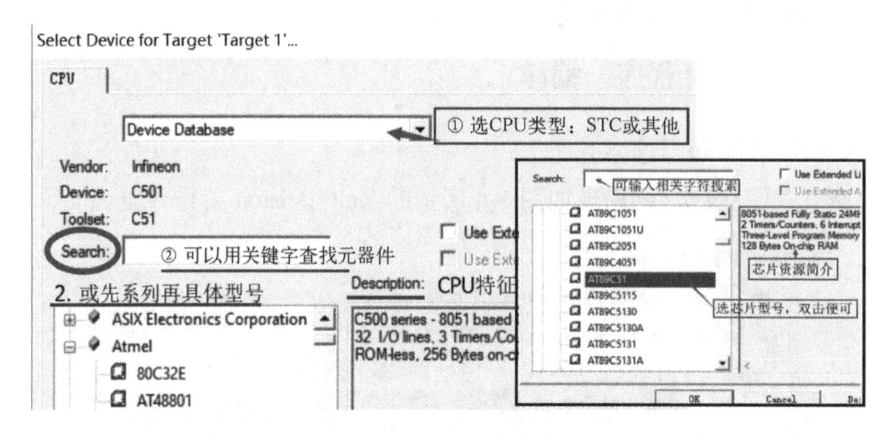

图 1-6　选型：Atmel 公司的单片机 AT89C51

3．选择项目工程使用的单片机型号

如图 1-6 所示，双击左侧单片机选择框中的“Atmel”，则列出 Atmel 公司生产的各种型号的单片机，选中 AT89C51 再单击“OK”按钮，则选好单片机 AT89C51，并返回工作界面。

注意：对于弹出的提示框“Copy Standard 8051 Startup Code to Project Folder and Add File to Project?”，单击“否”按钮，如图 1-7 所示，以便于 Proteus 仿真。

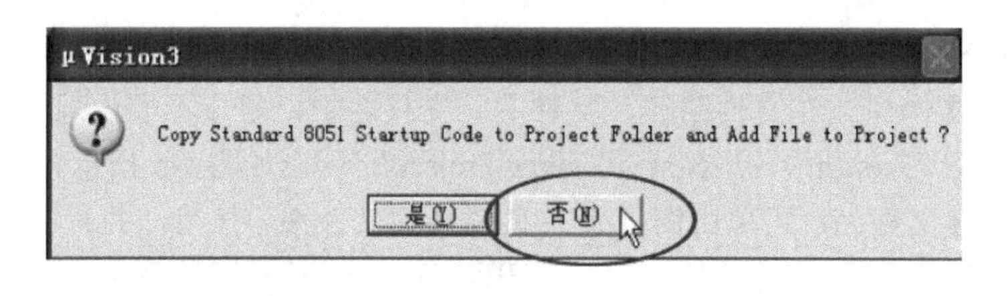

图 1-7　不选择启动代码

4．新建源程序并保存：→

执行菜单命令“File”→“New”或单击工具按钮，弹出一个文本编辑窗口，单击工具栏中的按钮，弹出如图 1-8 所示对话框，将其保存在与工程同一文件夹中（保存路径默认为当前工程的路径），在文件名一栏中输入源程序名（如 hello.c，注意要加.c 后缀），单击对话框中的“保存”按钮，保存 C 源程序文件。在 hello.c 的文本窗口内编写、保存源程序。程序内容如下：

```
//将输入法置于英文状态下输入
  #include  <reg51.h>
  #include  <stdio.h>
void  main  (void)
{  //  此为单行注释，即在注释行首放置英文符号：//   ；注释按需而设，非必写内容
```

```
    /* 此为多行注释，只要在注释内容的首、尾分别放置符号"/*" "*/"即可*/
SCON   = 0x50;           /* SCON：串口工作方式 1，允许接收          */
    TMOD |= 0x20;        /* TMOD：定时器 1，工作方式 2，8 位自动重载初值   */
    TH1    = 0xfd;       /* TH1：11.0592MHz 条件下产生 9600 波特率*/
    TL1    = 0xfd;
    TR1    = 1;          /* TR1：启动定时器 1 工作      */
    TI     = 1;          /* TI：进行异步通信，通过 printf 语句发送第一个数据     */
/* 此为注释行，以上语句是为应用 printf 函数而进行串口初始化    */
printf (" Hello C51 \n");     /*  输出 "Hello C51 "    */
while (1) ;                   //  死循环语句
 }
```

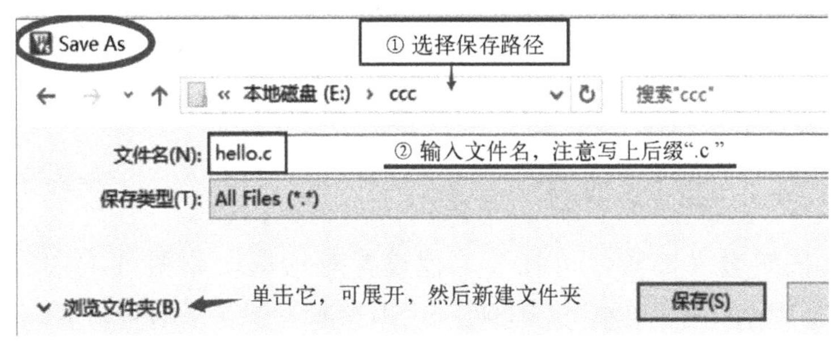

图 1-8　编辑源程序并保存

5. 将源程序文件添加到工程中

单击工程管理窗口中的文件夹“Target 1”前的加号，出现下层文件夹“Source Group1”，右击“Source Group1”，弹出菜单，如图 1-9 所示。右击菜单中的“Add Existing Files to Group…”，在弹出的对话框（见图 1-10）中单击文件类型栏右端的下拉列表 文件类型(T): C Source file (*.c) 确认文件类型，再选择已有的 C 文件双击；或直接输入源程序文件名，如 hello.c，单击“Add”按钮，接着再单击“Close”按钮，则将源程序文件 hello.c 添加到工程 hello.uvproj 中。

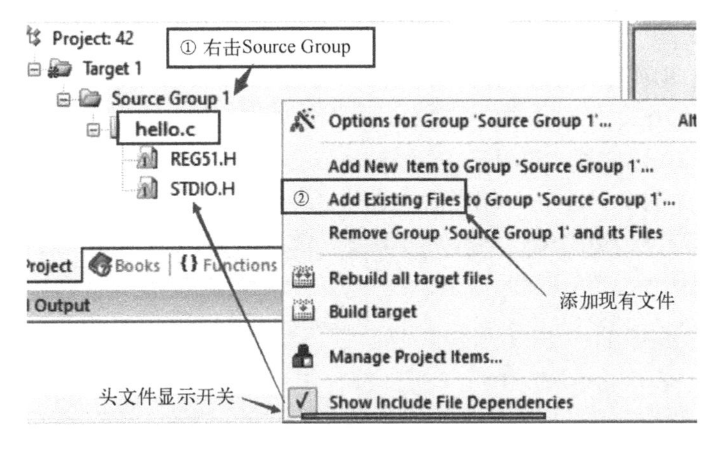

图 1-9　在工程管理窗口添加文件的命令

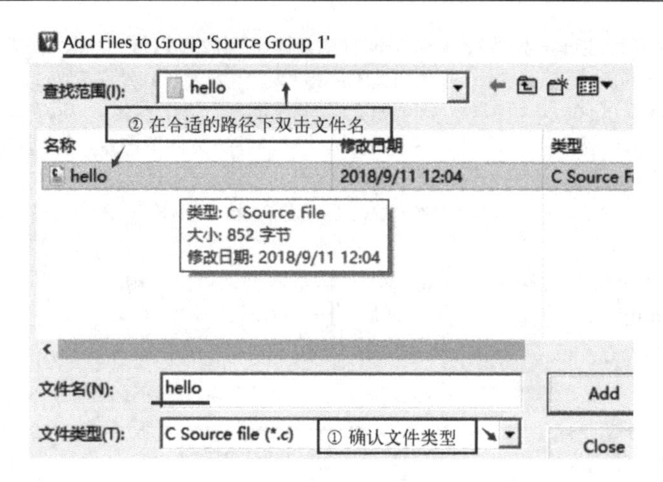

图 1-10　在工程管理窗口添加文件

6．设置 Keil 工程目标选项

单击工具按钮魔术棒，可打开工程设置对话框，如图 1-11 所示；或操作菜单“Project”→“Option for Target ‘Target1’”，出现对工程设置的对话框。

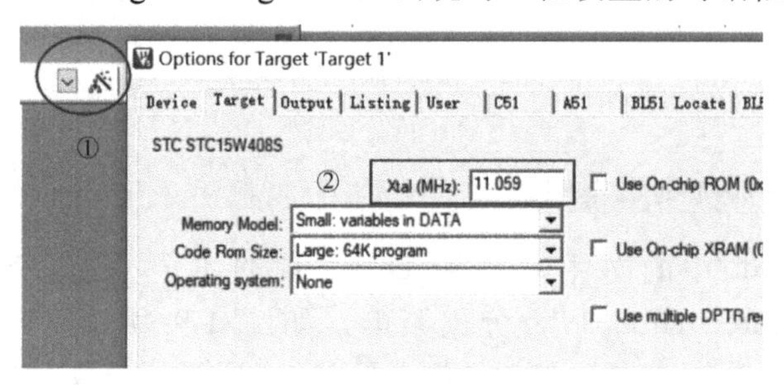

图 1-11　工程设置对话框

该对话框有 10 个选项卡，如图 1-11 所示，当前选项卡为“Target”。一般应用设置其中几项即可。

（1）设置用 Keil 模拟调试时的晶振频率：在“Target”选项卡的Xtal (MHz):栏中填写振荡频率。根据本项目实际使用的振荡频率，设置为 11.0592MHz，如图 1-11 所示。

（2）开启生成*.HEX 代码选项：在“Output”选项卡，勾选Create HEX Fi:，表示编译后输出格式为 HEX 的代码文件，也可在Name of Executable:栏输入新的代码文件名，一般代码文件名同工程名，如图 1-12 所示。编译后生成的目标代码文件为 HELLO.HEX。

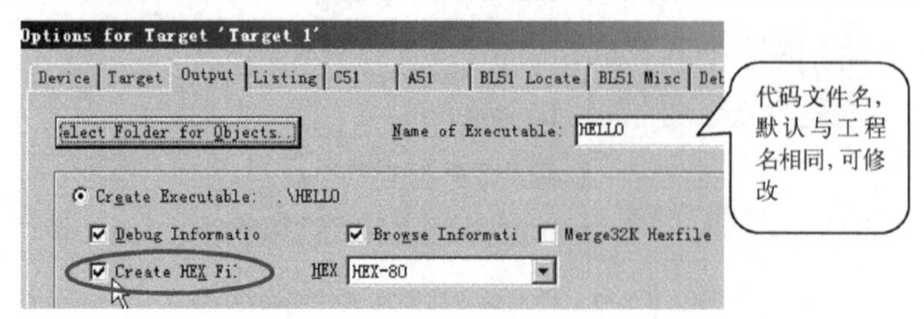

图 1-12　“Output”选项卡中的设置

（3）调试工具选择：在“Debug”选项卡设置调试工具，默认为“Use Simulator”，即 Keil 软件仿真器。此处只用到本软件仿真器，所以保持原默认设置即可，如图 1-13 所示。右侧可选择本软件外的其他硬件或软件模拟仿真器。

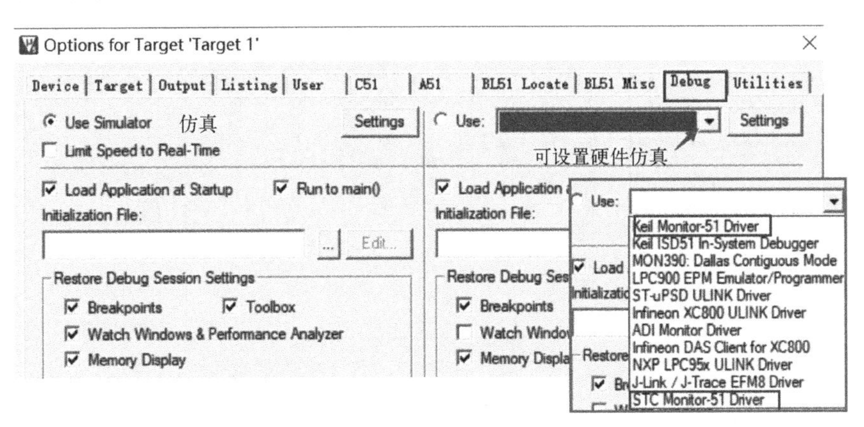

图 1-13　“Debug”选项卡中的设置

对 Keil 工程设置好后，单击“确定”按钮，完成设置，并返回到图 1-10 所示的界面。

7．源程序编译

单击工具栏中的两个按钮之一，生成目标代码。两个按钮的含义如下。

● 汇编/编译修改过的文件，生成目标代码文件*.HEX，并建立链接。

● 不管是否修改过，全部重新汇编/编译生成目标代码文件*.HEX，并建立链接。

汇编/编译后弹出汇编信息输出窗口，如果成功，则输出窗口如图 1-14 所示；如果源程序有错误，则信息输出窗口如图 1-15 所示，并提示错误。双击错误提示行，有橄榄绿色光标出现在错误附近，如图 1-15 第 11 行多了个“,”。

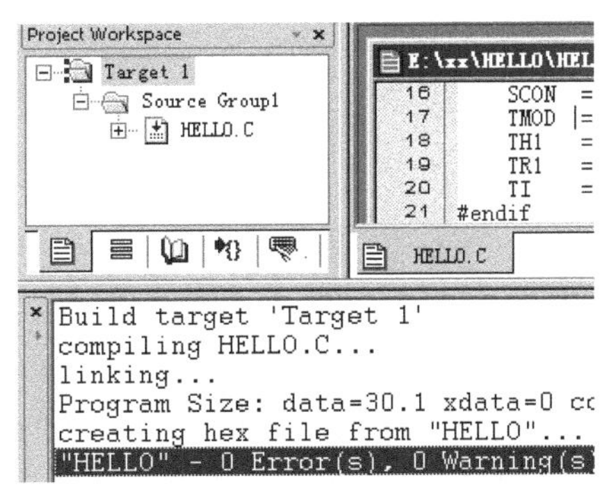

图 1-14　编译成功

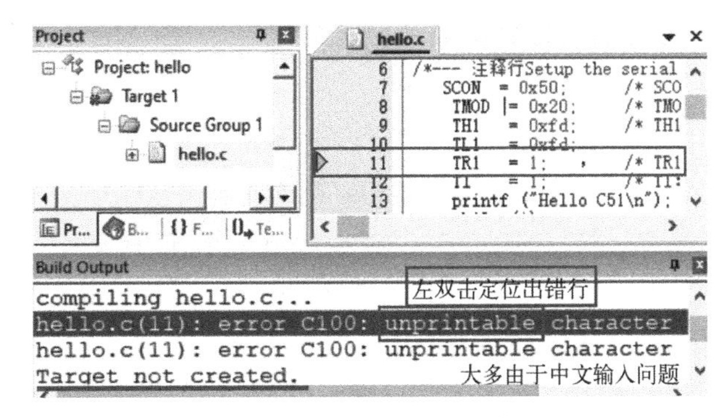

图 1-15　编译不成功

1.4.2　Keil 的初步调试：查看串口输出“Hello C51”

1．单击进入/退出调试状态

单击工具栏中工具按钮（或执行菜单命令“Debug”→Start/Stop Debug Session”），进入调试状态，工作界面有明显的变化。工程管理窗口中显示出寄存器窗口，有常用的寄存器，如 r0、r1…r7、a、b、dptr、sp、psw、pc 等；工具栏中多出一个与调试有关的工具栏，如图 1-16 所示。常用的调试命令图标说明及其快捷键如图 1-17 所示。

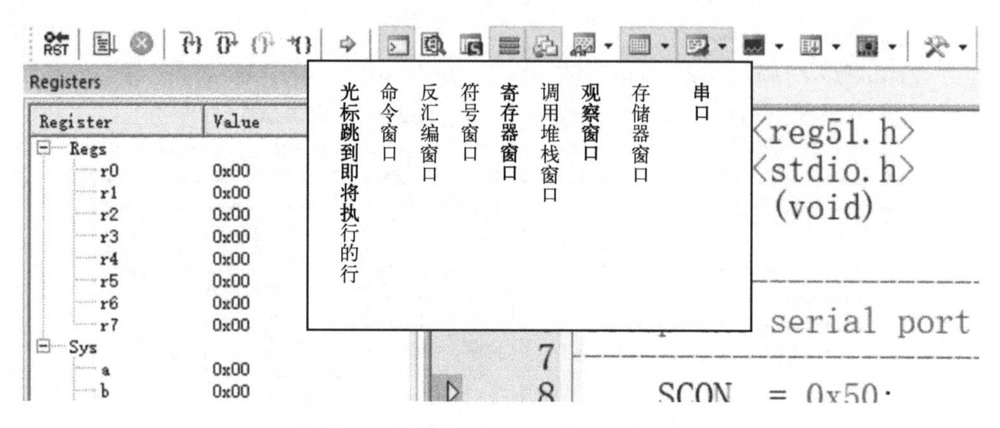

图 1-16　进入调试状态，出现调试工具栏

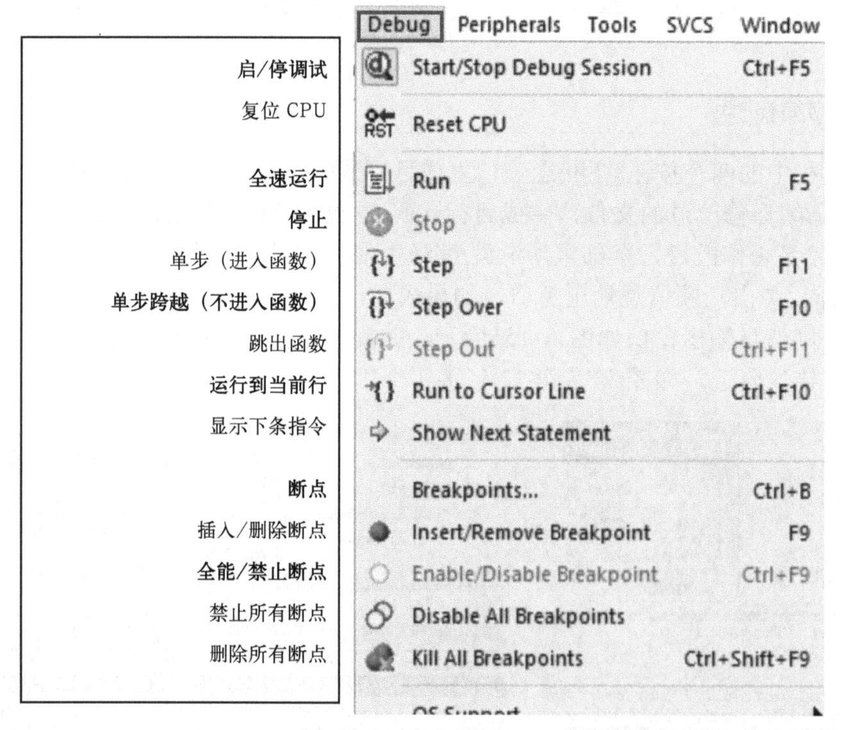

图 1-17　常用调试命令图标说明及其快捷键

2．打开串行窗口 1

单击[串口图标]，会弹出串口 1 的窗口，如图 1-18（a）所示。在有多个串口的单片机中，单击串口图标右侧的黑三角，则可选择其他串口来观测，如图 1-18（b）所示。在串行窗口打开的情况下，再单击[串口图标]，则会关闭串行窗口。

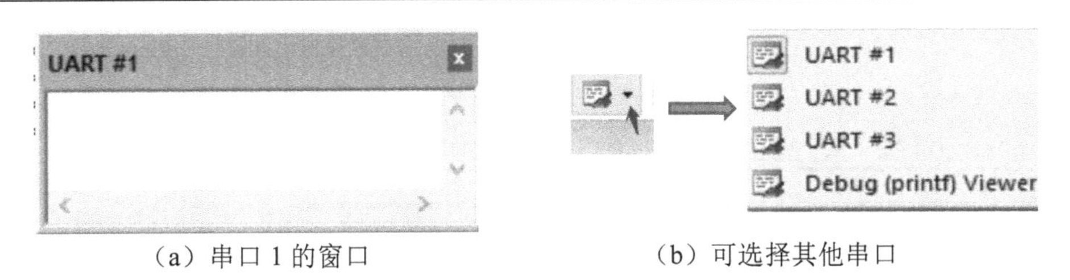

（a）串口1的窗口　　（b）可选择其他串口

图1-18 串行窗口

3．复位

单击工具按钮，复位。

4．全速运行

单击工具按钮或快捷键F5，则可以全速执行程序，停止工具按钮由灰色变为红色，运行按钮也变灰，即表示正在不间断地执行程序指令。本HELLO工程全速运行，在串行窗口1 UART #1 输出“Hello C51”，如图1-19所示。最后程序停在“ while (1) ;”语句上。若要停止运行，单击停止工具按钮，它将由红色变成灰色。

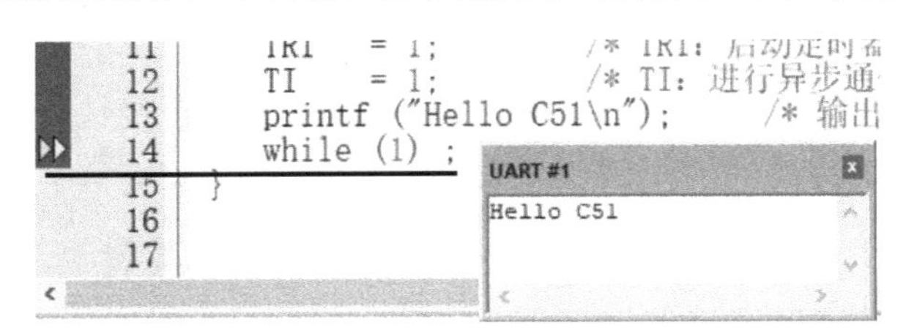

图1-19 在串口1输出“Hello C51”

5．退出模拟运行

单击，退出调试。再次单击又进入调试状态。

提示：*若修改了程序，必须先退出调试状态，编译无误后重新进行调试。*

6．其他调试窗口

（1）反汇编窗口。单击工具按钮，弹出反汇编窗口Disassembly，如图1-20（a）所示，从该窗口中可看到对应汇编语言程序行的机器码（程序目标代码）及其在ROM中的安排。

（2）存储器窗口。单击工具按钮，弹出存储器1窗口。如图1-20（b）所示，单击图标上的黑三角，可从弹出的4组窗口（Memory 1、Memory 2、Memory 3、Memory 4）中选其一。通过设置可观察不同的存储空间，设置方式为

存储空间代码：起始地址编号

地址编号可以是十进制数或十六进制数。

① 代码存储空间（ROM，用“C”表示）。

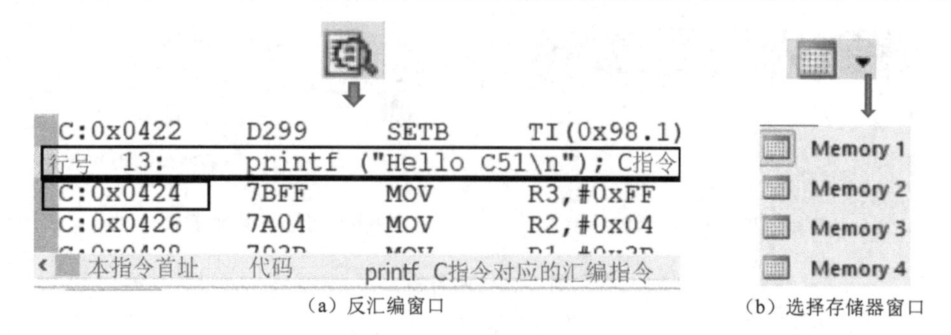

（a）反汇编窗口　　（b）选择存储器窗口

图 1-20　其他常用辅助调试的窗口

如要在 Memory 1 查看 ROM 从地址 0 起始的代码，可设置起始地址：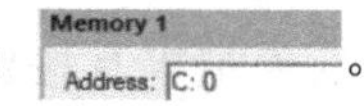。

② 直接寻址的片内空间（片内 RAM，用“D”表示）。

如要在 Memory 2 查看 DATA 的 0x30 地址的内容，可设置起始地址：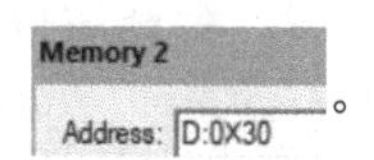。

③ 间接寻址的片内存储空间（用“I”表示）。

④ 片外扩展 RAM 存储空间（用“X”表示）。

（3）开关工程管理窗口。工程管理窗口通过如图 1-21 所示的工具按钮 来开关，也可通过菜单“View”来开关。想要查看 Keil 软件的用户手册，参照图 1-22 来操作。

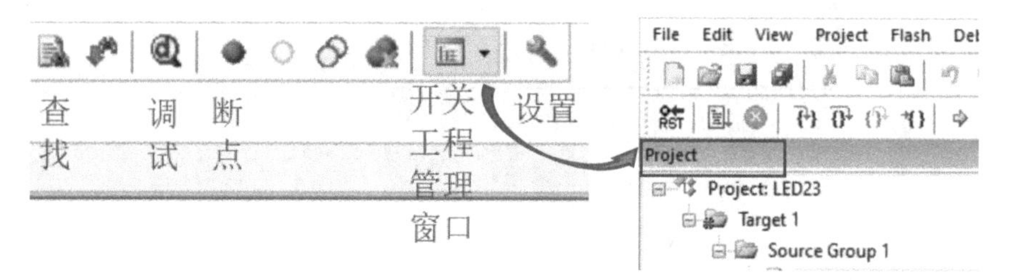

图 1-21　工程管理窗口的开关操作

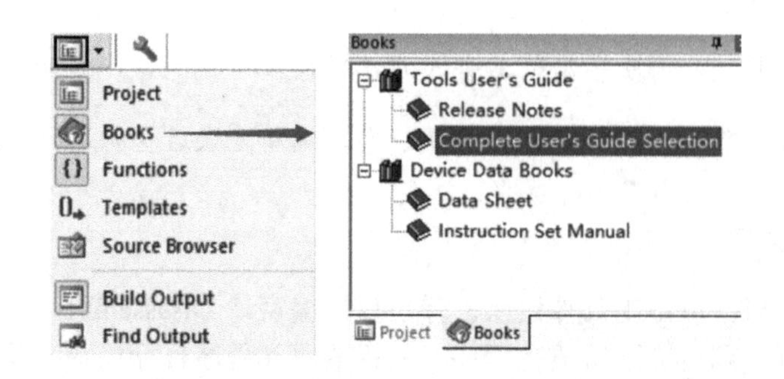

图 1-22　在工程管理窗口的“Books”中查看 Keil 软件用户手册

1.5　结构化程序设计——建立函数概念

C51 源程序由一个或多个源文件组成，源文件扩展名为“c”，命名为“*.c”。

函数是源文件的基本组成单位。每个 C51 程序都由一个或多个函数组成，其中有且只有一个主函数（main()）。程序从主函数开始执行，在主函数中可以调用库函数和自定义的函数、中断函数。运行每一个函数都执行一个特定的任务来实现整个程序的功能。一般的 C51 程序基本结构如图 1-23 所示。

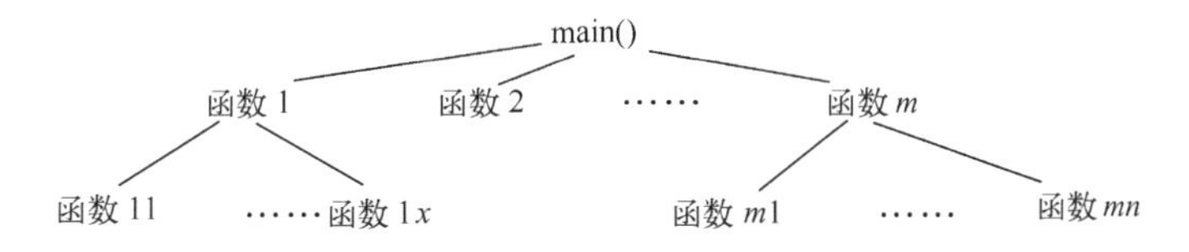

图 1-23　一般的 C51 程序基本结构

函数以左花括号“{ ”开始，以右花括号“ }”结束，包含在“{ }”以内的部分称为函数体，函数体内的语句块也用“{ }”括起来。为结构清晰，应采用缩进方式书写。

分号（;）是语句的基本组成部分。C51 源程序中含有预处理命令、语句、说明等。说明和语句以“;”结尾，预处理命令后不加分号。

语句的注释：用于说明程序段的功能，增加程序的可读性。

（1）单行注释：以“//”开头，如//…注释…。

（2）多行注释：/*…注释…*/。

1.5.1　仅由 main( )函数构成的 C 语言程序

```
/*案例代码文件名：EX1.C*/
/*功能：仅由 main()函数构成的 C 语言程序示例*/
#include <stdio.h>
main( )
        { printf("This is a C51 program.\n");
        }
```

程序运行结果：

```
This is a C51 program.
```

1.5.2　由 main( )函数和 max( )函数构成的 C 语言程序

```
/*案例代码文件名：EX2.C*/
/*功能：由 main()函数和 1 个其他函数 max()构成的 C 语言程序示例*/
int max(int x, int y)               //求两个数中较大的函数，置于主函数前可被直接调用
     { return( x>y ? x : y ); }
main()
    { int num1,num2;
        printf("Input the first integer number: ");           //从键盘输入第 1 个数
        scanf("%d", &num1);
        printf("Input the second integer number: ");          //从键盘输入第 2 个数
        scanf("%d", &num2);
        printf("max=%d\n", max(num1, num2));                  //输出最大值，函数调用
     }
```

程序运行情况（假设输入第一个数为 6，第二个数为 9）：

```
Input the first integer number:6←┘
Input the second integer number:9←┘
max=9
```

1.5.3 C51 程序的一般结构

```
#include<reg51.h>                //预处理命令
void fun1(void);                 //函数声明，函数置于主函数后时须在主函数前声明
char fun2(形参);
unsigned char x,y,z;             //定义全局变量
……
void main( )                     //主函数定义
{   主函数体
    ……
    fun1();                      //函数调用
    fun2(实参);                  //函数调用
    ……
}
void fun1(void)                  //功能函数定义
{
    函数体……
}
char fun2（形参）                //功能函数定义
{
    函数体……
}
```

1.5.4 规范书写程序语句

（1）规范意识是一个优秀的程序员的素质之一。规范的程序结构清晰、可读性强，便于调试，有问题也容易发现，也方便移植。初学者掌握以下几点：

① 使用 TAB 进行右缩进。

② 每个变量必须先定义后引用，变量名的大小写敏感，故前后定义、应用要一致。

③ 一行可以书写多个语句，但每个语句必须以“;”结尾，一个语句也可以多行书写。

④ 函数体或语句块用{}括起来，并“{”“}”上下对齐。

⑤ 有足够的注释：单行注释以“//”开头；多行注释可由“/*……*/”括起。

⑥ 有合适的空行。

⑦ 尽量采用短的数据类型，如 unsigned，为变量分配内部存储区。

（2）为了增强程序的可读性，尽可能地对程序语句添加注释。因为编程当时可能灵光一现，过后就忘了。为了记录思想，记录工作，要对注释有足够的重视。一般注释内容有：

① 程序名称;
② 程序要实现的功能，比如要完成什么数学运算;
③ 程序的思路和特点;
④ 编程人员、时间、版本等;

1.5.5　程序设计流程

1．程序设计步骤

根据任务要求，拟订设计方案、编程序、调试，直到成功，通常分为以下 6 步。

（1）明确任务、分析任务、构思程序设计基本框架

根据项目任务书，明确功能要求和技术指标，构思基本框架是程序设计的第一步。一般可将程序设计划分为多个程序模块，每个模块完成特定的子任务。这种程序设计框架也称模块化设计。

（2）合理使用单片机资源

单片机资源有限，合理使用资源极为重要，它能使程序设计占用 ROM 少，执行速度快、处理突发事件能力强、工作稳定可靠。例如，若定时精度要求较高，宜采用定时器/计数器；若要求及时处理片内、片外发生的事件，宜采用中断；若要求多个 LED 数码管显示，宜采用动态扫描方式，以减少使用 I/O 口的数目等。

确定好存放初始数据、中间数据、结果数据的存储器单元，安排好工作寄存器、堆栈等，也属于合理使用单片机资源。

（3）选择算法、优化算法

一般单片机应用设计，都有逻辑运算、数学运算的要求。对要求逻辑运算、数学运算的部分，要合理选择算法和优化算法，力求程序占用 ROM 少，执行速度快。

（4）设计流程图

根据构思的程序设计框架设计好流程图。流程图包括总程序流程图、子程序流程图和中断服务程序流程图。流程图使程序设计形象、程序设计思路清晰。

（5）编写程序

编写程序是程序设计实施的关键步骤，要力求正确、简练、易读、易改。

（6）程序编译与调试

源程序都要经编译生成单片机可执行的代码。编译只能检测语法、书写错误，不能判断程序设计的逻辑错误，所以编译成功后不代表程序设计正确，还要调试测试，反复修改直到测试成功。C51 程序在 Keil 环境下进行编写、编译和初步调试，软件、硬件联合调试用 Proteus。Keil 是目前单片机应用系统最方便、最快速的研发平台。

2．流程图的符号

流程图是程序设计思想的图形化直观表达，有助于初学者理清思路，按流程图的指导能较快地编写、分析和调试程序。初学者应该注意培养这种图形表达能力，提高程序设计效率。流程图由各种示意图形、符号、指向线、说明、注释等组成，用来说明程序执行各阶段的任务处理和执行走向。表 1-2 列出了常用的流程图符号和说明。

表 1-2　常用的流程图符号和说明

符　号	名　称	功　能
▭	起止框或结束框	程序的开始或结束
▭	处理框	各种处理操作
◇	判断框	条件转移操作
▱	输入/输出框	输入/输出操作
↓ →	流程线	描述程序的流向
→○ ○←	引入/引出连线	流向的连接

1.6　单片机硬件知识补充

1.6.1　存储器：永久程序和临时数据的住所

AT89C51 存储器由程序存储器 ROM 和数据存储器 RAM 组成。ROM 可分为片内 ROM 和片外 ROM。片内 ROM 的大小为 4KB，地址范围为 0000H～0FFFH；片外 ROM 可扩展到 64KB。RAM 可分为片内 RAM 和片外 RAM。片内 RAM 由 128B（00H～7FH）的片内数据存储器和 21 个特殊功能寄存器（在 80H～FFH 中）组成。片外 RAM 可扩展到 64KB。AT89C51 程序存储器 ROM 的结构如图 1-24 所示。AT89C51 数据存储器 RAM 的结构如图 1-25 所示。

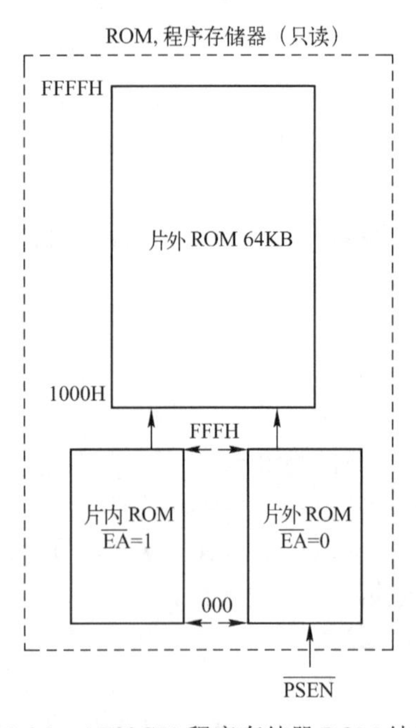

图 1-24　AT89C51 程序存储器 ROM 结构

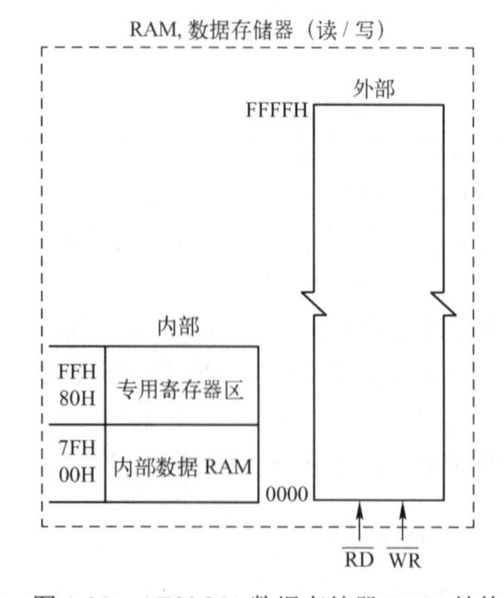

图 1-25　AT89C51 数据存储器 RAM 结构

1. 程序存储器 ROM

AT89C51 有 4KB 片内 ROM，用于存储（固化）编好的程序、表格、常数，所以又被简称为“程序内存”。当程序内存不够用时，可扩展片外程序存储器，最大扩展范围为0000H～FFFFH（即 64KB），其结构如图 1-24 所示。

片内 ROM、片外 ROM 的地址空间是统一编址的，地址范围为 0000H～FFFFH，总共 64KB。单片机工作时，只能读 ROM，不能写 ROM，所以 ROM 被称为只读存储器。单片机断电后，存储在 ROM 中的程序、表格、常数等不会消失。

ROM 的地址单元 0000H 是特殊的地址单元。单片机复位后，程序计数器 PC 的内容为 0000H，故系统必须从 0000H 单元开始取指令并执行程序。它是系统的启动地址，用户程序的第一条指令应放置在 0000H 单元中。

低 4KB 地址的程序可存储在片内 Flash ROM 中，也可存储在片外 ROM 中。片外 ROM 的低 4KB 地址与片内 ROM 重叠，执行选择由 $\overline{EA}$ 引脚来控制。$\overline{EA}$=0（低电平），复位后，系统从片外 ROM 中的 0000H 地址单元开始执行程序，且只能执行片外 ROM 中的程序。$\overline{EA}$=1（高电平），复位后，从片内 ROM 的 0000H 地址单元开始执行程序，当 PC 值大于 0FFFH（4KB）时，系统自动转到片外 ROM 中执行程序。

ROM 内还有 5 个特殊的地址，是单片机的 5 个中断服务子程序的入口地址（见表 1-3），相邻中断入口地址间的间隔为 8 个单元。当程序中使用中断时，一般在这些入口地址处存放一条跳转指令，而相应的中断服务程序存放于转移地址中。如果中断服务子程序小于等于 8 个单元，则可将其存储在相应入口地址开始的 8 个单元中。如果没有用到中断功能，这些单元也可作为一般用途的程序存储器。

表 1-3　各种中断服务子程序的入口地址

中　断　源	入 口 地 址
外中断 0	0003H
定时器/计数器中断 0	000BH
外中断 1	0013H
定时器/计数器中断 1	001BH
串口中断	0023H

2．数据存储器 RAM

（1）片内数据存储器

AT89C51 片内数据存储器 RAM 容量为 128B，地址范围为 00H～7FH，使用时可分为 4 个区，即工作寄存器区、可位寻址区、数据缓冲区和堆栈区。堆栈区的栈底地址复位后默认为 07H，可编程改变。AT89C51 片内数据存储器的大致结构如图 1-26 所示。

① 工作寄存器区。

片内数据存储器 RAM 中地址最低的 32 个单元（00H～1FH）是工作寄存器区，按地址由小到大分为 4 个组，即 0 组、1 组、2 组、3 组，如图 1-26 所示。每个组有 8 个 8 位寄存器，地址由低到高依次命名为 R0～R7。当前工作寄存器只能有一个组，至于选用哪个工作寄存器组，由 PSW 中的 RS0 和 RS1 位确定，可由指令设置。复位初始化值 RS0=0、RS1=0，使用的是 0 组，为默认的工作寄存器组。

在程序不太复杂的情况下，一般只使用工作寄存器 0 组，不使用的另外三个组可做他用。

② 可位寻址区。

工作寄存器区上面的 16 个单元（20H～2FH）构成固定的可位寻址存储区。每个单元有 8 位，16 个单元共 128 位，每个位都有一个位地址，如图 1-26 所示。它们可位寻址、位操作，即可对该位进行置 1、清 0、求反操作等。在 AT89C51 单片机的指令系统中，有位操作指令。

字节地址		位地址							
7F ⋮ 30		数据缓冲区							
2F	可寻址位	7F	7E	7D	7C	7B	8A	79	78
2E		77	76	75	74	73	72	71	70
2D		6F	6E	6D	6C	6B	6A	69	68
2C		67	66	65	64	63	62	61	60
2B		5F	5E	5D	5C	5B	5A	59	58
2A		57	56	55	54	53	52	51	50
29		4F	4E	4D	4C	4B	4A	49	48
28		47	46	45	44	43	42	41	40
27		3F	3E	3D	3C	3B	3A	39	38
26		37	36	35	34	33	32	31	30
25		2F	2E	2D	2C	2B	2A	29	28
24		27	26	25	24	23	22	21	20
23		1F	1E	1D	1C	1B	1A	19	18
22		17	16	15	14	13	12	11	10
21		0F	0E	0D	0C	0B	0A	09	08
20		07	06	05	04	03	02	01	00
1F 18		3 组（R0～R7），工作寄存器组							
17 10		2 组（R0～R7），工作寄存器组							
0F 08		1 组（R0～R7），工作寄存器组							
07 00		0 组（R0～R7），默认工作寄存器组							

图 1-26　AT89C51 片内数据存储器的大致结构

需要指出的是，位地址 00H～7FH 和片内 RAM 中字节地址 00H～7FH 的编码表示相同；但要注意它们之间的区别，位操作指令中的地址是位地址，而不是字节地址。若程序中没有位操作，则该区的地址单元可做他用。

③ 数据缓冲区。

片内数据存储器 RAM 中，30H～7FH 地址单元一般可用作数据缓冲区，用于存放各种数据和中间结果，起到数据缓冲的作用；但要注意，没有使用的工作寄存器单元和没有使用的可位寻址单元都可用作数据缓冲区。

④ 堆栈区。

堆栈区简称堆栈，是在片内数据存储器 RAM 中开辟的一片特殊数据存储区，是 CPU 用于暂时存放数据的特殊“仓库”。用堆栈指针 SP 指向堆栈栈顶地址，堆栈的最低地址叫栈底。其特殊在于，栈底可根据片内数据存储器的使用情况由指令设定；对堆栈存取数据遵守“先进后出”原则，在此过程中堆栈栈顶地址也相应变化，即 SP 的内容相应变化。复位后，栈底的地址单元为 07H，由于此时堆栈内还未存放数据，指示栈顶的堆栈指针 SP 的内容与栈底值同为 07H，即（SP）=07。设计者也可根据需要设置 SP 的初值。

（2）特殊功能寄存器（SFR）

特殊功能寄存器（SFR，也称专用寄存器）是单片机各功能部件所对应的寄存器，是用来存放相应功能部件的控制命令、状态或数据的区域。AT89C51 内的端口锁存器、程序状态字、定时器、累加器、堆栈指针、数据指针，以及其他控制寄存器等都是特殊功能寄存器。它们离散地分布在片内 RAM 的高 128B（80H～FFH）中，共 21 字节，其分配情况见表 1-4。其中有些寄存器既可字节寻址又可位寻址，有些只可字节寻址。凡是地址能被 8 整除（字节末位为 0H 或 8H）的特殊功能寄存器都是既可字节寻址又可位寻址的特殊功能寄存器，否则，只能按字节寻址。可位寻址的特殊功能寄存器的每一位都有位地址，有的还有位名称、位编号。有的 SFR 有位名称，却无位地址，也不可以进行位寻址、位操作，如 TMOD。不可位寻址操作的 SFR 只有字节地址，无位地址，如 SBUF。

表 1-4　特殊功能寄存器（SFR）

特殊功能寄存器符号及名称	字节地址	位地址、位标志							
		D7	D6	D5	D4	D3	D2	D1	D0
B：B 寄存器	F0	F7	F6	F5	F4	F3	F2	F1	F0
		B.7	B.6	B.5	B.4	B.3	B.2	B.1	B.0
ACC：累加器	E0	E7	E6	E5	E4	E3	E2	E1	E0
		ACC.7	ACC.6	ACC.5	ACC.4	ACC.3	ACC.2	ACC.1	ACC.0
PSW：程序状态字	D0	D7	D6	D5	D4	D3	D2	D1	D0
		CY	AC	F0	RS1	RS0	OV	…	P
IP：中断优先级寄存器	B8	…	…	…	BC	BB	BA	B9	B8
		…	…	…	PS	PT1	PX1	PT0	PX0
P3：P3 口	B0	B7	B6	B5	B4	B3	B2	B1	B0
		P3.7	P3.6	P3.5	P3.4	P3.3	P3.2	P3.1	P3.0
IE：中断允许寄存器	A8	AF	AE	AD	AC	AB	AA	A9	A8
		$\overline{EA}$	…	…	ES	EY1	EX1	ET0	EX0
P2：P2 口	A0	A7	A6	A5	A4	A3	A2	A1	A0
		P2.7	P2.6	P2.5	P2.4	P2.3	P2.2	P2.1	P2.0
SBUF：串口数据缓冲寄存器	99	不可位寻址							
SCON：串口控制寄存器	98	9F	9E	9D	9C	9B	9A	99	98
		SM0	SM1	SM2	REN	TB8	RB8	TI	RI
P1：P1 口	90	97	96	95	94	93	92	91	90
		P1.7	P1.6	P1.5	P1.4	P1.3	P1.2	P1.1	P1.0
TH1：T1 寄存器高 8 位	8D	不可位寻址							
TH0：T0 寄存器高 8 位	8C	不可位寻址							
TL1：T1 寄存器低 8 位	8B	不可位寻址							
TL0：T0 寄存器低 8 位	8A	不可位寻址							
TMOD：定时器/计数器方式寄存器	89	不可位寻址							
		GATE	$C/\overline{T}$	M1	M0	GATE	$C/\overline{T}$	M1	M0
TCON：定时器/计数器控制寄存器	88	8F	8E	8D	8C	8B	8A	89	88
		TF1	TR1	TF0	TR0	IE1	IT1	IE0	IT0
PCON：电源控制寄存器	87	不可位寻址							
		SMOD	…	…	…	GF1	GF0	PD	IDL
DPH：数据指针高 8 位	83	不可位寻址							
DPL：数据指针低 8 位	82	不可位寻址							
SP：栈指针寄存器	81	不可位寻址							
P0：P0 口	80	87	86	85	84	83	82	81	80
		P0.7	P0.6	P0.5	P0.4	P0.3	P0.2	P0.1	P0.0

① 累加器 ACC（Accumulator）。

累加器助记符（帮助记忆的符号）为 A，是一个最为常用的特殊功能寄存器。许多指令的操作数取自于它，许多运算的结果存放在其中。

② 通用寄存器 B（General Purpose Register）。

通用寄存器 B 是乘除法指令中要用的通用寄存器，也可做一般寄存器用。

③ 程序状态字 PSW（Program Status Word）。

程序状态字是一个 8 位的标志寄存器，用来存放指令执行后的有关状态。PSW 的各位定义见表 1-5。

表 1-5 PSW 的各位定义

PSW.7（最高位）	PSW.6	PSW.5	PSW.4	PSW.3	PSW.2	PSW.1	PSW.0（最低位）
C	AC	F0	RS1	RS0	OV	—	P

- 进位标志 C（Carry，也可用 Cy 表示），用于表示加减运算过程中累加器最高位有无进位或借位。在加法运算时，若累加器最高位有进位，则 C =1，否则 C =0。在减法运算时，若累加器最高位有借位，则 C =1。此外，CPU 在进行移位操作时也会影响这个标志位。在布尔（位）处理机中，它被认为是位累加器，其重要性相当于 CPU 中的 A。
- 辅助进位 AC（Auxiliary Carry），加减运算时低 4 位向高 4 位进位或借位，AC 置 1，否则置 0。
- 用户标志位 F0，这是一个供用户定义的标志位。
- RS1 和 RS0 是工作寄存器组选择位，见表 1-6。RS1 和 RS0 用于设定当前使用的工作寄存器的组号。复位后，RS1 和 RS0 初始化值为 0，即选择的是 0 组。此时，R0～R7 的地址分别为 00H、01H、02H、03H、04H、05H、06H、07H。

表 1-6 RS1、RS0 对工作寄存器组的选择

RS1、RS0	R0～R7 的组号	R0～R7 的地址
0 0	0	00H～07H
0 1	1	08H～0FH
1 0	2	10H～17H
1 1	3	18H～1FH

- 溢出标志 OV（Overflow），可以指示运算过程中是否发生了溢出，在执行过程中其状态自动形成。
- 未定义位。用户不能使用。
- 奇偶标志 P（Parity），奇偶标志位。表明累加器 A（用二进制数表示）中“1”的个数的奇偶性，奇数个置 1，偶数个置 0。

④ 堆栈指针 SP（Stack Pointer）。

堆栈是在片内数据存储器 RAM 区中开辟的一片特殊数据存储区。系统复位后，堆栈指针 SP 初始化值为 07H，使堆栈存放数据地址由 08H 开始。由于 08H～1FH 单元分属于工作寄存器组 1～组 3。若程序设计中这些组全要用到，则要把 SP 的值设置为 1FH 或更大的值。当单片机调用子程序或响应中断时，将自动发生数据的入栈、出栈操作。除此之外，还有对堆栈进行操作的指令，可参阅本书项目 3。

⑤ 数据指针 DPTR（Data Pointer）。

DPTR 是一个 16 位特殊功能寄存器，由两个 8 位寄存器 DPH（高 8 位）和 DPL（低 8 位）组成。DPTR 既可作为一个 16 位寄存器来处理，也可作为两个独立的 8 位寄存器

DPH 和 DPL 来处理。DPTR 主要用来存放 16 位地址。

⑥ 串行数据缓冲器 SBUF。

串行通信都是通过数据缓冲器 SBUF 发送和接收的。实际上，SBUF 有两个独立的寄存器，一个是发送缓冲器，另一个是接收缓冲器。

⑦ 定时器/计数器寄存器。

两对寄存器（TH0，TL0）、（TH1，TL1）分别为定时器/计数器 T0、T1 的 16 位计数寄存器，它们也可单独作为 4 个 8 位的计数寄存器用。

（3）片外数据存储器 RAM

若片内 RAM 不够用时，可扩展片外数据存储器 RAM，最大范围为 0000H～FFFFH，共 64KB。从图 1-25 可以看出片外 RAM 有部分地址（00H～FFH）与片内 RAM 是重叠的。汇编语言中，片内 RAM、片外 RAM 以不同的指令操作码区别，片内 RAM 指令用 MOV 表示，片外 RAM 指令用 MOVX 表示。

1.6.2 I/O（输入/输出）口结构、功能

1. I/O 口结构

AT89C51 单片机有 4 个并行双向 8 位 I/O 输出口，即 P0～P3。每个口都有 8 根 I/O 引脚，总共有 32 根引脚。每个口都有一个锁存器，依次对应地址为 80H、90H、A0H、B0H 等 4 个特殊功能寄存器。它们的结构有同有异，功能与用途也有同有异。

每个 I/O 口可以进行“字节”输入/输出，也可进行“位”输入/输出。对各 I/O 口进行读、写操作，即可实现单片机的输入、输出功能。

每个 I/O 口的 8 个位的结构是相同的，所以，每个 I/O 口的结构与功能均以其位结构进行讨论。

P1、P3、P2、P0 口的位结构如图 1-27～图 1-30 所示，都含有锁存器、输入缓冲器 1（读锁存器）、输入缓冲器 2（读引脚）和组成输出驱动器的 FET 晶体管 Q0。其中 P1 只用作通用 I/O 口，所以结构最简单。P3、P2、P0 除用作通用 I/O 口外还另有功能，所以结构比 P1 复杂，且彼此间也有差别。还要注意：P1、P3、P2 口都有内部上拉电阻，而 P0 口无内部上拉电阻。

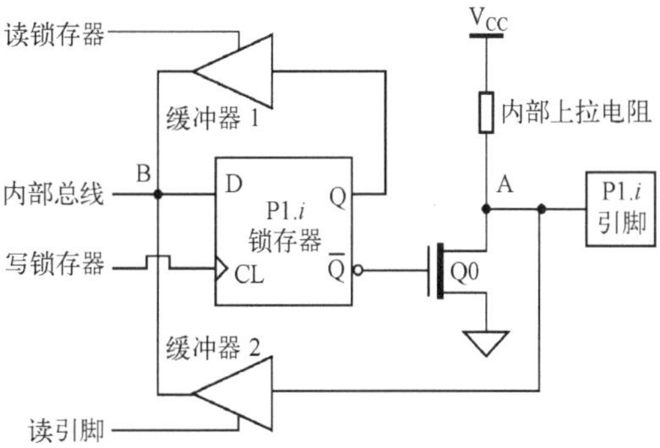

图 1-27　P1 口的位结构

2. I/O 口功能

（1）P1 口

P1 口只有通用输出/输入功能（见图 1-27）。

① 输出。

内部总线输出 0 时，D=0，Q=0，$\overline{Q}$=1，Q0 导通，A 点被下拉为低电平，即输出为 0；内部总线输出 1 时，D=1，Q=1，$\overline{Q}$=0，Q0 截止，A 点被上拉为高电平，即输出为 1。

例如，将立即数 55H 传送（即输出）到 P1 口。C51 语言指令为

```
    P1=0x55;
```

② 输入（读引脚）。

AT89C51 输入即读，为读入正确的引脚信号，必须先保证 Q0 截止。因为，若 Q0 导通，引脚 A 点为低电平，显然，从引脚输入的任何外部信号都被 Q0 强迫短路，严重时可能导致大电流，而烧坏元器件。为保证 Q0 截止，必须先向锁存器写“1”，即 D=1，$\overline{Q}$=0，Q0 截止。外接电路信号（即输入信号）为 1 时，引脚 A 点为高电平；输入信号为 0 时，引脚 A 点为低电平。这样才能保证单片机从 P1 口引脚输入的电平与外电路接入引脚电平一致。

例如，使用 C51 语言输入指令“X=P1”时，应先使锁存器置 1（即通常所说的置端口为输入方式），再把 P1 口的数据读入变量 X 中。程序设计如下：

```
    P1=0xff;                    ;置端口 P1 为输入方式
      X=P1;                     ;将端口 P1 数据传送（输入）到变量 X 中（读 I/O 口）
```

③ 输入（读锁存器）。

从图 1-27 可看出，还有一种输入为读锁存器。这是为了适应“读—修改—写”类型指令。这些指令是 ORL、XRL、JBC、CPL、INC、DEC、DJNZ、MOV PX.Y，C、CLR PX.Y 和 SET PX.Y。指令中 PX.Y 表示 P1.0～P1.7、P2.0～P2.7、P3.0～P3.7、P0.0～P0.7。

（2）P3 口

P3 口除有通用输出输入功能外，还有第二功能（见表 1-7）。

表 1-7　P3 口引脚的第二功能说明

端口引脚	第二功能说明
P3.0	RXD：串行输入口
P3.1	TXD：串行输出口
P3.2	$\overline{INT0}$：外中断 0 输入
P3.3	$\overline{INT1}$：外中断 1 输入
P3.4	T0：计数器 0 的输入
P3.5	T1：计数器 1 的输入
P3.6	$\overline{WR}$：片外 RAM 写选通
P3.7	$\overline{RD}$：片外 RAM 读选通

① 通用 I/O。

- 输出：图 1-28 中“第二输出功能”端 B 为高电平。经分析可知，尽管 P3 口的结构与 P1 口略有差别，但输出操作，P3 口的功能与 P1 口类同。

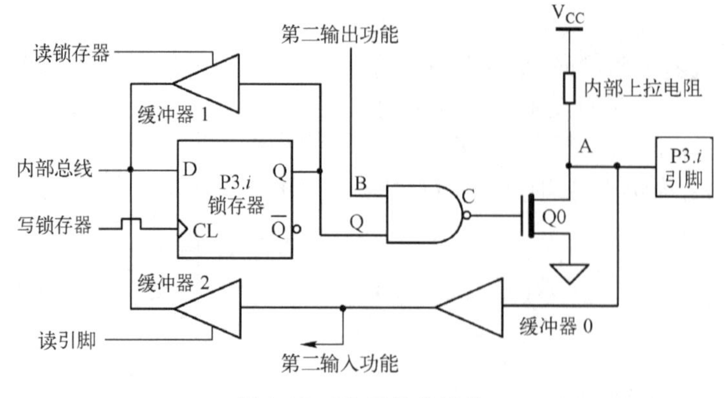

图 1-28　P3 口的位结构

- 输入（读引脚）：读操作时，“第二输出功能”端 B 为高电平，缓冲器 0 开通。尽管 P3 口的结构与 P1 口略有差别，但读操作时，它们的功能和操作类同，也要先进行写“1”操作。
- 输入（读锁存器）：类同 P1。

② 第二功能。

当 P3 口的某位要用作第二功能输出口时，该位锁存器置 1，Q=1。与非门的输出状态取决于该位的“第二输出功能”端 B 的状态。B 点状态经与非门、Q0 后出现在引脚上，A 点与 B 点的状态一致，P3 口的该位工作于第二功能输出状态。若“第二输出功能”端 B 为 0 时，因 Q=1，与非门输出为 C=1，Q0 导通，从而使 A=0，引脚上为低电平。若“第二输出功能”端 B 为 1 时，与非门输出为 C=0，Q0 截止，从而使 A 上拉为高电平，即引脚上为高电平。

当 P3 口某位要用作第二输入功能口时，该位的“第二输出功能”端 B 和该位“锁存器”都为 1，Q0 截止，缓冲器 2 关闭。该个引脚上的信号通过缓冲器 0 送入“第二功能输入”端。

（3）P2 口

P2 口除有通用输出输入功能外，当有外部扩展时作为地址总线的高 8 位输出（见图 1-29）。

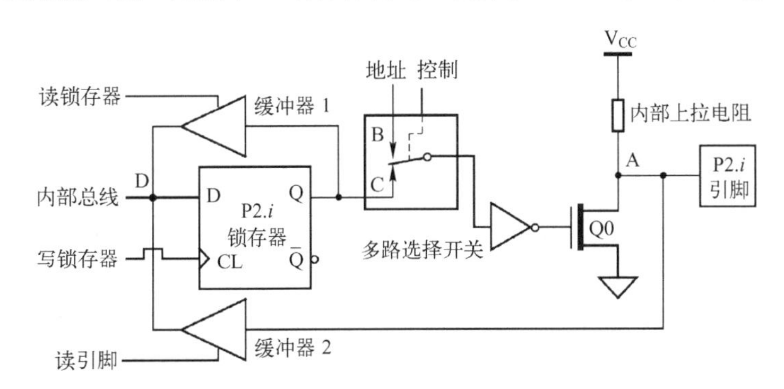

图 1-29 P2 口的位结构

① 通用 I/O。

- 输出：输出操作时，图 1-29 中的多路选择开关在内部控制信号作用下连接 C 端反相器输出为锁存器输出取反。经分析可知，尽管 P2 口的结构与 P1 口略有差别，但输出操作时，P2 口的功能与 P1 口类同。
- 输入（读引脚）：读操作时，图 1-29 中的多路选择开关在内部控制信号作用下连接 C 端反相器输出为锁存器输出取反。经分析可知，尽管 P2 口的结构与 P1 口略有差别，但读操作时，P2 口的功能与 P1 口类同，也要先进行写“1”操作。
- 输入（读锁存器）：类同 P1。

② 地址总线的高 8 位输出（多路选择开关与地址线接通）。

当 P2 口某位要用作地址总线的高 8 位中的某位输出时，多路选择开关在内部控制信号作用下，连接 B 端，反相器的输出状态取决于 B 的状态。B 点状态经多路选择开关、反相器、Q0 后，出现在引脚上。经分析可知，A 点与 B 点的状态一致时，P2 口工作于地址总线的高 8 位输出状态。

P2 口输出的高 8 位地址可以是片外 ROM、片外 RAM 的高 8 位地址，与 P0 口输出的低 8 位地址共同构成 16 位地址线，从而可分别寻址 64KB 的程序存储器和片外数据存储器。地址线以字节为操作单位，8 位一起输出，不能进行位操作。

如果 AT89C51 单片机有扩展程序存储器（地址≥1000H），访问片外 ROM 的操作连续不断，P2 口要不断送出高 8 位地址，P2 口就不宜再用作通用 I/O 口。

（4）P0 口

P0 口除有通用输出输入功能外，当有外部扩展时用作地址（低 8 位输出）/数据线（见图 1-30）。

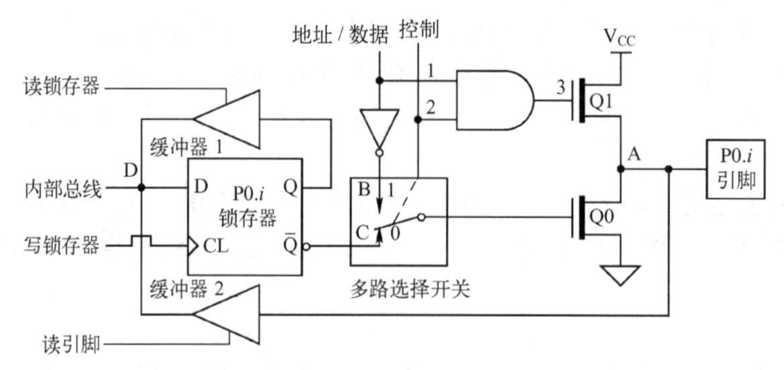

图 1-30　P0 口的位结构

① 通用 I/O。

- 输出：输出操作时，“多路选择开关”在内部控制信号作用下，连接 C 端（见图 1-30），锁存器输出 $\overline{Q}$ 通过多路选择开关与 Q0 相通；同时内部信号使与门控制输入端 2 置 0，从而导致与门输出为 0，Q1 截止，输出驱动器处于开漏状态。经分析可知，只要外接一个上拉电阻，输出操作时，P0 口的功能与 P1 口类同。
- 输入（读引脚）：读操作（多路选择开关接通锁存器，控制信号置 0）。读操作时，多路选择开关在内部控制信号作用下，连接 C 端（见图 1-30），锁存器输出 $\overline{Q}$ 通过多路选择开关与 Q0 相通；同时内部信号使与门输入端 2 为 0，从而导致与门输出为 0，Q1 截止，输出驱动器处于开漏状态。所以要外接一个上拉电阻，读操作时，P0 口的功能与 P1 口类同，也要先进行写“1”操作。
- 输入（读锁存器）：类同 P1 口。

② 用作地址（低 8 位）/数据线。

用作地址/数据线时，内部控制信号端置 1，同时 MUX 与 B 端相连，Q1 的输入信号就是地址/数据线信号，Q0 的输入信号就是地址/数据线信号取反后的信号。A 点的信号与地址/数据线信号一致，引脚输出地址/数据信息。

注意： 用作地址/数据总线时，P0 口不能进行位操作，也不外接上拉电阻；用作通用 I/O 口时，输出驱动器是开漏电路，须外接上拉电阻。

1.6.3　I/O 口的负载能力

1．I/O 口的位（引脚）驱动能力

P0 口的每一位以吸收电流方式驱动 8 个 LS TTL 输入，约 2.88mA。

P1～P3 口的每一位以吸收或提供电流方式驱动 4 个 LS TTL 输入。

1 个 LS TTL 输入：高电平时为 20μA（提供电流），低电平时为 0.36mA（吸收电流，俗称灌电流）。可见，P0～P3 口每一个引脚输出低电平的驱动能力：输出高电平的驱动能力=0.36mA×n /20μA×n≈18。

2．稳定状态下，I_{OL}（引脚吸收电流）的严格限制

每个引脚上的最大 I_{OL}=10mA。

P0 端口 8 个引脚的最大 $\sum I_{OL}$=26mA。

P1、P2、P3 端口 8 个引脚的最大 $\sum I_{OL}$=15mA。

所有输出引脚上的 I_{OL} 总和最大为 $\sum I_{OL}$=71mA。

1.6.4　STC89 系列单片机新增资源及 I/O 口驱动能力举例

1．新增资源

STC 单片机 12T 的 STC89C51RC/RD 系列架构如图 1-31 所示。相比 AT89C51 系列单片机，STC89C51RC/RD 多了 T2、P4、E²PROM、看门狗、A/D 等资源，不同型号资源可能不一样，请查相应手册。新增的引脚在非 DIP40 封装的芯片中可见，如图 1-32 所示。STC 部分型号单片机的资源见表 1-8 所示。因 STC 提供了不同存储容量的型号，用户根据需要选择合适的型号，而不用再考虑外部存储器扩展。

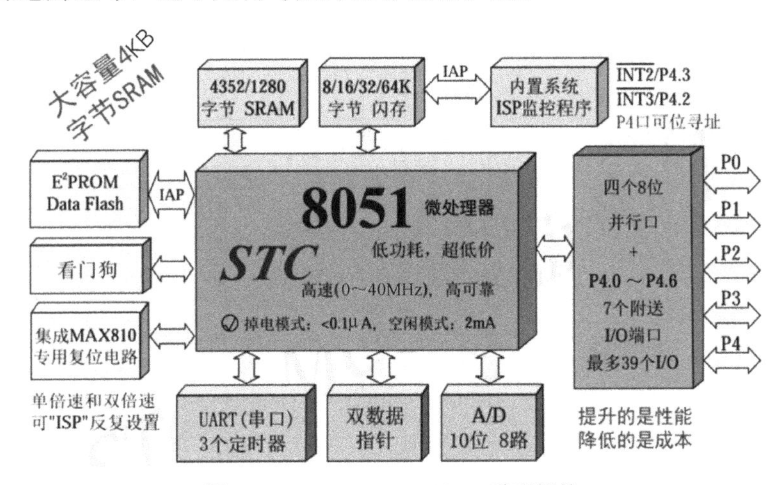

图 1-31　STC89C51RC/RD 系列架构

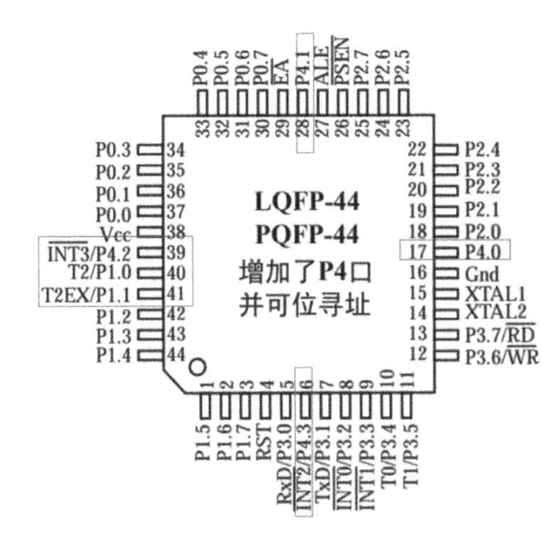

图 1-32　STC89C51RC/RD 系列单片机的 LQFQ-44、PQFQ-44 封装下的引脚布局图

表 1-8　STC 部分型号单片机的资源情况

型号	工作电压（V）	最高时钟频率（MHz）		Flash 程序存储器	SRAM 字节	定时器	UART 串口	DPTR	EEPROM	看门狗	A/D	中断源	中断优先级	最多 I/O 数量	支持掉电唤醒外部中断	内置复位	所有封装 LQFP44/PDIP40 PLCC44/PQFP44 封装价格（RMB ¥）			
		5V	3V														LQFP44	PDIP40	PLCC44	PQFP44
STC89C/LE51RC 系列单片机选型一览																				
STC89C51RC	5.5～3.5	0～80		4KB	512B	3	1 个	2	9KB	有	—	8	4	39	4 个	有	¥2.8	¥3.3	¥3.4	
STC89LE51RC	3.6～2.2		0～80	4KB	512B	3	1 个	2	9KB	有	—	8	4	39	4 个	有	¥2.8		¥3.4	
STC15W404S 不需要外部时钟 不需要外部复位	5.5～2.4	5～35		4KB	512B	3	1 个	2	9KB	强	—	12	2	42	5 个	强	¥2.5	¥3.0		
STC89C52RC	5.5～3.5	0～80		8KB	512B	3	1 个	2	5KB	有	—	8	4	39	4 个	有	¥2.8	¥3.1	¥3.4	
STC89LE52RC	3.6～2.2		0～80	8KB	512B	3	1 个	2	5KB	有	—	8	4	39	4 个	有	¥2.8		¥3.4	¥3.4
STC15W408S 不需要外部时钟 不需要外部复位	5.5～2.4	5～35		8KB	512B	3	1 个	2	5KB	强	—	12	2	42	5 个	强	¥2.7	¥3.0		

（1）增强型 8051 单片机，6 时钟/机器周期和 12 时钟/机器周期任意选择，指令代码安全兼容传统 8051。

（2）工作电压：5.5～3.3V（5V 单片机）/ 3.8～2.0V（3V 单片机）。

（3）工作频率范围：0～40MHz，相当于普通 8051 的 0～80MHz，实际工作频率可达 48MHz。

（4）用户应用程序空间 4KB / 8KB / 13KB / 16KB / 32KB / 64KB。

（5）片上集成 1280B/512B RAM。

（6）通用 I/O 口（35/39 个）：复位后，P1/P2/P3/P4 是准双向口/弱上拉（普通 8051 传统 I/O 口）；P0 口是开漏输出，作为总线扩展用时，不用加上拉电阻，作为 I/O 口用时，需加上拉电阻。

（7）ISP（在系统可编程）/ IAP（在应用可编程）：无须专用编程器，无须专用仿真器。可通过串口（RxD/P3.0, TxD/P3.1）直接下载用户程序，数秒即可完成一片。

（8）有 EEPROM 功能。

（9）有看门狗功能。

（10）内部集成 MAX810 专用复位电路（HD 版本和 90C 版本才有），外部晶振 20MHz 以下时可省去复位电路。

（11）共 3 个 16 位定时器/计数器，其中定时器 0 还可以当成 2 个 8 位定时器使用。

（12）外部中断 4 路，下降沿中断或低电平触发中断。Power Down 模式可由外部中断低电平触发中断方式唤醒。

（13）通用异步串行接口（UART），还可用定时器软件实现多个 UART。

（14）工作温度范围：-40～+85℃（工业级）/ 0～75℃（商业级）

（15）封装：LQFP-44、PDIP-40、PLCC-44、PQFP-44。如选择 STC89 系列，请优先选择 LQFP-44 封装。

提示：推荐优先选择采用最新第六代加密技术的 STC11/10xx 系列单片机取代已被全球各厂家均解密的 89 系列单片机。

2. STC89C51RC/RD 系列单片机 I/O 口驱动能力

STC89C51RC/RD 系列单片机所有 I/O 口均（新增 P4 口）有 3 种工作类型：准双向口/弱上拉（标准 8051 输出模式）、仅为输入（高阻）或开漏输出功能。P1/P2/P3/P4 上电复位后为准双向口/弱上拉（传统 8051 的 I/O 口）模式。P0 口上电复位后是开漏输出：作为 I/O 口用时，需加 4.7～10kΩ上拉电阻；作为总线扩展用时，不用加上拉电阻。5V 单片机的 P0 口的灌电流为 8～12mA，其他 I/O 口的灌电流为 4～6mA，见表 1-9，是 AT89C51 单片机的 3 倍多。

STC89LE51RC/RD 的 3V 单片机的 P0 口的灌电流最大为 8mA, 其他 I/O 口的灌电流最大为 4mA。

当单片机工作在掉电模式时，典型功耗<0.1μA；掉电模式可以外部中断唤醒，适用于电池供电系统，如水表、气表、便携设备等。

表 1-9　STC89C51RC/RD 系列单片机直流特性表

特性名称	含　义	规　格				测试条件
		最小	典型	最大	单位	5V
V_{DD}	工作电压	3.8	5.0	5.5	V	5V
I_{PD}	掉电电流	–	<0.1	–	μA	5V
I_{IDL}	空闲电流	–	2.0	–	mA	5V
I_{CC}	工作电流	–	4	20	mA	5V
V_{IL1}	输入低电平 1（P0、P1、P2、P3、P4）	–	–	0. 8	V	5V
V_{IL2}	输入低电平 2（复位、Xtall）	–	–	1.5	V	5V
V_{IH1}	输入高电平 1（P0、P1、P2、P3、P4、$\overline{EA}$）	2.0	–	–	V	5V
V_{IH2}	输入高电平 2（复位脚）	3.0	–	–	V	5V
I_{OL1}	输出低电平时的吸收电流 1（P1、P2、P2、P4）	4	6	–	mA	5V
I_{OL2}	输出低电平时的吸收电流 2（P0、ALE、PSEN）	8	12		mA	5V
I_{OH1}	输出高电平时的供电电流 1（P1、P2、P3、P4）	150	220	–	μA	5V
I_{OH2}	输出高电平时的供电电流 2（ALE、PSEN）	14	20	–	mA	5V
I_{IL}	逻辑 0 输入电流（P1、P2、P3、P4）	–	18	5	μA	V_{pin}=0V
I_{TL}	逻辑 1 到 0 过渡电流（P1、P2、P3、P4）	–	270	600	μA	V_{pin}=2.0V

1.7　知识小结

项目 1 知识点总结思维导图如图 1-33 所示。

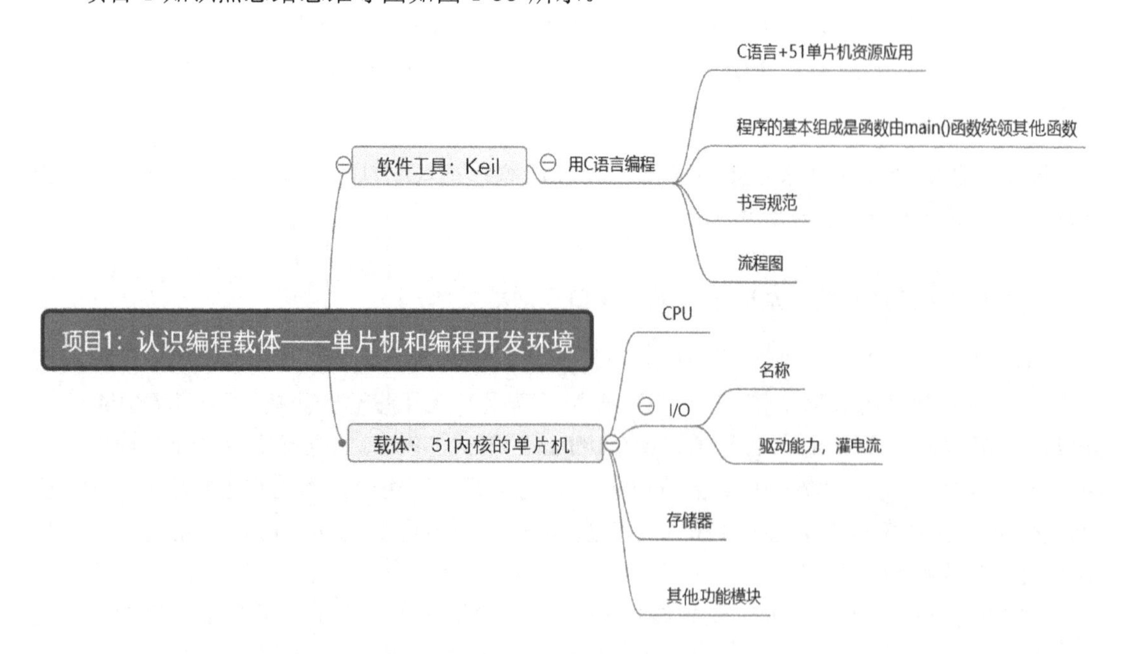

图 1-33　项目 1 知识点总结思维导图

单片机好比一台没有操作系统、应用软件的裸机，C51 程序就是赋予其生命的软件。单片机是程序运行的载体，程序运行的目的是要实现一定的功能，这些功能的实现必然涉及数据的输入/输出。单片机的引脚就是数据输入/输出的媒介，数据处理是在单片机内部硬件资源和程序共同作用下完成的，而 C51 程序的开发是在专业开发软件 Keil 中进行的。C51 程序具有结构化的框架，函数是其基本模块，所有的函数有且只由一个 main( ) 函数统领。最好在动手写程序前用程序流程图来描述思路，编写程序并添加必要的注释，以增强可读性。

习题与思考 1

（1）在自己的计算机上安装 Keil μVision5 软件。

（2）参考 1.4 节，从单片机的串口输出“This is my first C program!”。

（3）简述使用 Keil C51 开发工具开发软件的七步法流程。

（4）一个工程中有且只有一个 main 函数，执行程序总是从_______函数开始，在_______函数中结束。

项目2　多变的花样灯

项目目标

（1）建立软件控制硬件的思想，将控制要求演化为输出特定的或有规律变化的数据。

（2）通过编程实现控制 8 个 LED（本项目中的灯）以多种显示效果循环显示、如亮点流动、暗点流动、一一亮起、交替闪烁等。

项目知识与技能要求

（1）理解单片机的引脚与“位”的对应关系：一个引脚以一位二进制位来操作，且先要通过 sbit 定义；一组引脚 P0～P3 以一字节来操作，可由 sfr 来定义，可包含已有定义的头文件。

（2）掌握单片机控制 LED 亮/灭的电路设计及程序编写，熟练应用“输出数据”命令。

（3）掌握位运算、循环移位函数的应用。

（4）掌握简单的头文件编写方法，掌握无参函数的设计与调用。

2.1　任务 1：点亮一个灯

1．任务要求

用单片机的一个引脚控制一个 LED 亮起来，要求用位变量改变引脚高/低电平状态，从而使 LED 亮或灭。

2．任务目标

（1）掌握单片机与 LED 的接口电路原理，会计算限流电阻的阻值；

（2）理解并会定义引脚的位变量，会根据需要对位变量正确赋值。

3．任务分析

要点亮 LED，必须要加合适的正向压降和电流。鉴于单片机的驱动能力，且输出低电平时的电流约是输出高电平时电流的 20 倍，故 LED 的阳极接固定 5V 电平，阴极由单片机控制，如图 2-1（a）所示。分析出引脚高/低电平与 LED 亮/灭的逻辑关系，再由软件设置引脚高/低电平（见图 2-1（b））即可控制 LED 的亮/灭。

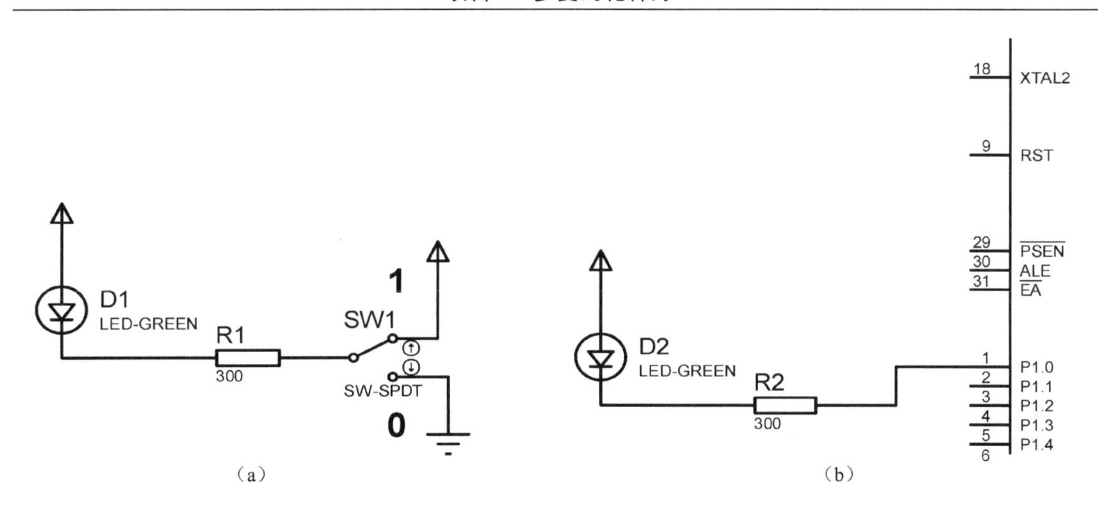

图 2-1　LED 控制电路原理图

2.1.1　一个引脚定义和应用

1．单片机引脚与二进制位

单片机与所能接收、发送的信息只能是数字信息。单片机的信息都是通过 4 组 I/O 口——P0、P1、P2、P3 来传送的。每组 I/O 口都有 8 个引脚。

单片机的一个引脚只能传送一位二制数，为操作方便，就以引脚名代表引脚的位地址，对引脚赋值就是对引脚地址写数据，如“P1.0=0;”直接表现为引脚电平为 0，即实现由软件命令控制硬件引脚的电平。一组 I/O 口的 8 个引脚就代表 8 位二进制数，即 1 字节数据，如图 2-2 所示。

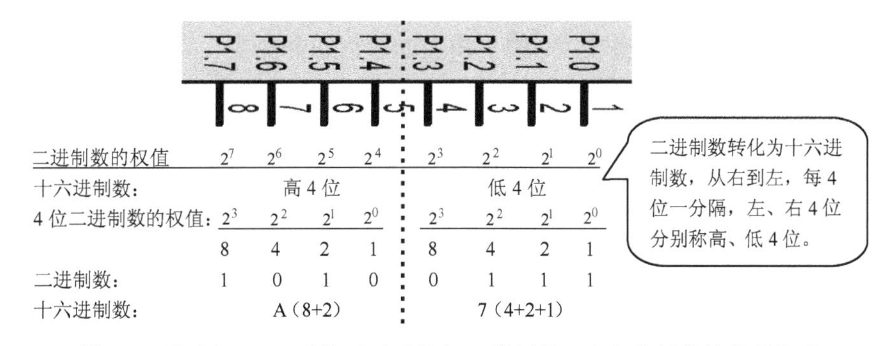

图 2-2　单片机 P1 口引脚以及引脚与二进制数、十六进制数的关联关系

十六进制数、二进制数及十进制数的对应关系见表 2-1。

表 2-1　十六进制数、二进制数及十进制数的对应关系

十进制数	二进制数	十六进制数	十进制数	二进制数	十六进制数
0	0000	0	3	0011	3
1	0001	1	4	0100	4
2	0010	2	5	0101	5

续表

十进制数	二进制数	十六进制数	十进制数	二进制数	十六进制数
6	0110	6	11	1011	B
7	0111	7	12	1100	C
8	1000	8	13	1101	D
9	1001	9	14	1110	E
10	1010	A	15	1111	F

4 位二进制数的简便识别方法是使用 4 位二进制数的权码（2^3　2^2　2^1　2^0），即 8421 码。

2．引脚的位定义：sbit

引脚位定义的目的：读取或设置单片机引脚的高/低电平。

位：一个二进制位，内存中最小存储单位，其值可以是“1”或“0”。

定义格式：**sbit　位名=特殊功能寄存器名^整型常数位编号;**

```
sbit    P12=P1^2    ;      //说明：P12 指向 P1.2 脚，P1 须先用 sfr 定义
sbit    P12=0x90^2 ;       //说明：通过“寄存器^位编号”的形式给出位变量 P12 的地址
sbit    P12=0x92    ;      //说明：直接给出位变量 P12 指向的引脚地址 0x92
```

sbit 也用来定义其他可寻址的特殊功能寄存器（其地址能被 8 整除）的位。对存储在 bdata 的普通变量的位也可用 sbit 操作。位编号的范围取决于该变量的类型。例如：

```
int   bdata ibase;          //变量 ibase 存储在 bdata 区，可对其位寻址
sbit   mybit0=ibase^0;
sbit   mybit15=ibase^15; //定义变量 ibase 的 0 位为 mybit0，15 位为 mybit15
```

sbit 定义要求基址对象的存储类型为 bdata，否则只有绝对的特殊位定义（sbit）是合法的。位置“^”操作符后的最大值依赖于指定的访问对象类型，对于 char、uchar 而言是 0～7，对于 int、uint 而言是 0～15。

```
sbit    led=P1^0;
Led =0;                     //清 0（Led=0;），相当于 P1.0 引脚在硬件行为上输出低电平
Led=1;                      //置 1（Led=1;），相当于 P1.0 引脚在硬件行为上输出高电平
```

3．用户设置的位定义：bit　位名

位类型可以用于变量声明、参数列表和函数返回值。位变量像其他 C 数据类型一样声明。例如:

```
static bit done_flag = 0;                    /* 定义静态位变量 done_flag */
 /* 下一条指令：函数 testfunc( )类型为位型，即返回值的数据类型为位型*/
bit testfunc ( bit flag1,    bit flag2)      /* 参数 flag1、flag2 均为位变量 */
 {...
return (0);                                  /* 返回值的类型为位型   */
}
```

2.1.2　定义一组引脚，输入/输出 1 字节数据

sfr 和 sfr16 是 C51 扩充的数据类型，用于访问 MCS-51 单片机中的特殊功能寄存器的数据。

sfr：字节型（8 位二进制数）特殊功能寄存器类型，占 1 个内存单元，利用它可以访问 MCS-51 内部的所有特殊功能寄存器，如单片机的 4 组 I/O 口，即 P0、P1、P2、P3。

sfr16：双字节型（16 位二进制数）特殊功能寄存器类型，占用两个内存单元，利用它可以访问 MCS-51 内部的所有两个字节的特殊功能寄存器，如数据指针 DPTR。

```
sfr   P0=0x80;
P0   =0x12; //从 P0 口输出十六进制数 12（同时从 P0.7～P0.0 输出 8 位二进制数 00010010）
```

2.1.3　亮灯逻辑

发光二极管（LED）采用砷化镓、镓铝砷和磷化镓等材料制成。其内部结构为一个 PN 结，具有单向导电性。LED 在制作时，由于使用材料不同，因此可以发出不同颜色的光。LED 的发光颜色有红、黄、绿、蓝等。

加在 LED 两端的电压差超出导通压降时，LED 开始工作，导通压降一般为 1.7～1.9V。此外，还须保证 LED 的工作电流。当满足电流和电压的要求时，LED 就可以发光了。

$$\text{限流电阻}=\frac{\text{电源电压}-\text{导通电压}}{\text{额定电流}}=\frac{5\text{V}-2\text{V}}{10\text{mA}}=300\Omega$$

电压条件：必须给 LED 加载正向电压，正向电压为 2～5V。

电流条件：达到 LED 的额定电流为 10mA。

如图 2-1（a）所示，如果用“1”表示高电平，“0”表示低电平，则当开关 SW1 接上高电平，即 SW1=1 时，D1 不亮；当开关 SW1 接上低电平，即 SW1=0 时，D1 亮。D1 的亮与灭完全受开关 SW1 的控制。

如图 2-1（b）所示，如果把开关 SW1 换成单片机的 P1.0 引脚，单片机引脚输出高、低电平（高电平一般为 5V，低电平为 0V）就可控制 LED 的亮/灭。单片机引脚输出高、低电平可通过编程实现。

```
sbit    D2=P1^0;
D2=0;             //P1.0 引脚输出低电平，LED 亮
D2=1;             //P1.0 引脚输出高电平，LED 灭
```

2.1.4　Proteus 界面与元器件操作

在计算机中安装好 Proteus 后，单击“开始”→ Proteus 7 Professional → ISIS 7 Professional，启动 ISIS，进入 ISIS 界面，如图 2-3 所示，主要有菜单栏、工具栏、对象选择器、预览窗口、编辑窗口、仿真运行按钮栏等。

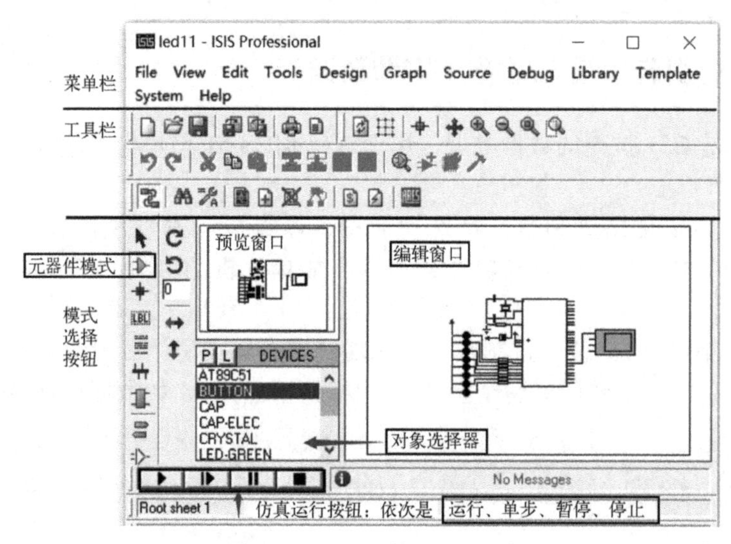

图 2-3 Proteus 的 ISIS 界面

1．新建电路文件并保存为 LED1.DSN

单击菜单“File”→“New Design”，弹出如图 2-4 所示的新建设计（Create New Design）对话框。单击“OK”按钮，以默认的 DEFAULT 模板建立一个新的图纸尺寸为 A4 的空白文件。若单击其他模板，再单击“OK”按钮，则会建立相应尺寸的空白文件。

单击工具按钮，选择路径，输入文件名后，再单击“保存”按钮，完成新建文件操作，文件格式为*.DSN，后缀 DSN 是系统自动加上的。

若文件已存在，则可单击工具栏中的打开按钮，在弹出的对话框中选择要打开的设计文件（如 LED1.DSN）。

2．设置图纸大小

系统默认图纸大小为 A4（长×宽为 10in×7in）（in 为英寸）。在电路设计过程中，若要改变图纸大小，则单击菜单“System”→“Set Sheet Size”，出现如图 2-5 所示的窗口。可以选择 A0～A4 其中之一，也可以选中底部“User（自定义）”复选框，再按需要更改右边的长和宽数据。

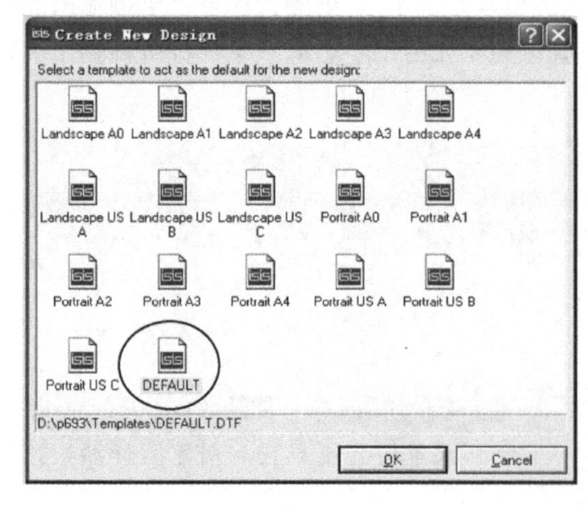

图 2-4 创建新设计文件

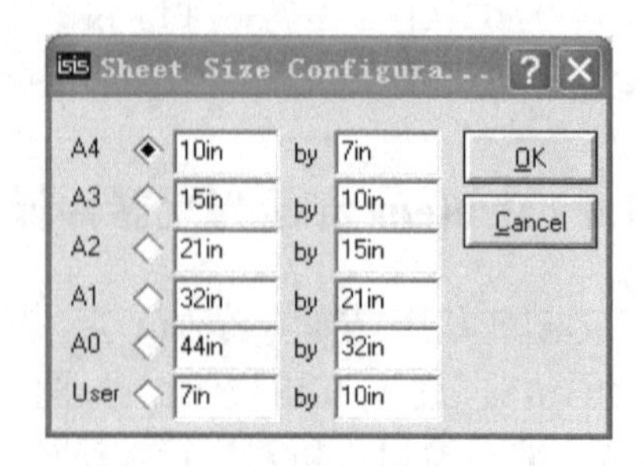

图 2-5 图纸大小设置窗口

3．ISIS 电路设计与仿真界面简介

（1）菜单栏

菜单栏中，File、View、Edit、Tools、Design、Graph、Source、Debug、Library、Template、System、Help 分别对应文件、视图、编辑、工具、设计、绘图、源程序、调试、库、模板、系统、帮助。当将鼠标移至它们时，都会弹出下级菜单。

本节重点介绍“File”（文件）、“View”（视图）菜单。

（2）编辑窗口

编辑窗口中的蓝色方框为图纸边界，可在编辑窗口中编辑设计电路（包括单片机系统电路），并能进行 Proteus 仿真与调试。

（3）对象选择器

对象选择器用来选择放置操作对象。在不同操作模式下，“对象”类型不同。

在元器件模式下，“对象”类型为从库中选取的元器件。

在终端模式下，“对象”类型为电源、地等。

在虚拟仪器模式下，“对象”类型为示波器、逻辑分析仪等。

对象选择器的上方带有一个条形标签，表明当前所处的模式及其下所列的对象类型。如图 2-6（a）所示，因当前为元器件模式，所以对象选择器上方的标签为 DEVICES。该条形标签的左角有 P L，其中“P”为对象选择按钮，“L”为库管理按钮。

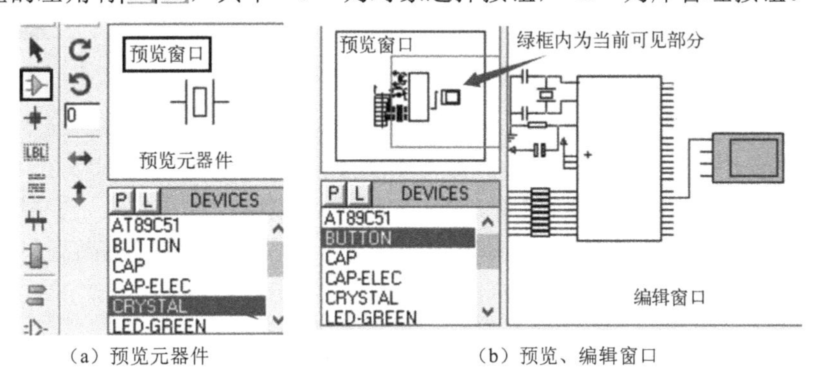

（a）预览元器件　　　　（b）预览、编辑窗口

图 2-6　对象选择器预览窗口

（4）预览窗口

预览窗口配合对象选择器，可用来预览对象（例如元器件），也可查看编辑窗口的局部或全局。

① 预览元器件等对象。

当单击对象选择器框中的某个对象时，对象预览窗口就会显示该对象的符号，如图 2-6（a）所示，预览窗口中显示出晶振的图符。

② 预览窗口跟随编辑窗口同步显示。

单击编辑窗口，预览窗口实时显示编辑窗口内容，会出现蓝色方框和绿色方框。蓝色方框内是编辑窗口的全貌。绿色方框内是当前编辑窗口中在屏幕上的可见部分。

③ 在预览窗口中调整编辑窗口可视内容。

在预览窗口单击后再移动鼠标，绿色方框会改变位置，编辑窗口中的可视区域也相应改变。如图 2-6（b）所示，编辑窗口中的可视区域处于整个可编辑窗口的右半部分，即

预览窗口中绿色方框的包围部分。若要中断移动，则单击鼠标即可。

（5）仿真运行按钮

仿真运行按钮一般在 ISIS 窗口左下方，从左至右依次是运行、单步、暂停、停止。

4．元器件的选取与编辑

（1）元器件的选取

元器件的选取如图 2-7 所示。

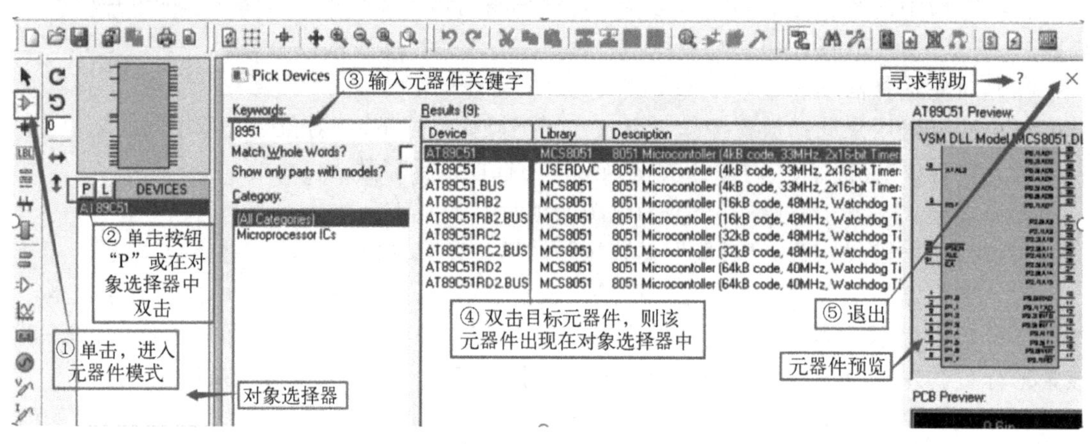

图 2-7　选取元器件

（2）元器件的编辑

① 放置。单击对象选择器中的元器件（出现蓝色背景条），将光标移至 ISIS 编辑窗口，单击则出现元器件桃红色高亮轮廓，将该轮廓移至期望位置再单击则完成放置。

② 选中与取消选中。单击编辑窗口中某元器件，则该元器件红色高亮显示，表示选中。若要取消选中，移动光标到编辑窗口中的空白处单击。

③ 移动。

- 单击选中元器件，再按住鼠标左键拖动至期望位置释放鼠标。
- 右击选中元器件，在弹出的对象快捷菜单（见图 2-8）中单击“Drag Object”（移动对象），出现桃红色高亮元器件轮廓，移动至期望位置单击放置。
- 单击选中元器件，再单击工具栏中工具，出现桃红色高亮元器件轮廓，移动至期望位置单击放置。

④ 转向。

- 对象选择器中的元器件转向：单击对象选择器中元器件，再单击工具栏中转向工具按钮中相应按钮，对象预览窗口显示的元器件相应转向。
- 编辑窗口中的元器件转向：右击元器件，从弹出的快捷菜单（见图 2-8）中单击相应的转向按钮。
- 快捷方法：单击选中元器件，再按键盘上的“+”“-”键实现逆时钟转、顺时针旋转。

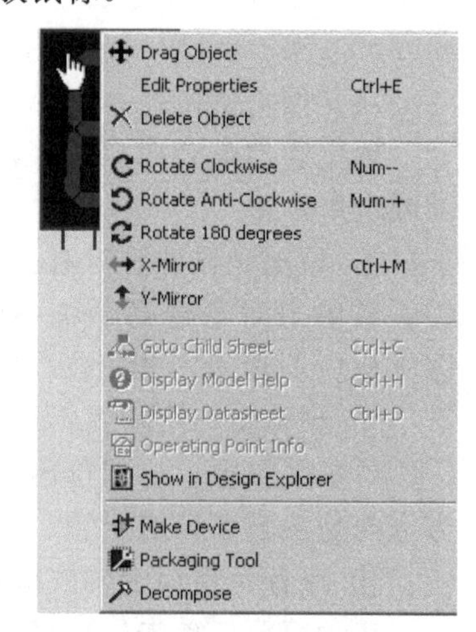

图 2-8　对象快捷菜单

⑤ 复制。单击选中元器件，再单击工具栏中▣，出现桃红色高亮元器件轮廓，移至期望位置单击放置。

注意：对元器件进行**块复制**时会自动编号。用普通的 COPY、PAST 命令适合对非电气对象进行复制操作，用它们操作元器件，会导致元器件编号重复。

⑥ 删除。

右双击元器件或右击元器件再选择弹出快捷菜单（见图 2-8）中的单击命令✕。

⑦ 块操作（多个元器件同时操作）。

通过按住鼠标左（或右）键拖出包围多个元器件的虚框后再释放，被完全包围的元器件红色高亮显示，表示被选中，再单击工具栏中相应工具按钮，依次实现块复制、块移动、块转向和块删除。

2.1.5　亮一个 LED 的电路、程序设计

1．电路设计

（1）选取元器件

① 在元器件模式下，选取 AT89C51、LED-GREEN、RES、CAP、CAP-ELE、CRYSTAL。复位电阻用 PULLDOWN，是为了较好地实现复位按钮的复位仿真效果。

② 在终端模式下，选取电源 POWER（默认为 5V）、地 GROUND。

（2）线路连接

在两个点间进行连线，任一点可为起点或终点，在起点左击鼠标，移动到终点再单击。在移动途中无须按住鼠标左键。

用连线方式将 POWER、地 GROUND 接入合适的地方。

LED 的限流电阻值约为 300Ω。单片机控制 LED 电路所用元器件列表及原理图如图 2-9 所示，保存为 LED8.DSN。

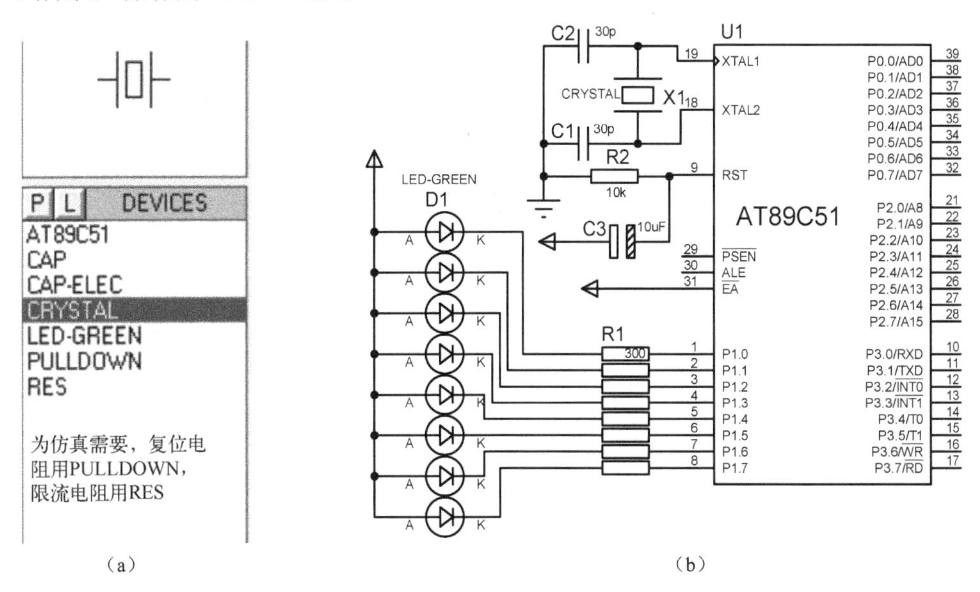

图 2-9　单片机控制 LED 电路所用元器件列表及原理图

2．程序设计

根据图 2-9（b），LED 呈共阳极的接法，阳极固定接高电平，阴极受单片机的引脚控制，故只要单片机引脚输出低电平，LED 就能亮。

```
//  LED11.c    zlb    -1      点亮一个 LED
//  #include<reg51.h>      //包含 51 单片机的硬件资源定义的头文件
sfr   P1=0x90;             //P1 口对应的特殊功能寄存器定义，其地址在片内 RAM 中为 0x90
sbit  led=P1^0;            //引脚的位定义，代表 P1.0 引脚的位变量为 led
/*****************************************
*函数名称：main       *输入：无。      输出：无
*功    能：函数主体            注意多行注释的格式          */
/******************************************             */
void main(void)            //有且只有一个 main 函数
{
    for(;;)                //死循环
    {
          led=0;           //清 0，即输出低电平，LED 亮

    }
}
```

2.1.6 编译、代码下载、仿真、测判

按 1.4.1 节所述方法，先在 Keil 中新建工程 led11.uv2，然后添加源程序、设置工程选项并编译。

1．加载目标代码文件*.hex，设置时钟频率

在 ISIS 编辑窗口中双击 AT89C51 单片机，弹出如图 2-10 所示的加载目标代码文件和设置时钟频率的对话框。单击在“Program File”栏右侧按钮，弹出文件列表，从中选择期望的目标代码文件（格式为*.hex），再单击“OK”按钮，完成加载。

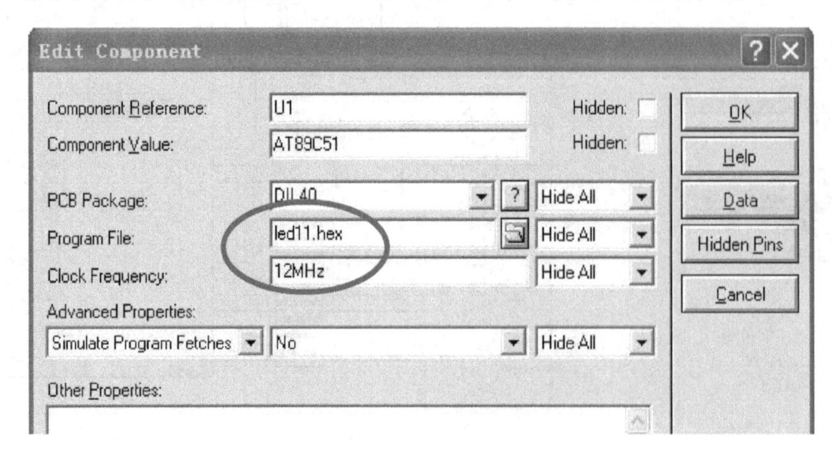

图 2-10　加载目标代码文件和设置时钟频率

系统默认时钟频率为 12MHz，若要改变时钟频率，则在图 2-10 所示对话框中的“Clock Frequency”（时钟频率）栏中填上时钟频率，再单击“OK”按钮，完成设置时钟频率的操作。

2. 仿真调试

单击仿真工具按钮中的 ▶ 进行全速仿真，可看到与 P1.0 相连的 LED 亮了。

如要观察各引脚的电平状态，可在 Proteus ISIS 中，执行菜单命令“System”→“Set Animation Options”，再在弹出窗口中选中“Show Logic State of Pins”（显示引脚逻辑状态）。仿真时，在引脚上将出现红色或蓝色小方块：红色代表高电平，蓝色代表低电平。

实践记录：是否成功？______。自评分：______。

2.1.7 STC 单片机代码下载

1. 下载 STC 单片机的代码下载软件

从 STC 官网 www.stcmcudata.com 下载 STC 单片机的代码下载软件 stc-isp-15xx-v6.86R- zip。

在压缩包中可看到 4 个文件，如图 2-11 所示。查看 PDF 格式的 STC-USB 驱动安装说明，根据实际的操作系统阅读相应的驱动说明。

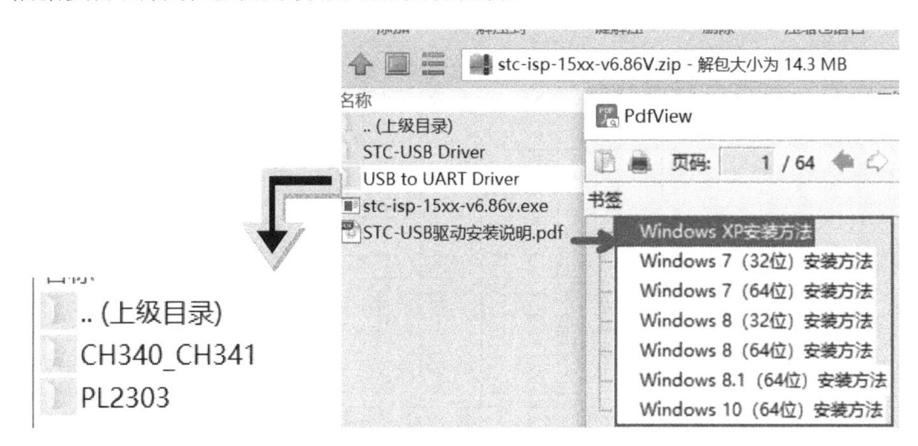

图 2-11 STC 单片机的代码下载软件压缩包

2. 连接硬件

对于有串口的 PC，可参考图 2-12 通过 RS-232 芯片进行电平转换匹配。大多数笔记本电脑未配置 9 针的串口，取而代之的是 USB 接口，故从 PC 下载程序代码时须将 USB 接口转为可与单片机电平兼容的串口。这类接口转换芯片有 CH340G、CH341G 或 PL2003 等，应用时须对接口转换芯片安装驱动程序。单片机通过 USB 接口转串口芯片与 PC 连接的下载电路原理图如图 2-13 所示。另外，也可购买成熟的下载模块。

注意，电源、地、两根串行线（RXD、TXD）的连接，通信的一方 TXD 连接另一方的 RXD，RXD 与另一方的 TXD 相连。

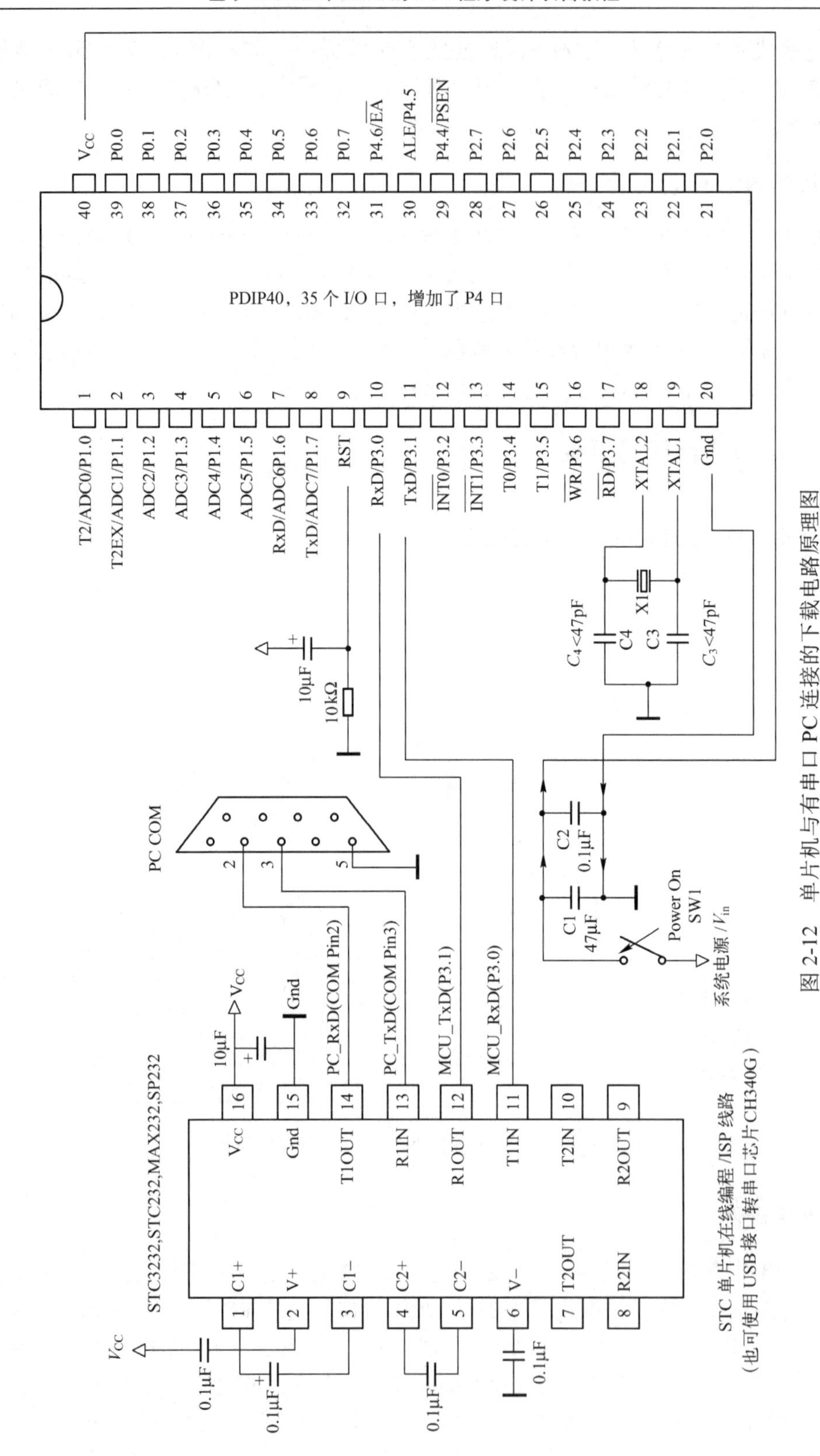

图 2-12 单片机与有串口 PC 连接的下载电路原理图

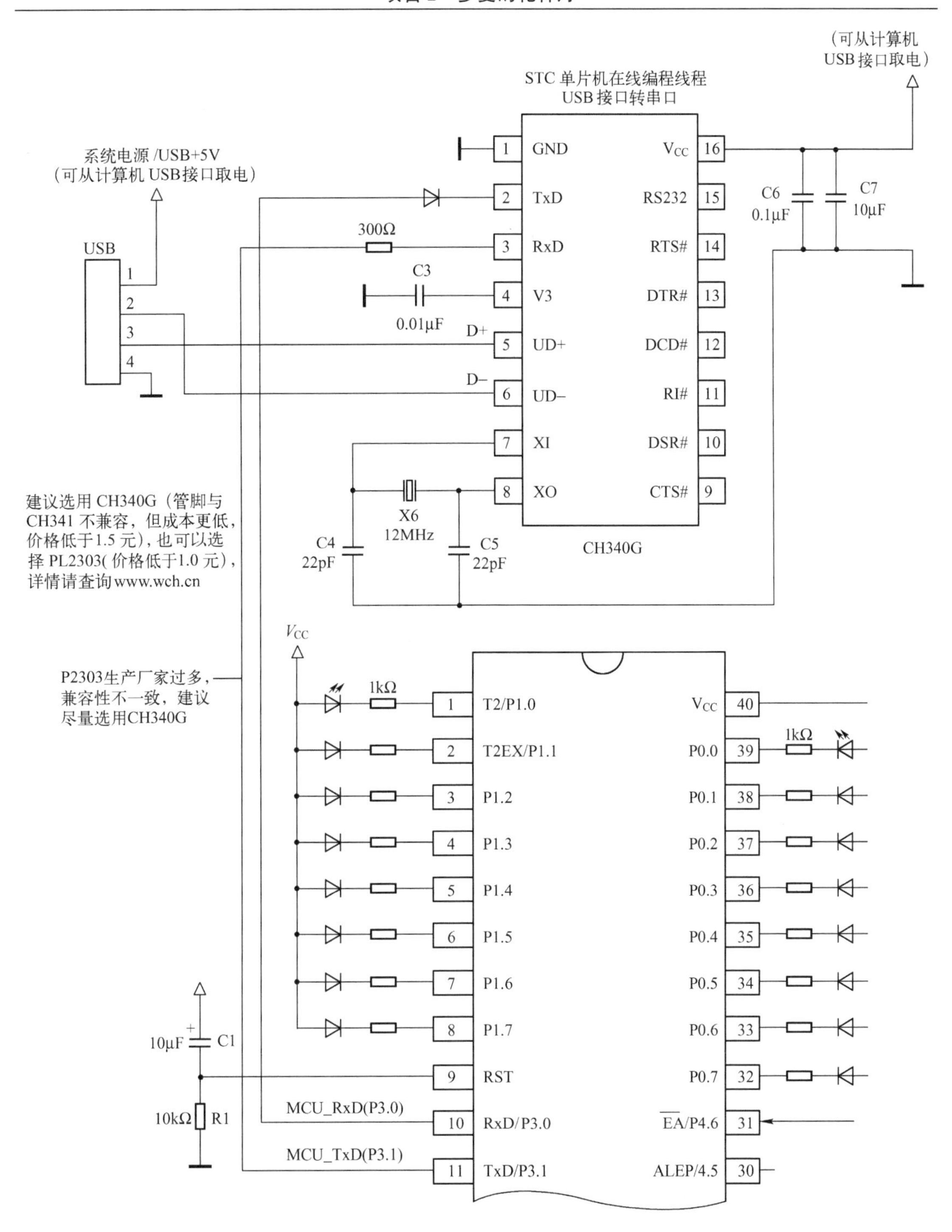

图 2-13　单片机通过 USB 接口转串口芯片与 PC 连接的下载电路原理图

3．确认串口

连接硬件后，右击“我的电脑”，选择“管理”→“设备管理器”→“端口（COM 和 LPT)”→“通信端口”，应该可看到由 USB 接口转换而虚拟出的串口（COMx)。

4. 运行下载软件 stc-isp-15xx-v6.87F

安装好驱动后，接入硬件，再运行下载软件，会自动识别串口。代码下载的一般步骤：选择单片机的型号→选择确认串口→打开格式为 Bin 或 Hex 的代码文件→下载→上电→等待下载完毕，如图 2-14 所示。

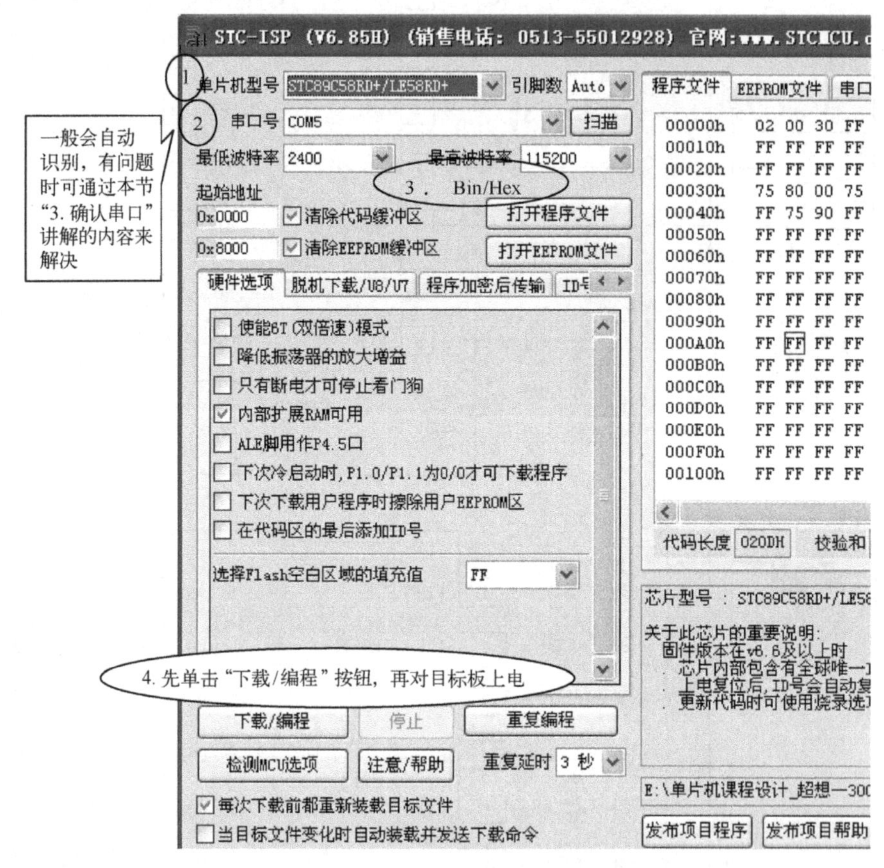

图 2-14　STC 单片机代码下载软件操作示意图

5. 下载软件的其他功能

STC 代码下载软件的右上侧有许多选项卡，提供了丰富的功能。如图 2-15 所示，下载代码或 EEPROM 文件时在相应的选项卡可见代码数据，还有些工具软件，如串口助手、波特率计算器、软件延时计算器等。例如，在“官方网站资源”选项卡下还链接了 STC 官网及常用资源（见图 2-16（a）），在“封装脚位”选项卡下可查看芯片脚位（见图 2-16（b））。可见，在这个代码下载软件中可找到有关芯片的所有资源。

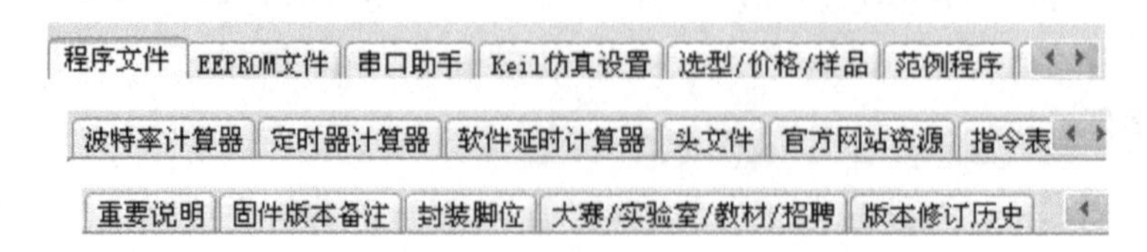

图 2-15　下载软件右上侧菜单中提供的工具及资源

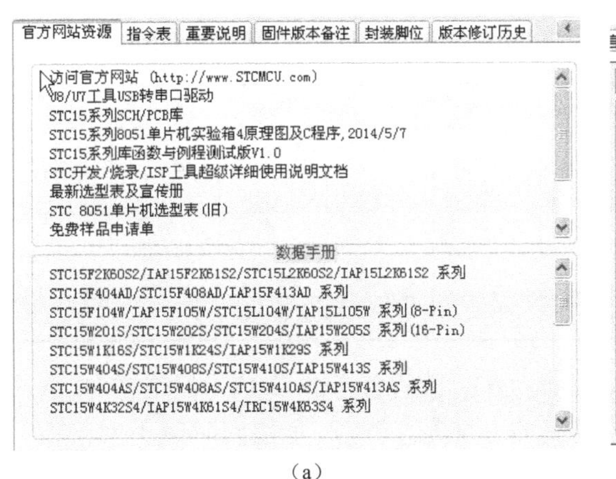

（a）

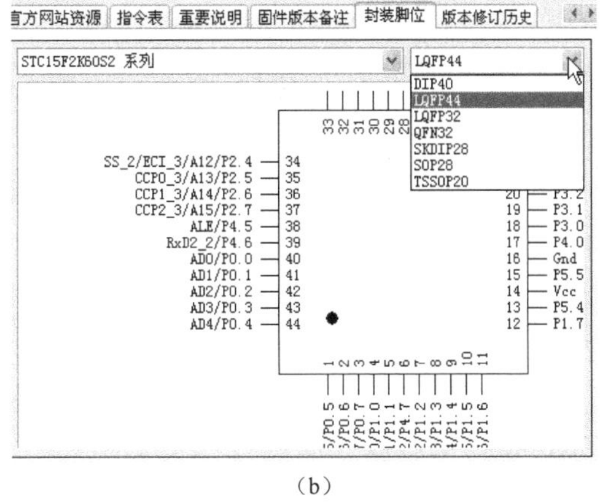

（b）

图 2-16　代码下载软件“官方网站资源”和“封装脚位”选项卡下的内容

2.1.8　实物制作与上电测试

参考电路原理图制作实物作品，将已编程的单片机安装好，给系统接入 5V 的电源，应该看到与 P1.0 引脚相接的 LED 亮起来了。若不成功，则检查硬件电路排除故障，再上电测试，直到成功。

2.1.9　进阶设计与思路点拨 1：亮多个灯

（1）控制 P1.1 上的 LED 亮，程序如何修改？

思路点拨： P1.1 引脚按位操作时，先用 sbit 定义后再使用。

```
sbit    led1=P1^1;
```

（2）控制 P1.2 上的 LED 亮，程序如何修改？

（3）控制 P1.3 上的 LED 亮，程序如何修改？

（4）控制 P1.4 上的 LED 亮，程序如何修改？

（5）控制 P1.0、P1.1、P1.7 上的 LED 亮，程序如何修改？

思路点拨： 多个引脚按位操作时，均要先用 sbit 定义。相应的 LED 要亮，对它们依次赋值为 0 即可，流程图如图 2-17 所示。

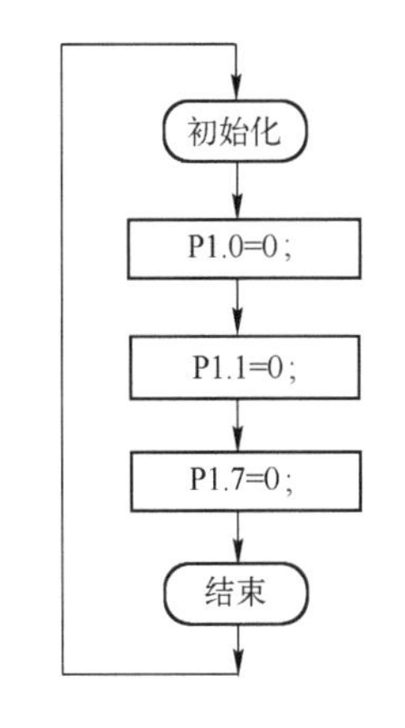

图 2-17　亮多个灯的程序流程图

（6）控制 P1.1～P1.6 上的 LED 亮，程序如何修改？

（7）控制 P1.7～P1.0 上的 LED 亮，使其表示自己的学号，LED 亮表示 1，LED 灭表示 0，程序如何修改？

思路点拨： 两位十进制数学号用 8 位二进制数表示，其十位占高 4 位，个位占低 4 位，具体数据分析见表 2-2，对这 8 个控制位依次赋相应的值即可。

表 2-2　用 LED 指示学号的分析表

	P1.7	P1.6	P1.5	P1.4	P1.3	P1.2	P1.1	P1.0
原始值，如学号 23	0	0	1	0	0	0	1	1
LED 的亮/灭	灭	灭	亮	灭	灭	灭	亮	亮
实际控制逻辑	1	1	0	1	1	1	0	0
实际输出的十六进制数	D				C			
	高 4 位（用来表示十位）				低 4 位（用来表示个位）			

进一步思考：本设计程序实现的思路如（5）、（6），流程参考图 2-17，但这样对 8 个位依次去赋值，程序较长，书写有点麻烦，简捷的办法是，对 8 个位同时赋不同的值，即对 P1 口直接赋值：

```
P1=0xdc;                    //即二进制数 11011100。
```

2.1.10　进阶设计与思路点拨 2：用 BCD 数码管显示自己的学号

任务要求：用单片机的两组 I/O 口控制 BCD 数码管显示自己的两位学号，如 P0 控制数码管显示学号的十位，P2 控制数码管显示学号的个位。

1．认识 BCD 数码管

本节使用的 BCD 数码管是带译码器的只有 4 个引脚的七段数码管，是个简便的显示器，名称为 7SEG-BCD-GRN。如图 2-18 所示，给数码管送 4 位二进制数，便显示出对应的数字。

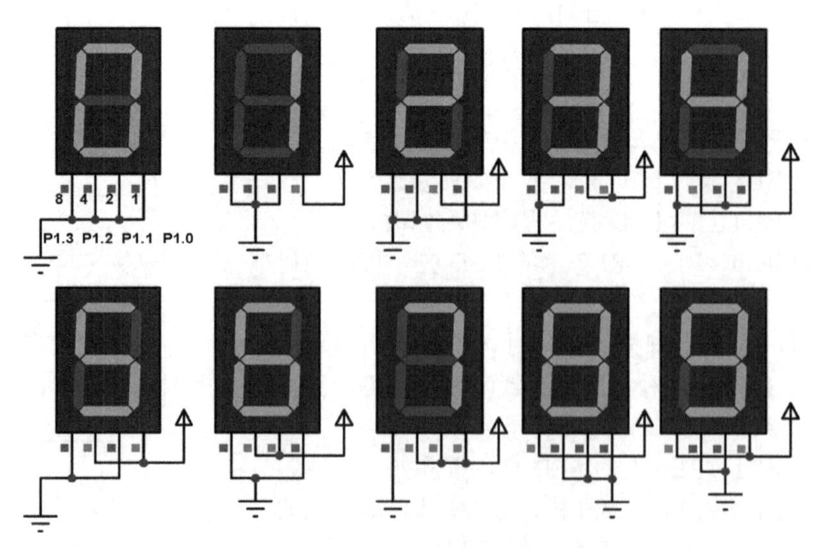

图 2-18　单片机控制数码管电路原理图

根据图 2-18 将 0～9 这 10 个数对应的二进制数填写在表 2-3 中。此 BCD 数码管仿真模型是共阴极的。

表 2-3　BCD 数码管显示内容与二进制数对应关系

BCD 数码管显示的数字	0	1	2	3	4	5	6	7	8	9
输出给引脚的 4 位二进制数										

2．参考电路设计

用 BCD 数码管显示学号电路所用元器件列表及原理图如图 2-19 所示。

注意：数码管的引脚从左到右依次对应 4 位二进制数的高到低位，以及数码管引脚高/低位与单片机引脚高/低位对应连接。

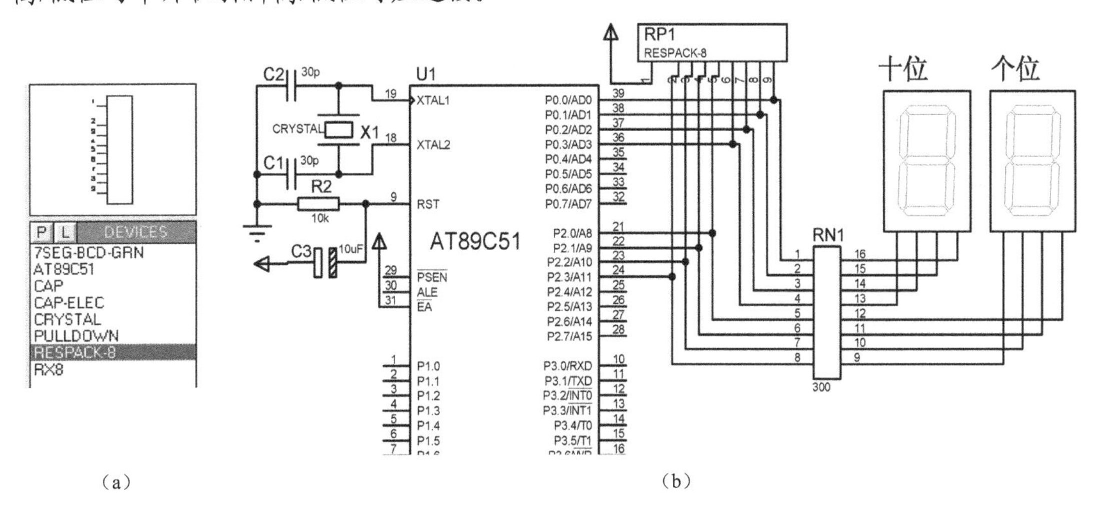

图 2-19　用 BCD 数码管显示学号电路所用元器件列表及原理图

3．完成实践报告

参考附录 **A** 完成实践报告。

2.2　任务 2：有规律变化的花样灯——亮点流动

2.2.1　任务要求与分析

1．任务要求

8 个 LED，每一刻只有一个亮，显示为亮点由低位向高位循环流动。

2．任务目标

（1）掌握显示的顺序输出控制。学会将一串显示效果分解为一个个稳定状态，并按先后次序主线将它们一一串起来，即按一定的顺序依次输出控制数据。

（2）掌握循环移位函数 **_crol_()** 的应用。

3．任务分析

硬件电路见图 2-9。P1 口控制 8 个 LED。根据亮灯逻辑，引脚电平为高，LED 灭；

引脚电平为低，LED 亮。所以第 1 个显示状态为只有 P1.0 脚的 LED 亮，……，第 8 个显示状态为只有 P1.7 脚的 LED 亮。亮点流动控制数据分析见表 2-4。

表 2-4 亮点流动控制数据分析

状态	P1.7	P1.6	P1.5	P1.4	P1.3	P1.2	P1.1	P1.0	各状态的十六进制数
LED1 亮	1	1	1	1	1	1	1	**0**	0xFE
LED2 亮	1	1	1	1	1	1	**0**	1	0xFD
LED3 亮	1	1	1	1	1	**0**	1	1	0xFB
LED4 亮	1	1	1	1	**0**	1	1	1	0xF7
LED5 亮	1	1	1	**0**	1	1	1	1	0xEF
LED6 亮	1	1	**0**	1	1	1	1	1	0xDF
LED7 亮	1	**0**	1	1	1	1	1	1	0xBF
LED8 亮	**0**	1	1	1	1	1	1	1	0x7F

4．建立时间概念

在单片机的振荡频率为 12MHz 时，其机器周期为 1μs，最短的指令执行时间也是 1μs。

在本例中，每个 LED 亮的时间就是输出数据指令执行的时间，如 LED 1 亮，则 P1 口输出 0xFE(P1=0xFE)，也就是 1μs 的时间；接下来 LED2 亮，P1=0xFD，也是 1μs；……。这样，几乎每个 LED 依次亮 1μs，我们的眼睛根本分辨不出哪个 LED 亮了，只看到 8 个 LED 一直是暗红的。画面时间间隔小于 1/24s 时，人眼就分辨不出来了。为了看清每个 LED 亮，必须要延时，延时约 40ms 以上就可看清了。2.2.3 节程序中延时函数的延时约为 500ms。

2.2.2 头文件 reg51.h 解读

C51 程序设计是针对 51 单片机的，故编程中要涉及硬件资源（特殊功能寄存器及其可操作的位）。这些硬件资源用 sfr、sbit 等统一定义成一个头文件，供所有应用该单片机的控制源程序调用。如在 Keil 软件中，已将 89C51 单片机的硬件资源定义为头文件“reg51.h”，将 89C52 的头文件定义为“reg52.h”。其他许多 51 的变体单片机，只要添加新增的特殊功能寄存器等定义，保存为自己的头文件，保存在 Keil 安装路径“驱动器\Keil\C51\INC”下即可如“reg51.h”一样被引用。

头文件引用格式：

#include <*.h>：优先搜索由关键字 INCDIR 指定的编译器包含文件路径，接着搜索 C51 库函数头文件所在目录。

#include"*.h"：先搜索工程文件所在目录，再搜索 C 库函数头文件所在目录。

通过**#include**"reg51.h"**或#include** <reg51.h>**，就可在自己的源程序中直接使用其内定义的特殊功能寄存器、特殊功能位**，无须再用 sfr、sbit 定义。因其所有的特殊功能寄存器、特殊位都是大写字母，所以注意程序中用到特殊功能寄存器、特殊位时都要大写，如 P1、IT0 等。

```
/*REG51.H*/
#ifndef __REG51_H__
#define __REG51_H__
/* BYTE Register */
sfr  P0    = 0x80;
sfr  P1    = 0x90;
sfr  P2    = 0xA0;
sfr  P3    = 0xB0;
sfr  PSW   = 0xD0;
sfr  ACC   = 0xE0;
sfr  B     = 0xF0;
sfr  SP    = 0x81;
sfr  DPL   = 0x82;
sfr  DPH   = 0x83;
sfr  PCON = 0x87;
sfr  TCON = 0x88;
sfr  TMOD = 0x89;
sfr  TL0   = 0x8A;
sfr  TL1   = 0x8B;
sfr  TH0   = 0x8C;
sfr  TH1   = 0x8D;
sfr  IE    = 0xA8;
sfr  IP    = 0xB8;
sfr  SCON = 0x98;
sfr  SBUF = 0x99;
/*  BIT Register  */
/*  PSW   */
sbit  CY    = 0xD7;
sbit  AC    = 0xD6;
sbit  F0    = 0xD5;
sbit  RS1   = 0xD4;
sbit  RS0   = 0xD3;
sbit  OV    = 0xD2;
sbit  P     = 0xD0;
/*  TCON   */
sbit  TF1   = 0x8F;
sbit  TR1   = 0x8E;
sbit  TF0   = 0x8D;
sbit  TR0   = 0x8C;
sbit  IE1   = 0x8B;
sbit  IT1   = 0x8A;
sbit  IE0   = 0x89;
sbit  IT0   = 0x88;
/*  IE   */
sbit  EA    = 0xAF;
sbit  ES    = 0xAC;
sbit  ET1   = 0xAB;
sbit  EX1   = 0xAA;
sbit  ET0   = 0xA9;
sbit  EX0   = 0xA8;
/*  IP   */
sbit  PS    = 0xBC;
sbit  PT1   = 0xBB;
sbit  PX1   = 0xBA;
sbit  PT0   = 0xB9;
sbit  PX0   = 0xB8;
/*  P3   */
sbit  RD    = 0xB7;
sbit  WR    = 0xB6;
sbit  T1    = 0xB5;
sbit  T0    = 0xB4;
sbit  INT1 = 0xB3;
sbit  INT0 = 0xB2;
sbit  TXD   = 0xB1;
sbit  RXD   = 0xB0;
/*  SCON  */
sbit  SM0   = 0x9F;
sbit  SM1   = 0x9E;
sbit  SM2   = 0x9D;
sbit  REN   = 0x9C;
sbit  TB8   = 0x9B;
sbit  RB8   = 0x9A;
sbit  TI    = 0x99;
sbit  RI    = 0x98;
#endif
```

2.2.3 流程与程序设计——一个亮点流动

根据表 2-4 的分析，只要对 P1 口按状态 1～8 输出相应的数据即可，流程图如图 2-20 所示。

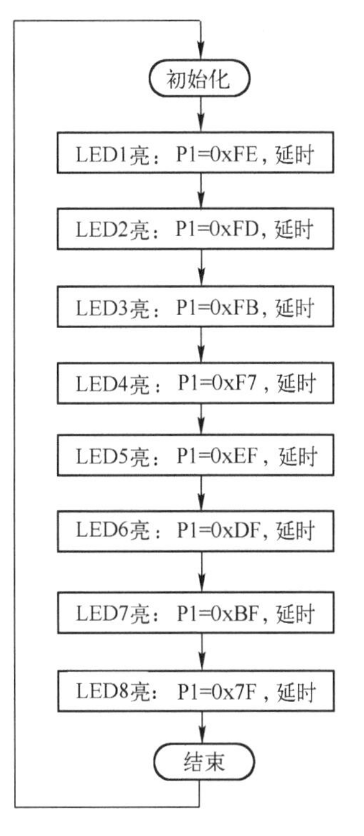

图 2-20　顺序结构流水灯（一个亮点流动）的程序流程图

```
/****************************************
led21.c    顺序结构流水灯程序
振荡频率 12MHz，     zlb
****************************************/
//包含定义特殊功能寄存器的头文件
#include<reg51.h>
void  Dly()   /* 延时函数，约 0.5s   */
{ unsigned   char   i;
  unsigned   int   j;
for(j=0;  j<655;  j++)
     { for(i=0;   i<252;   i++)
          { ; }
     }
}
void  main()
{ star:
     P1 = 0xFE; Dly();
     P1 = 0xFD; Dly();
```

```
        P1 = 0xFB; Dly();
        P1 = 0xF7; Dly();
        P1 = 0xEF; Dly();
        P1 = 0xDF; Dly();
        P1 = 0xBF; Dly();
        P1 = 0x7F; Dly();
        goto star;
    }
```

2.2.4 编译、代码下载、仿真、测判

按项目 1 所述方法，先在 Keil 中新建工程 led21.uv2，然后添加源程序、设置工程选项并编译，生成代码文件 LED21.HEX。参考 2.1.7 节下载代码，设置振荡频率为 12MHz，进行仿真调试。由仿真看到的现象应该与设计目标一样。

将代码下载到实物板进行测试。实践记录：是否成功？_______。自评分：_______。

2.2.5 应用移位函数_crol_设计亮点流动程序

2.2.3 节的程序有点长，单片机循环输出了一串数据，且这串数据是有规律的，8 位二进制数中最低位的 0 逐位向高位（向左）移动，移到最高位时，一个循环完成，又重新开始。使用 Keil 提供的**循环移位函数是便捷方法。**

1. 认识移位函数

6 个循环移位函数为_crol_、_irol_、_lrol_、_cror_、_iror_、_lror_，说明如图 2-21 所示。

各函数名中第 1 个字母表示变量类型，第 4 个字母表示移位方向，l 表示左，r 表示右。与汇编指令 RL A、RR A 相似，以上各函数是多位数的封闭循环移位。左移时，最高位移到最低位，其他位依次左移；右移时，最低位移到最高位，其他位依次右移。移动的位数取决于变量类型，如字符型变量可移动的位数为 0～7。

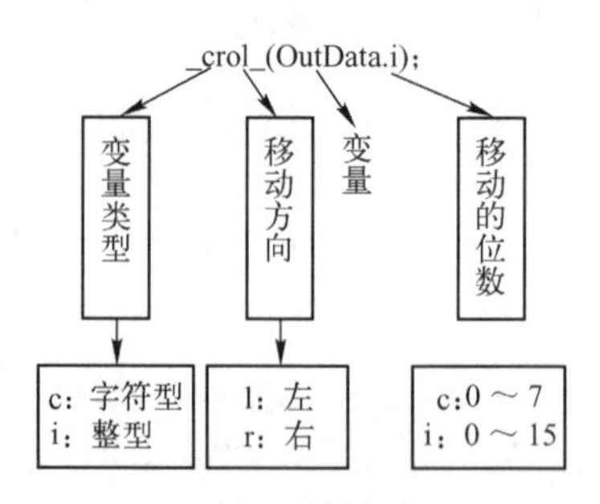

图 2-21 循环移位函数说明

函数原型：

```
unsigned  char   _crol_( unsigned char a, unsigned char n) ;     //无符号 8 位字符型数据左移
unsigned  int   _irol_( unsigned int a, unsigned int n);          //无符号 16 位整型数据左移
unsigned  long   _lrol_( unsigned long a, unsigned long n);       //无符号 32 位长型数据左移
unsigned  char   _cror_( unsigned char a, unsigned char n);       //无符号 8 位字符型数据右移
unsigned  int   _iror_( unsigned int a, unsigned int n);          //无符号 16 位整型数据右移
unsigned  long   _lror_( unsigned long a, unsigned long n);       //无符号 32 位长型数据右移
```

函数功能：将无符号字符型/无符号整型/无符号长整型变量 a，循环左移/右移 *n* 位。

```
P1 = 0xEE;                  //P1 = 11101110B
P1 = _crol_(P1,1);          //P1 = 11011101B  在上行的基础上依次左移 1 位
```

2．用移位函数处理数据

此处选用无符号字符数据左移函数**_crol_**实现，数据变化规律（见表 2-5）如下：

下一状态数据=上一状态数据循环左移 1 位=_crol_(上一状态数据, 1)

3．流程设计与程序设计

根据表 2-5 的分析，使用左移函数实现亮点流动的程序流程图如图 2-22 所示，依此逐句写出主函数。

表 2-5　用_crol_()进行数据变化规律推演

状态	各亮灯状态下输出的二进制数和十六进制数	数据变化规律 初始数据为 0xFE，其后依次左移得到
状态 1：LED1 亮	1111111**0**B, 0xFE	初始数据，直接给出
状态 2：LED2 亮	111111**0**1B, 0xFD	0xFD=**_crol_**(0xFE,1)
状态 3：LED3 亮	11111**0**11B, 0xFB	0xFB=**_crol_**(0XFD,1)
状态 4：LED4 亮	1111**0**111B, 0xF7	0xF7=**_crol_**(0XFB,1)
状态 5：LED5 亮	111**0**1111B, 0xEF	0xEF=**_crol_**(0XF7,1)
状态 6：LED6 亮	11**0**11111B, 0xDF	0xDF=**_crol_**(0xEF,1)
状态 7：LED7 亮	1**0**111111B, 0xBF	0xBF=**_crol_**(0xDF,1)
状态 8：LED8 亮	**0**1111111B, 0x7F	0x7F=**_crol_**(0xBF,1)
亮灯 1，下一循环	1111111**0**B, 0xFE	0xFE=**_crol_**(0x7F,1)

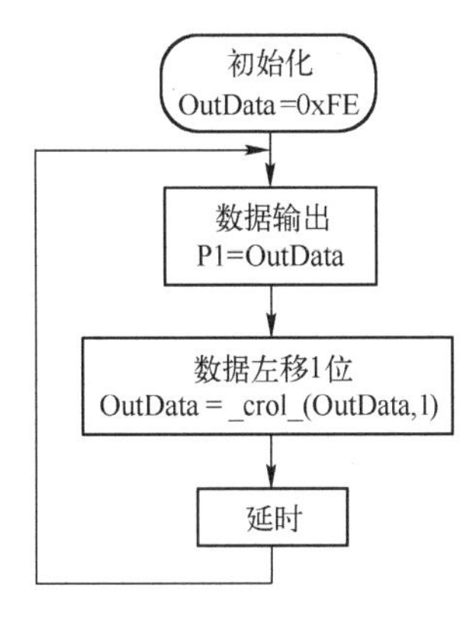

图 2-22　使用左移函数实现亮点流动的程序流程图

```
// led22.c   zlb    振荡频率 12MHz，使用左移函数实现亮点流动的程序
#include <reg51.h>                          //定义特殊功能寄存器的头文件
#include <intrins.h>                        //包含移位函数_crol_的头文件
void  Dly()                                 //延时函数，约 0.5s
{ //变量 i、j 定义为无符号字符型，i 是 8 位字符型二进制数，j 是 16 位整型二进制数
     unsigned   char   i;
     unsigned   int   j;
for(j=0;   j<655;   j++)
     { for(i=0;   i<252;   i++)
          {;}
     }
}
void  main()                                //主函数，有且只有一个
{ unsigned   char   OutData;
    OutData = 0xFE;
star:
     P1 = OutData;                          //数据输出
     OutData = _crol_(OutData,1);           //循环左移
     Dly();                                 //调用延时函数
     goto   star;                           //无条件跳转，实现无条件循环
}
```

4．编写程序

建立工程 led22，编写程序，编译生成 led22.HEX，下载代码，然后进行仿真调试。

5．深入理解移位函数

将程序中倒数第 3 句改一改，想一想改后有什么变化：
（1）改为 OutData = _crol_(OutData,2)，变化________________________________。
（2）改为 OutData = _crol_(OutData,3)，变化________________________________。
（3）改为 OutData = _cror_(OutData,1)，变化________________________________。
总结移位函数的应用：____。

2.3 任务 3：有规律变化的花样灯——一一亮灯

2.3.1 任务要求与分析

1．任务要求

8 个 LED 依次亮起来，即亮 1 个，亮 2 个，……，8 个全亮，循环。假设从最低位亮起。

2．任务目标

（1）掌握先分解后主线串联的问题分析方法。
（2）学习现象分析并用表达式表示。
（3）掌握 goto 语句应用。
（4）掌握位运算符与（&）、或（|）、异或（^）、非（~），以及开放的左移（<<）、右移（>>）的应用。

3．任务分析

硬件电路如图 2-9 所示。P1 口控制 8 个 LED。根据亮灯逻辑，引脚电平为高，LED 灭；引脚电平为低，LED 亮。所以第 1 个显示状态为只有 P1.0 脚的 LED 亮，……，第 8 个显示状态为只有 P1.7 脚的 LED 亮。8 个 LED 一一亮的状态分析见表 2-6。

表 2-6 8 个 LED 一一亮的状态分析表

状态	P1.7	P1.6	P1.5	P1.4	P1.3	P1.2	P1.1	P1.0	各状态的十六进制数
状态 1：LED1 亮	1	1	1	1	1	1	1	**0**	0xFE
状态 2：LED1～LED2 亮	1	1	1	1	1	1	**0**	**0**	0xFC
状态 3：LED1～LED3 亮	1	1	1	1	1	**0**	**0**	**0**	0xF8
状态 4：LED1～LED4 亮	1	1	1	1	**0**	**0**	**0**	**0**	0xF0

续表

状态	P1.7	P1.6	P1.5	P1.4	P1.3	P1.2	P1.1	P1.0	各状态的十六进制数
状态 5：LED1～LED5 亮	1	1	1	**0**	**0**	**0**	**0**	**0**	0xE0
状态 6：LED1～LED6 亮	1	1	**0**	**0**	**0**	**0**	**0**	**0**	0xC0
状态 7：LED1～LED7 亮	1	**0**	**0**	**0**	**0**	**0**	**0**	**0**	0x80
状态 8：LED1～LED8 亮	**0**	**0**	**0**	**0**	**0**	**0**	**0**	**0**	0x00

2.3.2　用“位”运算符实现一一亮灯

1. 认识 C51 的位运算符

C51 支持的位操作运算符有按位进行与（&）、或（|）、异或（^）、非（~）以及开放的左移（<<）、右移（>>）。

位的逻辑运算规则见表 2-7。

表 2-7　位的逻辑运算规则

<table>
<tr><th>位 1</th><th>位 2</th><th>位与：&</th><th>位或：|</th><th>位异或：^</th></tr>
<tr><td colspan="2">运算规则</td><td>两个一位二进制位都为 1 时，结果为 1，否则为 0</td><td>两个一位二进制位中只要有一个为 1 时，结果就为 1；都为 0 时，结果才为 0</td><td>两个一位二进制位相同时，结果为 0，相异时，结果为 1</td></tr>
<tr><td>0</td><td>0</td><td>0</td><td>0</td><td>0</td></tr>
<tr><td>0</td><td>1</td><td>0</td><td>1</td><td>1</td></tr>
<tr><td>1</td><td>0</td><td>0</td><td>1</td><td>1</td></tr>
<tr><td>1</td><td>1</td><td>1</td><td>1</td><td>0</td></tr>
<tr><td colspan="2">运算特征</td><td>与 1 相与，保持不变；与 0 相与，变为 0</td><td>与 1 相或，变为 1；与 0 相或，保持不变</td><td>与 1 相异或，反相；与 0 相异或，保持不变</td></tr>
</table>

~：将一个数的各二进制位取反，即将 0 变为 1，1 变为 0。

<<：将一个数的各二进制位全部左移若干位，右面补 0，高位左移后溢出舍弃。

>>：将一个数的各二进制位全部右移若干位，无符号数高位补 0，低位右移后溢出舍弃。

例如：

```
a = 15;     //a 为 8 位，char 型，  a = 00001111B
a = a<<2;          //a = 00111100B = 0x3C = 60
```

	00001111
00	00111100
移出	移入 0

左移 1 位相当于该数乘以 2（条件：积<255），右移 n 位相当于该数除以 2^n 的商。

注意： 不能对浮点型数据进行位运算。

位运算的优先级见表 2-8。

表 2-8　位运算的优先级

位运算	按位取反	位左移	位右移	按位与	按位异或	按位或
优先级	高	较高		较低，从左到右依次降低		

2. 用左移运算符“<<”实现一一亮灯的分析

用左移运算符“<<”实现一一亮灯的分析见表 2-9。

表 2-9　用左移运算符“<<”实现一一亮灯的分析

状态	需要的数据： 各亮灯状态下输出的二进制数、十六进制数	数据的变化规律： 下一状态数据=上一状态数据<<1
状态 1：LED1 亮	1111111**0**B，0x**FE**	初始数据为 0xFE，其后依次左移
状态 2：LED1～LED2 亮	**11111100B，0xFC**	**0xFC = 11111110B<<1 = 0xFE<<1；第 1 次左移**
状态 3：LED1～LED3 亮	11111**000**B，0xF8	0xF8 = 11111100B<<1 = 0xFC<<1；第 2 次左移
状态 4：LED1～LED4 亮	1111**0000**B，0xF0	0xF0 = 11111000B<<1 = 0xF8<<1；第 3 次左移
状态 5：LED1～LED5 亮	111**00000**B，0xE0	0xE0 = 11110000B<<1 = 0xF0<<1；第 4 次左移
状态 6：LED1～LED6 亮	11**000000**B，0xC0	0xC0 = 11100000B<<1 = 0xE0<<1；第 5 次左移
状态 7：LED1～LED7 亮	1**0000000**B，0x80	0x80 = 11000000B<<1 = 0xC0<<1；第 6 次左移
状态 8：LED1～LED8 亮	**00000000**B，0x00	0x00 = 10000000B<<1 = 0x80<<1；第 7 次左移
左移 7 次后，重新开始下一循环，LED1 亮至 LED1～LED8 亮		
因每一状态数据都是状态的变量在不同时刻的数值，设状态变量为 OutData，则下一状态由上一状态经表达式“OutData = OutData<<1;”得到		

2.3.3　预处理：条件编译 #if、#else、#endif 等

预处理：在源程序编译之前做一些处理，生成扩展 C 源程序。

一般情况下，在对 C 语言程序进行编译时，所有的程序行都参加编译，但如果要对其中的一部分内容进行编译，则可以使用条件编译。选择不同的编译条件，产生不同的代码，可为一个程序提供多个版本，实现不同的版本功能，广泛应用于商业软件。条件编译的几种格式如下。

格式一

```
#if 表达式
    程序段 1;            //如果表达式成立，则编译程序段 1
#else
    程序段 2;            //否则编译程序段 2，至#endif
#endif                  //结束条件编译
```

格式二

```
#ifdef  宏名             //如果宏名已被定义过，则编译下面程序段
    程序段 1;
#else
    程序段 2             //否则编译程序段 2，至#endif
#endif
```

格式三

```
#ifndef  宏名            //如果宏名未被定义过，则编译下面的程序段
    程序段 1;
```

```
    #else
        程序段 2                //否则编译程序段 2，至#endif
    #endif
```

2.3.4　设计延时函数头文件“dly05s.h”

延时函数用途很多，在本项目中，多个任务的延时时间一样，用同样的程序语句，故在每个任务中都写一遍，既占空间又费时间又麻烦，故可将其设为一个头文件。

注意：保存在本任务工程中的头文件，只能供本工程用。要在不同的源程序中都可应用某头文件，就要把它保存在 Keil 的安装路径“驱动器\Keil\C51\INC”下。需要时通过#include<*.h>命令调用即可。

掌握预处理命令的用法，体会预处理命令的便利。

```
    /*      *************************
     延时 0.5s 程序定义，将以下程序保存为文件“dly05s.h”
       #ifndef、#define 后的宏名或标识符，最好大写，且与该头文件名同名，文件名中的“.”
以下画线替代，文件名前后加两个连续的下画线。
    ********************************         */
    #ifndef   __DLY05S_H__    // 若没定义__DLY05S_H__，则使用本句定义，以免重复定义
    #define   __DLY05S_H__

    void  Dly05s(void)
    { unsigned   char   i;                    //变量 i 定义为无符号字符型，8 位二进制数
      unsigned   int   j;                     //变量 j 定义为无符号整型，16 位二进制数
    for(  j = 0 ; j<655;   j++)
        { for(   i = 0; i<252 ; i++)
            { ; }
        }
    }
    #endif                                    //条件编译结束
```

2.3.5　流程与程序设计

使用左移运算符实现一一亮灯的程序流程图如图 2-23 所示。程序实现如下：

```
    /*led23.c   zlb   12MHz，使用左移运算符实现一一亮灯的程序*/
    //特殊功能寄存器定义的头文件
    #include <reg51.h>
    //包含自定义延时函数所在头文件，其设计见 2.3.4 节
    #include   “dly05s.h”
    void main( )                   //主函数，有且只有一个
    { unsigned   char   OutData,i;
        OutData = 0xFE;
        i = 0;
    star:
```

```
        P1 = OutData;                //数据输出
        OutData = OutData<<1;        //开放的左移
        Dly05s();                    //调用延时函数
        i = i + 1;                   //状态记数,
        if( i== 8)                   //状态 N 的判断，注意双=号
        {  i=0;                      //数据复位，计数清 0,
           OutData = 0xFE;           //输出数据复位到第 1 个状态
          }
        goto star;                   //无条件跳转，实现无条件循环
   }
```

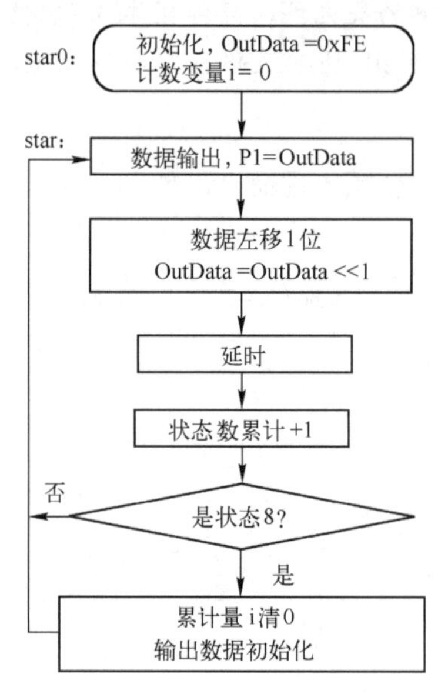

图 2-23　使用左移运算符实现一一亮灯的程序流程图

2.3.6　编译、代码下载、仿真、测判

按项目 1 所述方法，先在 Keil 中新建工程 LED23，然后添加源程序、设置工程选项并编译，生成代码文件 LED23.HEX。参考 2.1.7 节下载代码，设置振荡频率为 12MHz，进行仿真调试。

将代码下载到实物板进行测试。实践记录：是否成功？________。自评分：________。

2.3.7　进阶设计与思路点拨 3：1～8 个灯逐一熄灭

LED 全亮后，先熄灭 1 个 LED，即 P1.0 口的 LED1；再熄灭两个 LED，即 P1.0 口的 LED1 和 P1.1 口的 LED2；……；最后 8 个 LED 全熄灭，再从头循环。LED 一一熄灭的控制逻辑推演见表 2-10。数据间的关系为

下一状态数据=(上一状态数据<<1) | 0x01

从状态 1→状态 2，状态 2→状态 3，……，状态 8→状态 9，共移位 8 次。根据运行状态自行绘制流程图，设计程序，并仿真调试。

表 2-10　LED 一一熄灭的控制逻辑推演

状　态	输出口引脚电平		状态数据的实现算法 下一状态数据=(上一状态数据<<1) | 0x01
	二进制数	十六进制数	
状态 1，LED 全亮	**00000000B**	0x00	初始值，全亮
状态 2，1 个 LED 熄灭	**00000001B**	**0x01**	**0x01=（0x00<<1）| 0x01**
状态 3，2 个 LED 熄灭	**00000011B**	0x03	**0x03=（0x01<<1）| 0x01**
状态 4，3 个 LED 熄灭	**00000111B**	0x07	**0x07=（0x03<<1）| 0x01**
状态 5，4 个 LED 熄灭	**00001111B**	0x0F	**0x0F=（0x07<<1）| 0x01**
状态 6，5 个 LED 熄灭	**00011111B**	0x1F	**0x1F=（0x0F<<1）| 0x01**
状态 7，6 个 LED 熄灭	**00111111B**	0x3F	**0x3F=（0x1f<<1）| 0x01**
状态 8，7 个 LED 熄灭	**01111111B**	**0x7F**	**0x7F=（0x3f<<1）| 0x01**
状态 9，8 个 LED 全灭	**11111111B**	0xFF	**0xFF=（0x7F<<1）| 0x01**
表示状态的变量为 OutData，表达式为OutData=(OutData<<1) | 0x01			

2.4　任务 4：有规律变化的花样灯——高/低 4 位交替闪烁

2.4.1　任务要求与分析

1．任务要求

8 个 LED，高 4 位的 LED 与低 4 位的 LED 交替闪烁。假设初始状态为高 4 位的 LED 灭，低 4 位的 LED 亮。

2．任务目标

（1）掌握先分解后主线串联的问题分析方法。

（2）学习现象分析并用表达式表示。

（3）掌握 goto 语句应用。

（4）灵活应用位运算符及移位函数。

3．任务分析

硬件电路如图 2-9 所示。P1 口控制 8 个 LED。根据亮灯逻辑，引脚电平为高，LED 灭；引脚电平为低，LED 亮。显示状态只有两种，见表 2-11。显然，两种状态的数据正好相反，由状态 1 到状态 2，只要数据按位取反或高/低 4 位数据互换位置即可。

表 2-11　高/低 4 位交替闪烁的状态

状态	P1.7	P1.6	P1.5	P1.4	P1.3	P1.2	P1.1	P1.0	各状态的十六进制数
状态 1	1	1	1	1	**0**	**0**	**0**	**0**	0xF0
状态 2	**0**	**0**	**0**	**0**	1	1	1	1	0x0F
方法 1：用位非运算符“~”实现~0x0F = 0xF0，即~00001111B = 11110000B									
方法 2：用移位函数实现 crol(0xF0,4) = cror(0xF0,4) = 0x0F									
方法 3：用位异或运算符“^”实现 0x0F^0xFF = 0xF0，即 00001111B ^ 11111111B = 11110000B									

2.4.2 流程与程序设计

高/低 4 位 LED 交替闪烁的程序流程图如图 2-24 所示。

```
//led24.c，振荡频率 12MHz，高/低 4 位 LED 交替闪烁
#include <reg51.h>          //特殊功能寄存器定义的头文件
#include <intrins.h>        //包含循环移位函数
//延时函数，约 0.5s
//包含自定义延时函数所在的头文件，其设计见 2.3.4 节
#include "dly05s.h"
void  main()                          //主函数，有且只有一个
{  unsigned  char  OutData;    //变量定义为无符号字符型
   OutData = 0xF0;
star:
    P1 = OutData;                     //数据输出
   //OutData = ~OutData;
   //取反，3 种高/低 4 位互换的方式任选一种
   //OutData = OutData ^ 0xff;              //与 FF 异或
   //OutData = _crol_(OutData , 4);         //循环左移 4 位
   OutData = _cror_(OutData , 4);           //循环右移 4 位
    Dly05s();                               //调用延时函数
   goto star;                               //无条件跳转，实现无条件循环
}
```

初始化，OutData = 0xF0
→ 数据输出，P1= OutData
→ 数据高/低 4 位互换
→ 延时
→（返回数据输出）

图 2-24 高/低 4 位 LED 交替闪烁的程序流程图

2.4.3 编译、代码下载、仿真、测判

按第 1 章所述方法，先在 Keil 中新建工程 LED24，然后添加源程序、设置工程选项并编译，生成代码文件 LED24.HEX。参考 2.1.7 节下载代码，设置振荡频率为 12MHz，进行仿真调试。

将代码下载到实物板进行测试。实践记录：是否成功？________。自评分：________。

2.4.4 进阶设计与思路点拨 4：用“>>”“<<”实现两个亮点相向和相背运动

1．任务要求

（1）8 个 LED，最高位和最低位的两个亮点（LED）相向运动，相邻时重新循环；

（2）8 个 LED，中间两个亮点相背运动，到两端后重新循环。

2．任务目标

（1）掌握先分解后主线串联的问题分析方法。

（2）分析现象并推理数据变化规律的表达式。

（3）举一反三，灵活应用“>>”“<<”及位的逻辑运算符。

3．亮点相向任务分析

硬件电路如图 2-9 所示。P1 口控制 8 个 LED。根据亮灯逻辑，引脚电平为高，LED 灭；引脚电平为低，LED 亮。显示状态只有 4 种，见表 2-12：高 4 位中为“0”的位逐位向右移；

低 4 位中为“0”的位逐位向左移；移位三次后，从初始化开始重新进入下一个循环。因需要移位移入的都是 1，即右移时进入最高位的是 1，左移时进入最低位的也是 1。所以若用移位运算符，则右移时，最高位与 1 相或；左移时，最低位与 1 相或。数据处理步骤如下：

表 2-12　用移位运算符实现两个亮点相向运动的数据变化规律推演

状　　态	各亮灯状态下输出的二进制数和十六进制数	数据变化规律（请自行分析填写状态 3、状态 4 的数据处理）
状态 1	01111110B, 0x7E	变量 OutData 初值 0x7E
状态 2	10111101B, 0xBD	0xBD = (((0x7E>>1)|0x80)&0xF0)|(((0x7E<<1)|0x01) &0x0F)
状态 3	11011011B, 0xDB	0xDB = ____________________
状态 4	11100111B, 0xE7	0xE7 = ____________________
总结：下一状态 = (((上一状态>>1)|0x80)&0xF0)|(((上一状态<<1)|0x01)&0x0F)		
表示状态的变量为 OutData，则 OutData = (((OutData>>1)|0x80)&0xF0)|(((OutData<<1)|0x01)&0x0F)		
4 个状态依次显示后，重新开始下一循环		

（1）对上一状态数据，右移 1 位，最高位“或”1，得高 4 位的过程数据；左移 1 位，最低位“或”1，得低 4 位的过程数据。

（2）在（1）的基础上，高 4 位的过程数据&0xF0 屏蔽低 4 位，低 4 位的过程数据&0x0F 屏蔽高 4 位。

（3）高、低 4 位的过程数据相或合并为 1 字节。

编程思路如下，设输出数据初始值状态 1 为 01111110B（十六进制数为 0x7E），状态 2 数据为 10111101B，数据变化分析见表 2-13。

表 2-13　由状态 1 到状态 2 的数据变化分析

初始：01111110B，由状态 1 到状态 2 的高 4 位数据渐变过程分析： 01111110B——>10110000B，渐变如下： 01111110B → 00111111B → 10111111B → 10110000B ①01111110B>>1，右移 1 位，最高位移入 0 ②00111111B | 10000000B;最高位“或”1 变 1；其余位“或”0 不变 ③10111111B & 11110000B；高 4 位“与”1 不变，低 4 位“与”0 变 0
(（01111110B>>1)|0x80)&0xF0 =（00111111 |10000000B)&0xF0 = 10111111B&11110000B = 10110000B
初始：01111110B ，由状态 1 到状态 2 的低 4 位数据渐变过程分析： 01111110B——>00001101B，渐变如下： 01111110B → 11111100B → 11111101B → 00001101B ①01111110B<<1，左移 1 位，最低位移入 0 ②11111100B | 00000001B ;最低位“或”1 变 1；其余位“或”0 不变 ③11111101B & 00001111B；高 4 位“与”0 变 0，低 4 位“与”1 变 1
(（01111110B<<1)|0x01) &0x0F =（11111100B|00000001B）&0x0F = 11111101B&00001111B = 00001101B
高、低 4 位数处理后再逻辑“或”运算：10110000B | 00001101B =10111101B = 0xBD

用移位运算符实现两个亮点相向运动的数据变化规律推演，即四个状态的数据变化见表 2-12。请自行写出状态 3、状态 4 的表达式。

4. 亮点相向任务实现

根据以上分析，参考图 2-25，编程、调试，直到成功。

注意：4 个状态依次显示后，重新开始下一个循环。可设置一变量记录显示状态，状态 4 过后，要复位回到状态 1。

根据图 2-25 把下面程序补充完整。

```
//led244.c zlb    -1 振频 12MHz 两亮点相向运动
//特殊功能寄存器定义的头文件
#include <reg51.h>
//包含自定义延时函数所在的头文件，其设计见 2.3.4 节
// 头文件在自己的文件夹，用“ ”将头文件括起来
#include “dly05s.h”
void   main()              //主函数，有且只有一个
{
 unsigned  char  i, OutData;
//变量定义为无符号字符型
star0:    i = ___;
          OutData = _____ ;
star:
     P1 = OutData;                          //数据输出
     OutData = ______________________________________;
     Dly05s( );
     i++;
     if(__________)              goto star0;
     goto star;
}
```

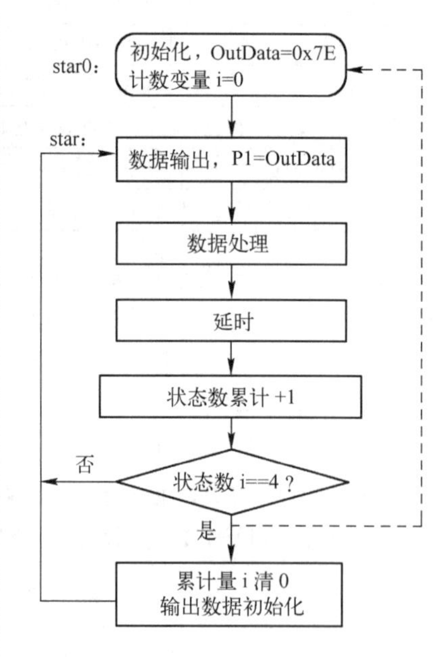

图 2-25　亮点相向运动的程序流程图

5. 两个亮点相背运动

可参考表 2-12 把数据变化规律分析清楚，先完成表 2-14。

表 2-14　用移位运算符实现两个亮点相背运动的数据变化规律推演

状　　态	各亮灯状态下输出的二进制数和十六进制数	数据变化规律：低 4 位右移 | 0000**1000**B 高 4 位左移 | **0001**0000 下一状态数据 = (((上一状态数据>>1)&0x0F)|0x08) |(((上一状态数据<<1)&0xF0)|0x10)
状态 1	111**00**111B, 0xE7	变量 OutData 初值 0xE7
状态 2	11**0**11**0**11B, 0xDB	0xDB = ____________
状态 3	1**0**1111**0**1B, 0xBD	0xBD = ____________
状态 4	**0**111111**0**B, 0x7E	0x7E = ____________
状态 1　　111**00**111B, 0xE7		
4 个状态依次显示后，重新开始下一循环		
表示状态的变量为 OutData，则 OutData = ____________		

程序流程参考图 2-25，注意数据初始化及数据处理的不同。程序参考本节“4.亮点相向任务实现”。

请自行分析、设计，并进行仿真调试。

2.4.5　进阶设计与思路点拨 5：用移位函数实现两个亮点相向运动

1．思路点拨

crol()、_cror()是 8 位数封闭循环移动。考虑设置两个变量分别实现高/低 4 位数据规律演化。设代表高 4 位数据的初始值为 01111111B，代表低 4 位数据的初始值为 11111110B，这两个数据经移位函数后分别得到高、低 4 位数，见表 2-15。

表 2-15　用移位函数实现两个亮点相向运动的数据变化规律推演

状　态	各亮灯状态下输出的二进制数和十六进制数	高 4 位数据变化 高 4 位数据的初值为 0x7F	低 4 位数据变化 低 4 位数据的初值为 0xFE
状态 1	**0**111111**0B**, 0x7E	**0**1111111B, 0x7F	1111111**0**B,0xFE
状态 2	1**0**1111**0**1B, 0xBD	1**0**111111B, _cror_(0x7F,1)	111111**0**1B, _crol_(0xFE,1)
状态 3	11**0**11**0**11B, 0xDB	11**0**11111B, _cror_(0x7F,2)	11111**0**11B, _crol_(0xFE,2)
状态 4	111**00**111B, 0xE7	111**0**1111B, _cror_(0x7F,3)	1111**0**1111B, _crol_(0xFE,3)
4 个状态依次显示后，重新开始下一循环			

高、低 4 位的演化数据再相“或”便可得到每个状态的数据，如由状态 1 到状态 2，具体见表 2-16。

表 2-16　用移位函数实现两个亮点相向运动的数据变化规律推演

高 4 位数据的变量初值 0x7F, 01111111B	低 4 位数据的变量初值 0xFE ,11111110B
循环右移，再保留高 4 位 _cror_(01111111B,1)**&0xF0** =10111111B&11110000B =**1011**0000B	**循环左移，再保留低 4 位** _crol_(11111110B,1)**&0x0F** =11111101B&00001111B =0000**1101**B
控制高、低 4 位数据的变量相或：10110000B | 00001101B = 10111101B = 0xBD	
表示高、低 4 位数据的状态变量为 OutData1 和 OutData2，每一状态的变量为 OutData，则 **OutData = ((_cror_ (OutData1,i)) &0xF0) | ((_crol_(OutData2,i)) &0x0F)**	

2．程序设计与调试

根据以上分析，参考图 2-24 画出程序流程图、编程、调试，直到成功。

注意： 4 个状态依次显示后，重新开始下一循环。可设置一变量记录显示状态，状态 4 过后，要复位回到状态 1。

2.4.6　进阶设计与思路点拨 6：用移位函数实现两个亮点相背运动

在理解 2.4.5 节的基础上，参考表 2-15、表 2-16，填写表 2-17，并完成程序设计与调试。

表 2-17　用移位函数实现两个亮点相背运动的数据变化规律推演

状　态	各亮灯状态下输出的二进制数和十六进制数	高 4 位数据变化	低 4 位数据变化
状态 1			
状态 2			
状态 3			
状态 4			
4 个状态依次显示后，重新开始下一循环			
表示高、低 4 位数据的状态变量为 OutData1 和 OutData2，每一状态的变量为 OutData，则 OutData = ______			

2.5　任务 5：三种效果的花样灯设计

2.5.1　任务与要求

1．任务要求

设计一个花样灯，有多种显示花样。根据 2.2 节～2.4 节，将它们的显示效果串联起来，即先亮点流动一个循环，接下来依次亮起来，最后高/低 4 位交替闪烁一次，如此三种效果循环显示。

2．任务目标

（1）会正确进行函数声明。

（2）体验结构化程序设计，熟悉函数设计与调用。

3．任务分析

每种效果的花样灯程序单独设计为一个函数，在主函数中一一对它们进行调用。三种效果花样灯的程序框架图如图 2-26 所示。

图 2-26　三种效果花样灯的程序框架图

2.5.2　流程与程序设计

```
//led25.c   zlb    -1 振荡频率 12MHz，三种效果的花样灯
#include <reg51.h>                              //特殊功能寄存器定义的头文件
#include <intrins.h>                            //包含循环移位函数
//包含自定义延时函数所在的头文件，其设计见 2.3.4 节
#include "dly05s.h"
#define  uchar  unsigned  char                  //宏定义，以 uchar 代替 unsigned char 简化书写
#define  Outport  P1                            //数据输出 I/O 口宏定义
```

```
//函数声明，只有函数头，没有函数体
void   flow(void);                        //注意加分号
void   led1_8(void );
void   shyH_L(void );
void   main()                             //主函数，有且只有一个
{  star:   flow( );                       //函数调用
           led1_8( );
           shyH_L( );
           goto star;                     //无条件跳转，实现无条件循环
}
//亮点移动函数，流程参考图 2-24。
void flow(void)
{      uchar i = 0, OutData = 0xFE;
loop:  Outport = OutData;                 //数据输出
       OutData = _crol_(OutData,1);       //循环左移
       Dly05s( );                         //调用延时函数
       i++;                               //状态数+1，累计
       if( i<8 )                          //状态数判断
         goto loop;                       //无条件跳转，实现无条件循环
}
//亮点依次亮起来的函数，流程参考图 2-24，只是数据处理稍做修改即可。.
void led1_8(void )
{            uchar   i = 0,OutData = 0xFE;
loop1:   Outport = OutData;               //数据输出
             OutData = OutData<<1;        //开放的左移
             Dly05s ();                   //调用延时函数
             i = i+1;                     //状态数+1，累计
             if(i<8)                      //移位次数判断
                    goto loop1;           //无条件跳转，实现无条件循环
}
//高/低 4 位交替闪烁函数
void   shyH_L(void )
{  uchar   OutData = 0xF0;
   Outport = OutData;                     //数据输出
   Dly05s ();                             //调用延时函数
   Outport = ~OutData;                    //取反
   Dly05s ();
}
```

2.5.3　编译、代码下载、仿真、测判

按项目 1 所述方法，先在 Keil 中新建工程 led25.uv2，然后添加源程序、设置工程选项并编译，生成代码文件 LED25.HEX。参考 2.1.7 节下载代码，设置振荡频率为 12MHz，进行仿真调试。

将代码下载到实物板进行测试。实践记录：是否成功？________。自评分：________。

2.5.4　在 Keil 中进行延时程序调试

在 2.5.2 节的程序中，延时函数 Dly()的精确时间是多少呢？应用 Keil 中的调试工具

可观测到。确保在 Keil 的选项设置中设置振荡频率为 12MHz，如图 2-27 所示。

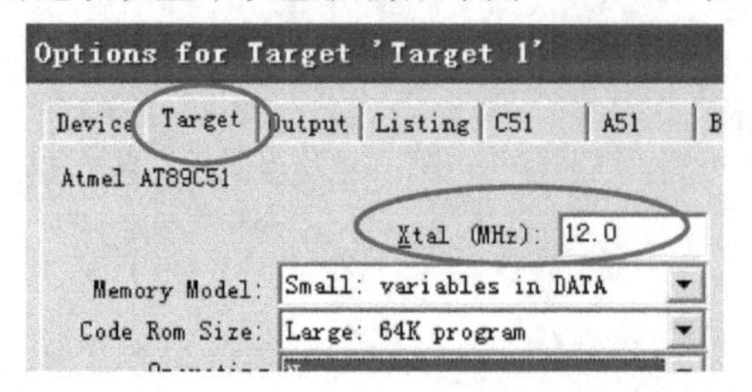

图 2-27　设置 Keil 中的振荡频率

1. 进入 Keil 的调试状态

源程序编译成功后，左击工具栏中工具按钮，进入运行调试状态，弹出调试工具栏。常用的几个调试按钮（也可从调试菜单中查看）说明如图 2-28 所示。

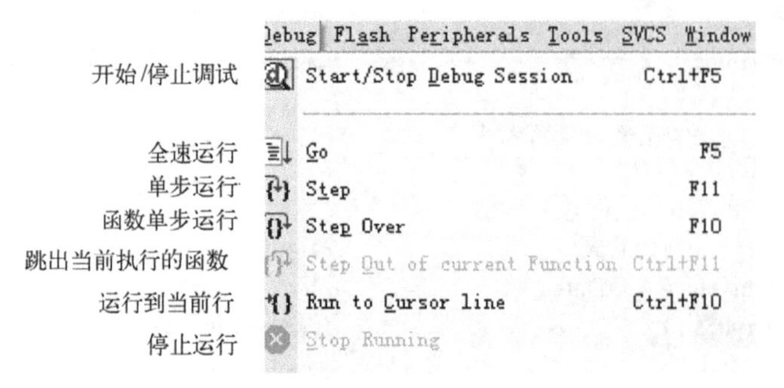

图 2-28　主要调试按钮功能说明

2. 程序调试

按程序语句的先后顺序，可在工程管理窗口看到累计运行时间，如图 2-29 所示。

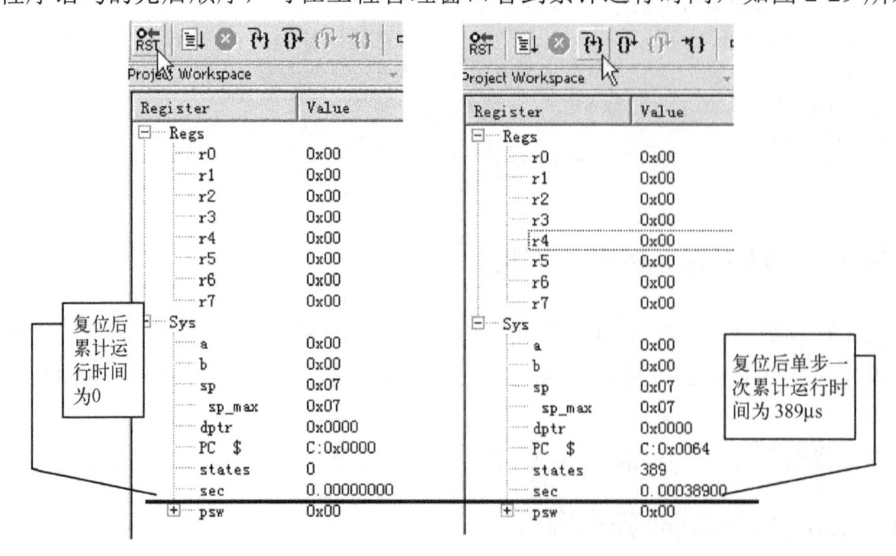

图 2-29　从工程管理窗口看语句累计运行时间

单击复位按钮，按表 2-18 进行调试。在 12MHz 的情况下，可见 Dly05s( )函数的运行时间为 500062μs，如图 2-30 所示。

表 2-18　单步调试，查看时间

调试命令	执行的语句	本行语句执行完的累计运行时间	本语句的运行时间
		389μs	本行执行完的时间–上行执行后的时间
	star:　　flow( );	391μs	2μs
	void flow(void) {　uchar i=0,OutData=0xFE;	394μs	3μs
	loop:　　Outport=OutData;	396μs	2μs
	OutData=_crol_(OutData,1);	409μs	13μs
	Dly05s( );	**500471**μs	**500062**μs
	i++;	500472μs	1μs

	if(i<8)
	goto loop;
	}
		500477μs	5μs

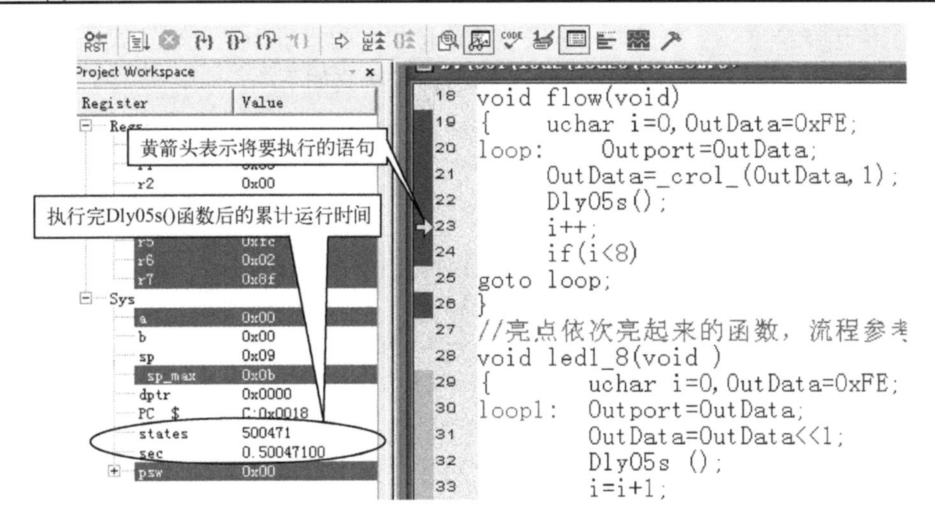

图 2-30　在 Keil 中调试查看 Dly05s( )函数的运行时间

3．设计学号*40ms 的延时函数

延时函数 dly05s( )延时长短由其两层循环的变量大小决定。从宏观上，变量 i、j 的数值越大，时间越长；数值越小，时间越短。但注意 i 变量不能超过 255，j 变量不能超过 65 535。

2.6　算术运算、赋值运算

2.6.1　算术运算

算术运算符：+（加）、-（减）、*（乘）、/（除）、%（整数求余）、++（自加 1）、--（自减 1）。

自增（++）、自减（--）运算符的作用是使变量值加 1 或减 1，有前置和后置两种形式。

前置：++i，--i（先执行 i+1 或 i-1，再使用 i 值）。

后置：i++，i--（先使用 i 值，再执行 i+1 或 i-1）。

例如：

```
j=3;        k=++j;              //执行后 k=4，j=4
j=3;        k=j++;              //执行后 k=3，j=4
```

注意：++在前先加后用，++在后先用后加。

2.6.2 赋值及复合赋值运算

1. “=”赋值运算符

利用赋值运算符将一个变量与一个表达式连接起来的式子为赋值表达式，在表达式后面加“;”便构成了赋值语句。使用“=”的赋值语句格式如下：

```
变量 = 表达式;
```

例如：

```
a = 0xFF;               //将常数十六进制数 FF 赋值给变量 a
b = c = 33;             //同时赋值给变量 b、c
d = e;                  //将变量 e 的值赋值给变量 d
f = a+b;                //将变量 a+b 的值赋值给变量 f
```

由上面的例子可以知道赋值语句的意义就是先计算出“=”右边表达式的值，然后将得到的值赋给左边的变量，而且右边的表达式可以是一个赋值表达式。

注意：

（1）如果赋值运算符两边的类型不一致，则系统在算出表达式的值之后，先将该值转换为左边变量的类型，再赋值给左边的变量。

（2）赋值运算符“=”右边的表达式可以是一个赋值表达式，形式为

```
变量=变量=…=表达式;
```

（3）在变量说明中，不允许连续给多个变量赋初值，如

```
int x=y=z=2;            //错误表达式
```

2. 复合赋值运算符

复合赋值运算符有+=、-=、*=、/=、%=、<<=、>>=、&=、^=、|=。凡是双目运算都可以用复合赋值运算符去简化表达。例如：a+=3 相当于 a=a+3，a*=b 相当于 a=a*b。

显然，用复合赋值运算符会降低程序的可读性，但可简单化程序书写，提高编译

的效率。

2.7　初识函数

C 语言是函数式语言，必须有且只能有一个名为 main 的主函数。C 语言程序的执行总是从 main()函数开始，在 main()函数中结束的，函数不能嵌套定义，但可嵌套调用。

不管是 main()主函数还是其他一般函数，都由“函数定义”和“函数体”两个部分构成。函数体由两类语句组成：一类为声明语句，用来对函数中将要用到的局部变量进行定义；另一类为执行语句，用来完成一系列功能或算法处理。所有函数在定义时都是相对独立的，一个函数中不能再定义其他函数。

2.7.1　函数格式

函数定义包括返回值类型、函数名（形式参数声明列表）等，格式如下。

```
返回值类型　函数名(形参表)[函数模式] [reentrant]　[interrupt m]　[using n]
{局部变量定义                                //函数体，由一对大括号“{}”括起来。
        执行语句                             //完成一系列功能或算法处理
        [return ][……]                        //返回或返回数据
}
```

返回值类型：也称为函数类型。若无返回值，则写 void。

函数名：其定义与变量定义规则一样，最好见名知意。

形参表：若有参数传递，则其类型、数量、顺序与调用时的实参要一致；若无，则空或写 void。[]内的各部分为可选项，根据具体函数书写。

返回语句：有三种形式，如下。

```
return(表达式);
return　表达式;
return;
```

返回语句的功能：退出被调函数，返回主调函数，有表达式的同时把返回值带给主调函数。函数中可有多个 return 语句，若无 return 语句，则遇“}”时，自动返回主调函数。

函数模式：也就是编译模式、存储模式，可以为 small、compact 和 large。省略时，则使用文件的编译模式。

reentrant：C51 定义的关键字，表示该函数为可重入函数。所谓可重入函数，就是允许被递归调用的函数。

interrupt：C51 定义的关键字，中断函数必须通过它进行修饰。m 为中断号。

using：定义工作寄存器组所用的关键字。n 为工作寄存器组号。

2.7.2　函数调用中参数的传递

函数调用的一般形式如下：

```
函数名(实参列表)
```

调用有参数的函数时，若实参列表包含多个实参，则实参之间用逗号隔开。

按照函数调用在主调函数中出现的位置，函数调用方式有以下三种：

（1）函数语句。把被调用函数作为主调用函数的一个语句时，不要求函数返回值，只要求函数完成一定的操作，如“delay(1000);”。

（2）函数表达式。函数被放在一个表达式中，以一个运算对象的方式出现时，要求被调函数带有返回语句，以返回一个明确的数值参加表达式的运算，如“c=2*max(a,b);”。

（3）函数参数。被调函数作为另一个函数的参数，如“disply(max(a,b));”。

举例：两个数据交换的 C 程序设计，无须有关单片机的一些设计（如串口定义等）。

- 形式参数：定义函数时函数名后面括号中的变量名。
- 实际参数：调用函数时函数名后面括号中的表达式。

```
#include <stdio.h>
void main()
{   int x=7,y=11;
        swap(x,y);                   //(实参，传递 x、y 的数值)
}
/*  -----x、a 和 y、b 具有不同的地址，程序执行过程中，参
数的传值分析如图 2-31 所示。 -----*/
void swap(int a,int b)      //(形参，被调时才分配存储地址)
{   int temp;                       //参数传递的效果：
    a = x;   b = y;
    temp = a; a = b; b = temp;      //结果：a、b 中的值互换了
}
```

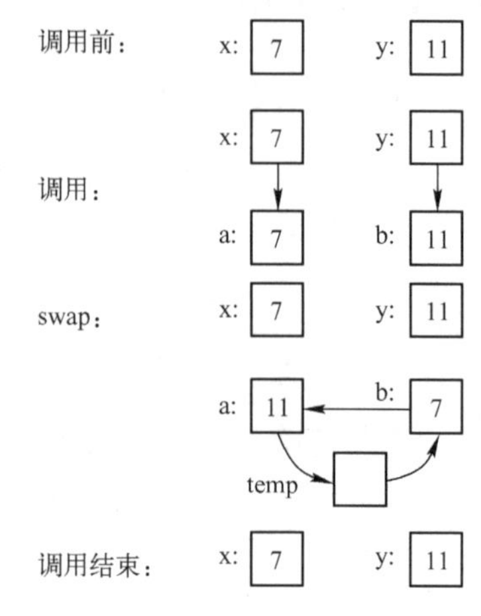

图 2-31　参数的传值分析

由此可见，数值传递不能解决主调程序中数据的互换，只有传地址时才能解决。而传地址必须通过指针，详见 6.6.3 节。

2.7.3　自定义函数的声明

函数必须先定义后再使用，如果函数的定义在调用语句之后，则在调用之前需对函数进行声明。

```
函数类型　函数名(形式参数表);
```

函数的声明是把函数的名字、函数类型以及形参的类型、个数和顺序通知编译系统，以便调用函数时系统能够对照检查。

- 函数的声明后面要加分号。
- 外部函数声明：

```
extern　函数类型　函数名(形式参数表);
```

调用的函数不在本文件内部，而在其他 C 文件中，声明时须带 extern。

2.7.4　预处理：#include 引用库、自定义函数

预处理命令有三类：宏定义#define（见 4.1.5 节）、文件包含#include、条件编译（见 2.3.3 节）。它们的格式特点是由“#”开头，占单独书写行，语句尾不加分号。

通过#include 可包含头文件*.h 和源文件*.c。

1．包含库文件

C51 软件包的库包含许多标准的应用程序，也称为库函数，使用库函数时应注意：

（1）函数功能；

（2）函数参数的数目和顺序，以及各参数的意义和类型；

（3）函数返回值的意义和类型；

（4）需要使用的包含文件，如#include<reg51.h>、#include<stdio.h>。

2．包含自定义文件

程序中可包含自定义的头文件（主要是宏定义、数据结构定义、函数说明等），也可自定义的函数，封装在一个头文件中，通过包含该头文件，可引用其中的函数，见 6.1.3 节中的 seg_dis.h、6.4.4 节中的 key16.h。另外源文件***.c 也可被包含**。

注意：

（1）一个 include 命令只能包含一个头文件，若要包含多个头文件，则需分别使用 include 命令。

（2）如果文件 1 包含文件 2，文件 2 要用到文件 3 中的内容，则可在文件 1 中用两个 include 命令分别包含文件 2 和文件 3，但文件 3 应出现在文件 2 之前，即在文件 file1.c 中定义：

```
#include "file3.h"
#include "file2.h"
```

这样 file1 和 file2 都可使用 file3 中的内容，在 file2 中不必再写#include “file3.h”。

（3）文件包含可以嵌套，即在一个被包含的文件中又可以包含另一个被包含的文件。

2.7.5　设计变时长的延时函数头文件 Dly_nms.h

在 2.3.4 节设计的延时函数 Dly05s()的延时时间是固定的。为方便不同时长的应用，可将其设计为有参函数，通过调用语句传递或大或小的数值满足或长或短的延时要求，且将该函数设计为一头文件 Dly_nms.h。其他工程只要包含该头文件，就可调用该延时函数头文件，达到共享目的。该头文件的设计如下：

```
// 将以下程序段保存为文件名是“Dly_nms.h”的文件，并存放于自己的文件夹中
#include <intrins.h>                    //为调用库函数_nop_()做准备
#define    NOP    _nop_()
#ifndef    _Dly_nms_h__                 //这里的名称可与头文件名不一样
```

```
#define   _Dly_nms_h__
/* -------延时 n*1ms 函数定义，可按 2.5.3 节在 Keil 中进行较精确的时长调试----------*/
void   Dly_nms(unsigned   int   time)
{ unsigned   char   i;                         //变量 i 定义为无符号字符型，8 位二进制数
   for(   ; time>0;   time--)                  //变量 time 定义为无符号整型，16 位二进制数
     {   for( i = 0;   i<247;   i++)
            {   NOP;   }
     }
}
#endif
```

2.7.6 进阶设计与思路点拨 7：变速流水灯

设计某种亮灯规律的流水灯：（1）速度越来越快或越来越慢；（2）以渐变的速度在最快与最慢速度间循环运行。

2.8 知识小结

项目 2 知识点总结思维导图如图 2-32 所示。

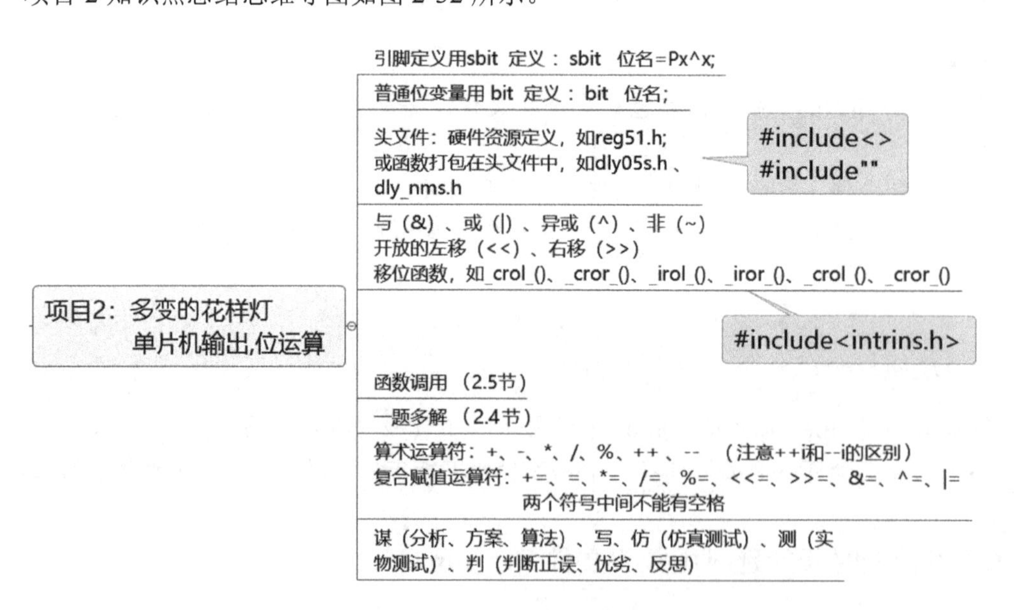

图 2-32 项目 2 知识点总结思维导图

（1）建立用指令语句来操作硬件的思想，理解软、硬件间的对应关系，见表 2-19。

表 2-19 单片机引脚软、硬件间的对应关系

硬　件	软　件
一个引脚	输入/输出 1 位二进制数
一组引脚 P0～P3	输出/输入 1 字节（8 位二进制）数

（2）掌握程序开发过程：任务分析→电路设计→确定方案绘制流程→程序编写→仿真、调试、代码下载→实际运行调试。

（3）理解逻辑运算符，灵活应用位运算符与（&）、或（|）、异或（^）、非（~），开放的左移（<<）、右移（>>），以及移位函数_crol_()、_cror_()等。

（4）掌握算术运算符+、-、*、/、%、++ 、--，注意++i 和--i 的区别。

（5）认识复合赋值运算符+=、-=、*=、/=、%=、<<=、>>=、&=、^=、|=。

（6）函数、头文件是 C 结构化程序设计的主要元素，注意应用、体会、掌握。根据头文件的访问次序，一般引用库中的头文件通过#include< >，存放在自己工程所在的文件夹中，自定义头文件通过#include"　"。

（7）编译预处理包括引用头文件、条件编译和宏定义（其中宏定义的内容见 4.1.5 节）。

习题与思考 2

（1）试设计 4 种花样灯的流程及程序，并完成仿真调试。

（2）在计算机中，数据是以________进制的形式存储的，数据存储的位置就是它的_______。

（3）bit 是________，其值是________或________。

（4）分析以下赋值语句是否正确？在以下（　　）中打 √ 或×（赋值的左边只能是一个变量）。

```
① int x=y=10; (    )
② int x,y;
   x=y=10;        //定义完成后，可以连续赋值。(    )
③ int x=7.7;      (    )
④ float y=7;      (    )
```

（5）以下语句运行完成后，a 的值是________。

```
int a=2;
a*=2+3;
```

（6）设计 8 个 LED 相向或相背点亮的花样灯，亮 2 个、4 个、6 个、8 个 LED，如图 2-33 所示。浅灰色表示 LED 亮，深灰色表示 LED 灭。

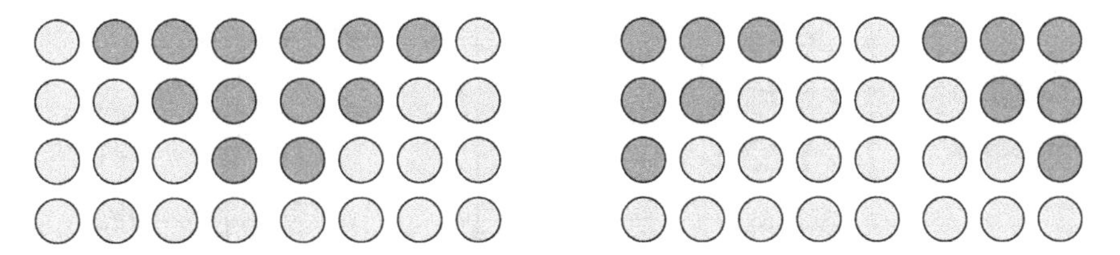

图 2-33　8 个 LED 相向或相背点亮示意图

项目 3　键控花样灯

项目目标

（1）能正确判断独立按键的输入，能通过各种语句、运算输出各种数据，控制一组 LED 以不同的方式点亮。

（2）学习基于工程教育理念的五步法程序设计流程：**谋（分析）、写（编写）、仿（仿真）、测（测试）、判（判断）**。

本项目各任务的硬件电路如图 3-1 所示。

项目知识与技能要求

（1）掌握独立按键输入电路及输入指令。

（2）掌握由 if 语句、switch 语句等构成的分支结构。

（3）掌握 while、for 等循环语句的应用。

3.1　任务 1：键控花样灯 1（用 if 语句实现）

3.1.1　任务要求与分析

1．任务要求

键控花样灯电路所用元器件列表及原理图如图 3-1 所示。按下 K1，LED 亮；松开 K1，LED 灭。

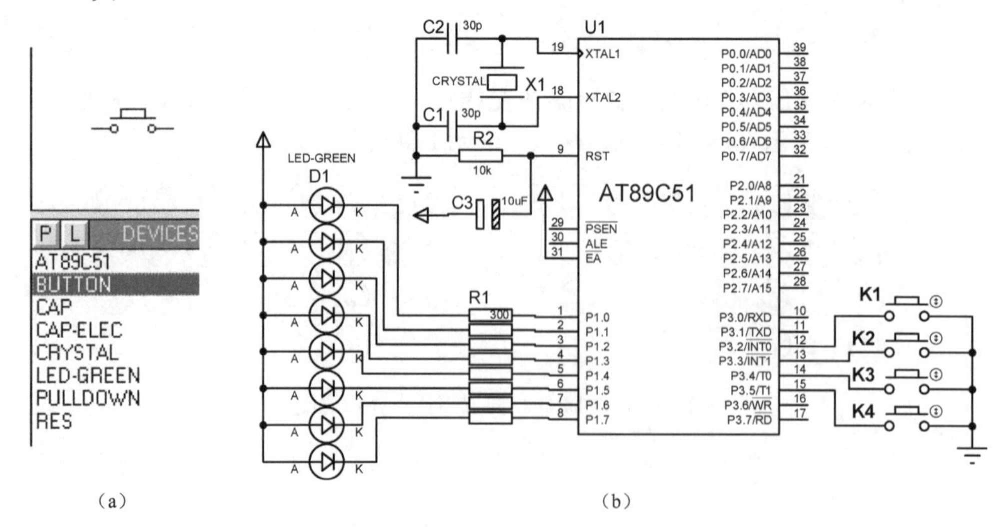

（a）　　　　　　　　　　（b）

图 3-1　键控花样灯电路所用元器件列表及原理图

2．任务目标

（1）建立对控制系统输入/输出的认识，掌握独立按键的状态判别。
（2）认识 if 语句，掌握其初步应用。

3．任务分析

根据电路分析，输入元器件为按键，输出元器件为 LED。按键状态决定 LED 的亮/灭。单片机就是输入与输出元器件间的处理器。按键的状态由与之相连的引脚电平来判断。K1 对应 P3.2。K2 对应 P3.3。任务 1 的控制框图如图 3-2 所示。

一般的限流电阻用 res，它是模拟型的电阻仿真模型，其阻值可修改。上/下拉电阻为 Pullup/Pulldown，是数字型电阻仿真模型。为使复位的仿真效果真实，复位电阻可用 Pulldown。

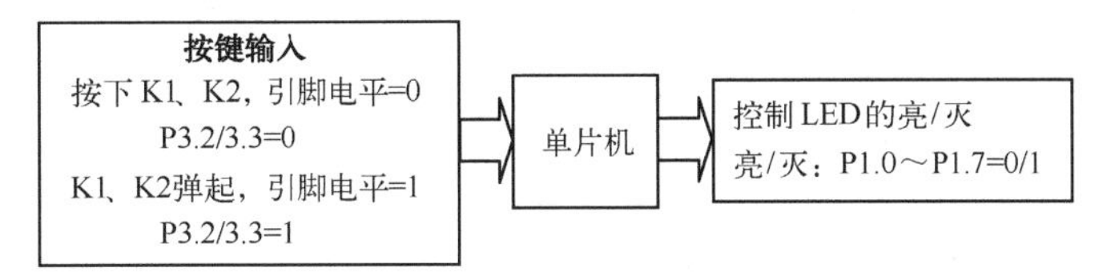

图 3-2　键控花样灯 1 的控制框图

3.1.2　if 条件语句的结构

if 语句用来判定所给的条件是否满足，从而决定执行的顺序。if 语句有以下 3 种形式。

1．单分支

```
if (表达式)
    { 语句; }
```

如果表达式的值为真，即条件满足，则执行其后的语句，否则不执行该语句。if 语句的结构如图 3-3 所示。

2．双分支

```
if (表达式)
{ 语句 1; }
else  { 语句 2; }
```

如果表达式的值为真，则执行语句 1，否则执行语句 2。if-else 语句的结构如图 3-4 所示。

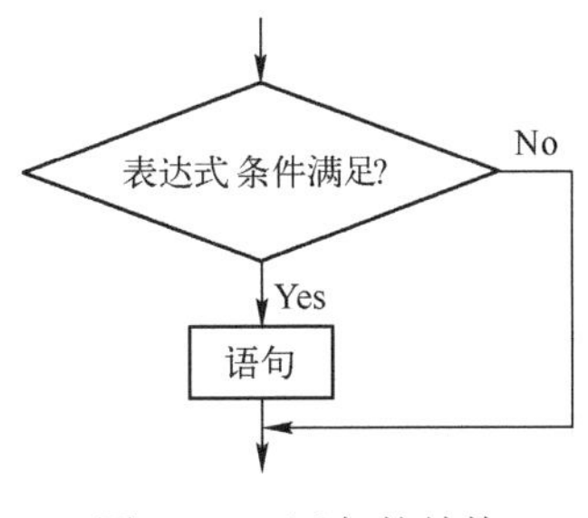

图 3-3　if 语句的结构

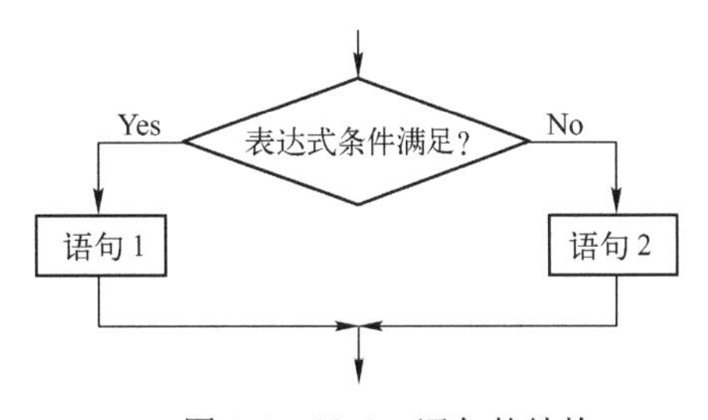

图 3-4　if-else 语句的结构

3. 多分支

前两种形式的 if 语句一般都用于两个分支的情况。当有多个分支选择时，可采用 if-else-if 语句。

```
if (表达式 1) {语句 1;}
  else if (表达式 2) {语句 2;}
  else if (表达式 3) {语句 3;}
……
  else if (表达式 n−1) {语句 n−1;}
  else{语句 n;}
```

依次判断表达式的值，当出现某个值为真时，则执行其对应的语句后，跳到整个 if 语句之外继续执行程序。如果所有的表达式均为假，则执行语句 *n* 后，继续执行后续程序。if-else-if 语句的结构如图 3-5 所示。

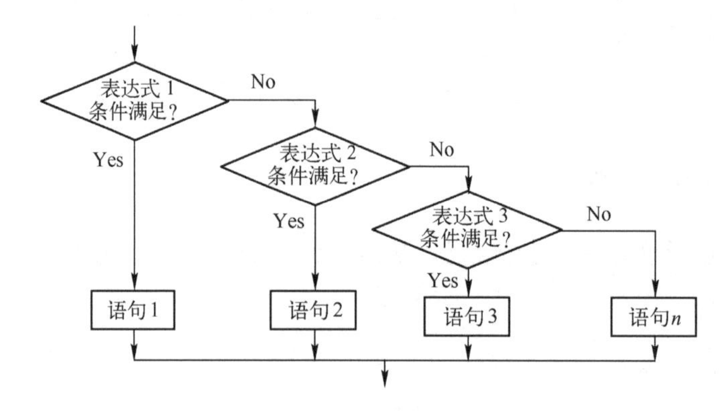

图 3-5　if-else-if 语句的结构

举例 1：根据不同的工资水平 salary，设置其对应的比例系数 index。

当工资 salary>1000 时，index=0.4。

当工资 800<salary <=1000 时，index=0.3。

当工资 600<salary<=800 时，index=0.2。

当工资 400<salary<=600 时，index=0.1。

当工资 salary<=400 时，index=0.05。

程序语句的实现：

```
if (salary>1000)                index = 0.4;
   else if (salary>800)         index = 0.3;
   else if (salary>600)         index = 0.2;
   else if (salary>400)         index = 0.1;
   else                      index = 0.05;
```

if 语句总结：if 语句的执行是根据 if 关键字之后表达式的值是 0 还是 1 来决定程序走向的。该表达式通常是逻辑表达式或关系表达式、算术表达式、一个变量，甚至是一个常量，也可以是其他表达式，如赋值表达式等。例如：

```
if( a==5 ) 语句;
if(b) 语句;
```

都是允许的。**只要表达式的值为非 0，即为“真”，则其后的语句是要执行的**。当然这种情况在程序中不一定会出现，但语法上是合法的。

- 在 if 语句中，**条件判断表达式必须用括号()括起来**，在语句之后不用加分号。
- 在 if 语句的三种形式中，所有的执行语句最好用大括号{ }括起来，表示在某条件下的一个语句块。若执行语句只有一句，则{ }可省略。例如：

```
if( a>b )
{   a++;
    b++;
}
else
{    b = 10; }    //或省略 { } ，直接写成 b = 10;
```

注意： *省略{ }时，else 总是和它上面离它最近的未配对的 if 配对。*

3.1.3　关系运算符和关系表达式

所谓“关系运算”实际上是比较两个对象谁大、谁小或等与不等的关系，判断其比较的结果是否符合给定的条件。关系运算的结果只有两种可能，即“真”和“假”。例如，3>2 的结果为真，3<2 的结果为假。

关系运算符有 6 个，其含义及优先级见表 3-1。

表 3-1　关系运算符的含义及优先级

运算符	<	<=	>	>=	==	!=
含义	小于	小于等于	大于	大于等于	相等	不相等
优先级	高				低	

用关系运算符将两个表达式连接起来的式子就是关系表达式。关系表达式结构如下：

```
表达式 1   关系运算符   表达式 2
```

（1）a＞b;　　　　//若 a 大于 b，则表达式值为 1（真）

（2）b+c＜a;　　　//(b+c)＜a，若 a = 3、b = 4、c = 5，则表达式值为 0（假）

（3）(a＞b)==c;　　//若 a = 3、b = 2、c = 1，则表达式值为 1（真）。

（4）c==5＞a＞b;　//c==(5＞a＞b)，若 a = 3、b = 2、c = 1，则表达式值为 0（假）。

（5）x1 = 3>2;　　　//结果是 x1 = 1，原因是 3>2 的结果是“真”，为 1，该结果被“=”号赋给了 x1。这里须注意，“=”不是等于之意（C 语言中等于用“==”表示），而是赋值号，即将该号后面的值赋给该号前面的变量，所以最终结果是 x1=1。

（6）自行分析“x2=3<=2;”的结果是________。

3.1.4 流程及程序设计

键控花样灯 1 的程序流程图如图 3-6 所示。程序保存为 key1.c。

```
//key1.c//按下 K1，P1 口的 LED 全亮；按下 K2，P1 口的 LED 全灭
#include<reg51.h>                    //包含 51 单片机的头文件
sbit  K1 =  P3^2;                    //K1 位变量定义为 P3.2
sbit  K2 =  P3^3;                    //K2 位变量定义为 P3.3
void main( )                         //主函数，有且只有一个
{ for( ; ; )                         //无条件循环
   {       K1 = 1;K2 = 1;            //输入数据前先输出 1

           if(K1==0)                 //K1 是否被按下，注意：符号==中间无空格
                 P1=0;               //若 K1 被按下，P1=0，LED 亮
           if(K2==0)                 //K2 是否被按下，注意：符号==中间无空格
                 P1=0xff;            //若 K2 被按下，P1=0xff，LED 灭
   }
}
```

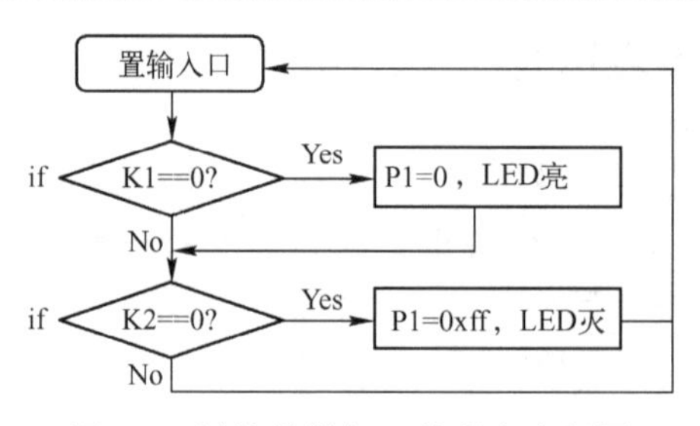

图 3-6 键控花样灯 1 的程序流程图

3.1.5 编译、代码下载、仿真、测判

按项目 1 所述方法，先在 Keil 中新建工程 key1，然后添加源程序 key1.c、设置工程选项并编译，生成代码文件 key1.HEX。参考 2.1.7 节下载代码，设置振荡频率为 12MHz，进行仿真调试，填写表 3-2，并进行分析和解释说明。

表 3-2 键控花样灯 1 的运行现象分析与记录

按键状态	LED 显示现象
只按下 K1	
只按下 K2	
K1、K2 都被按下	
K1、K2 都未被按下（考虑初上电、运行中不同状态下）	
先按下 K1，再按下 K2	
总结 if 语句的特点：________	
是否成功?________。	自评分：________

将代码下载到实物板进行测试。

3.2　任务 2：键控花样灯 2（用 if-else 语句实现）

3.2.1　任务要求与分析

1．任务要求

控制电路如图 3-1 所示。按下 K1，LED 亮；松开 K1，LED 灭。

2．任务目标

（1）建立对控制系统输入/输出的认识。
（2）掌握独立按键的状态判别。
（3）认识 if-else 语句，掌握其初步应用。

3．任务分析

键控花样灯 2 的控制框图如图 3-7 所示。因条件判断只有一个，即是否按下 K1，条件成立与否执行不同的语句，所以用 if-else 语句即可实现控制。

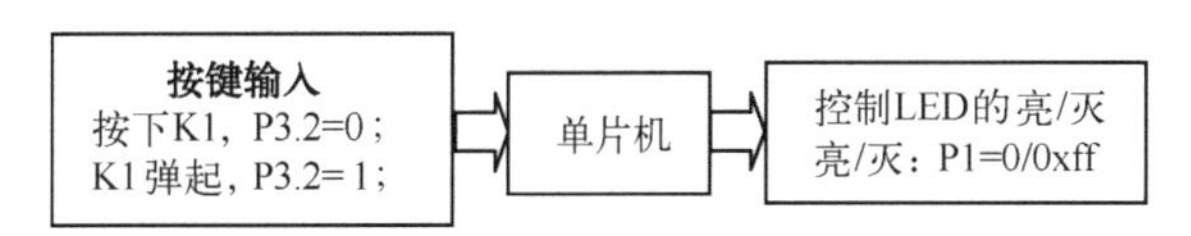

图 3-7　键控花样灯 2 的控制框图

3.2.2　流程及程序设计

键控花样灯 2 的程序流程图如图 3-8 所示。

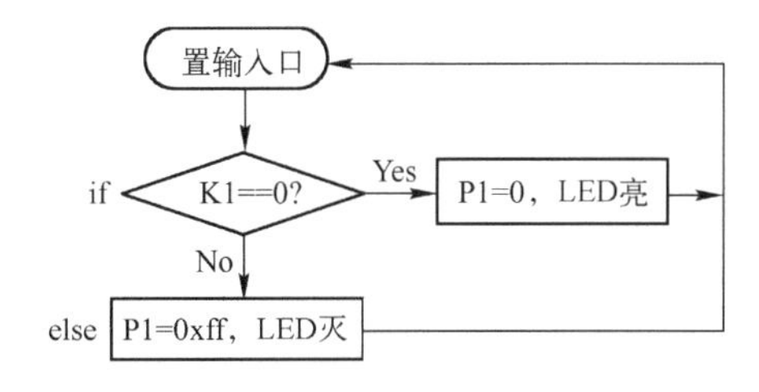

图 3-8　键控花样灯 2 的程序流程图

程序保存为 key2.c。

```
//key2.c，按下 K1，LED 亮；松开 K1，LED 灭
#include <reg51.h>
sbit  K1= P3^2;                    //K1 按键位变量定义
void  main()                       //主函数
{  for ( ; ; )                     //无条件循环
```

```
    {       K1=1;                   //设置为输入
            if (K1==0)              //判断 K1 是否被按下，注意：符号==中间无空格
                    P1=0;           //是，点亮全部 LED
            else
                    P1=0xff;        //否，熄灭所有 LED
    }
}
```

3.2.3 编译、代码下载、仿真、测判

按项目 1 所述方法，先在 Keil 中新建工程 key2，然后添加源程序 key2.c、设置工程选项并编译，生成代码文件 key2.HEX。参考 2.1.7 节下载代码，设置振荡频率为 12MHz，进行仿真调试。填写表 3-3，并进行分析和解释说明。

表 3-3　键控花样灯 2 的运行现象分析与记录

按键状态	LED 显示现象
只按下 K1	
没有键被按下	
单击 K1	
总结 if-else 结构的特点：________________	
是否成功?____________。	自评分：____________

将代码下载到实物板进行测试。

3.3　任务 3：键控花样灯 3（用 if-else-if 多分支语句实现）

3.3.1　任务要求与分析

1．任务要求

控制电路如图 3-1 所示。按下 K1，LED 亮，按下 K2，LED 灭，且 K2 优先，只要按下 K2，LED 就不亮。

2．任务目标

（1）建立对控制系统输入/输出的认识。
（2）掌握独立按键的状态判别。
（3）初步掌握 if-else-if 多分支语句的应用。

3．任务分析

控制框图如图 3-9 所示。根据任务要求，不管是否按下 K1，只要按下 K2，LED 就灭，只有 K1 一个键被按下 LED 才亮。所以先判断 K2，未按下 K2 时再判断 K1，故键控花

样灯 3 的程序流程图如图 3-10 所示。

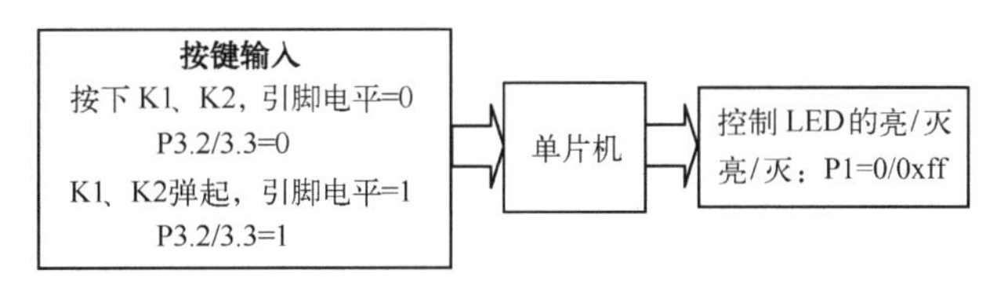

图 3-9　键控花样灯 3 的控制框图

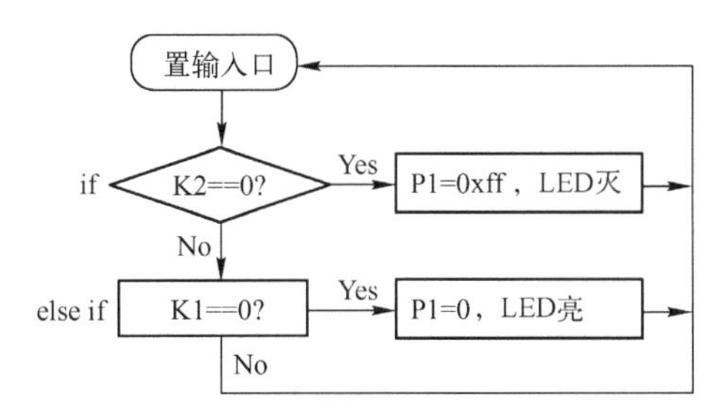

图 3-10　键控花样灯 3 的程序流程图

3.3.2　流程及程序设计

程序保存为 key3.c。

```
/* key3.c。
按下 K1，LED 点亮；按下 K2，LED 熄灭；且 K2 优先，只按下 K2，LED 不亮。
*/
#include <reg51.h>
sbit  K1= P3^2;                  //K1 位变量定义为 P3.2
sbit  K2= P3^3;                  //K2 位变量定义为 P3.3
void  main( )                    //主函数
{  for( ; ; )                    //无条件循环
   {      K1=1;K2=1;             //置 K1、K2 为输入
          if ( K2==0 )           //判断 K2 是否被按下，注意：符号==中间无空格
                P1=0xff;         //按下 K2，LED 灭
          else if ( K1==0 )      //未按下 K2，判断 K1 是否被按下
                P1=0;            //只按下 K1，LED 亮
   }
}
```

3.3.3　编译、代码下载、仿真、测判

按项目 1 所述方法，先在 Keil 中新建工程 key3，然后添加源程序 key3.c、设置工程选项并编译，生成代码文件 key3.HEX。参考 2.1.7 节下载代码，设置振荡频率为 12MHz，进行仿真调试。填写表 3-4，并进行分析和解释说明。

表 3-4　键控花样灯 3 的运行现象分析与记录

按键状态	LED 显示现象
只按下 K1	
只按下 K2	
K1、K2 都被按下	
K1、K2 都未被按下（初上电或运行中）	
K1、K2 都被按下，再松开 K2	
K1、K2 都被按下，再松开 K1	
总结 if-else-if 结构的特点，并与任务 1 比较：____________	
是否成功?____________。	自评分：____________

将代码下载到实物板进行测试。

3.4　任务 4：键控花样灯 4（用 if 嵌套语句实现）

3.4.1　任务要求与分析

1．任务要求

控制电路如图 3-1 所示。按下 K1 和 K2，LED 全亮；松开 K2，LED 不灭；松开 K1，LED 全灭。

2．任务目标

（1）建立对控制系统输入/输出的认识。
（2）掌握独立按键的状态判别。
（3）初步掌握 if 语句的嵌套应用。

3．任务分析

控制框图如图 3-9 所示，按下 K1 时再判断 K2，即 K1 条件满足时嵌套判断 K2 的状态。判断 K1 用 if-else 结构，一旦未按下 K1，经 else 语句控制 LED 灭。键控花样灯 4 的程序流程图如图 3-11 所示。

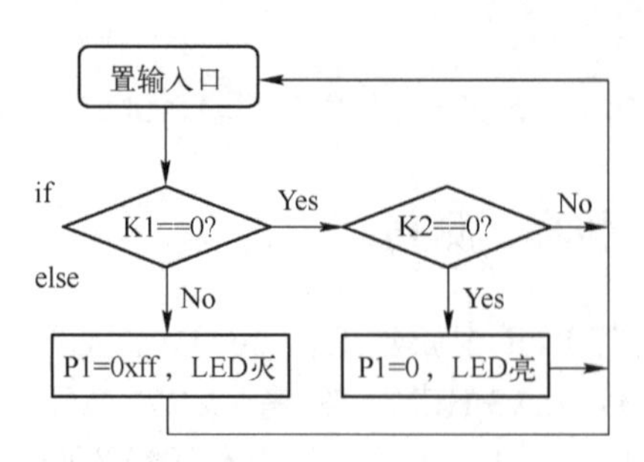

图 3-11　键控花样灯 4 的程序流程图

3.4.2　if 语句嵌套

当 if 语句中的执行语句包含 if 语句时，则构成了 if 语句嵌套的情形。其一般形式如图 3-12 所示。

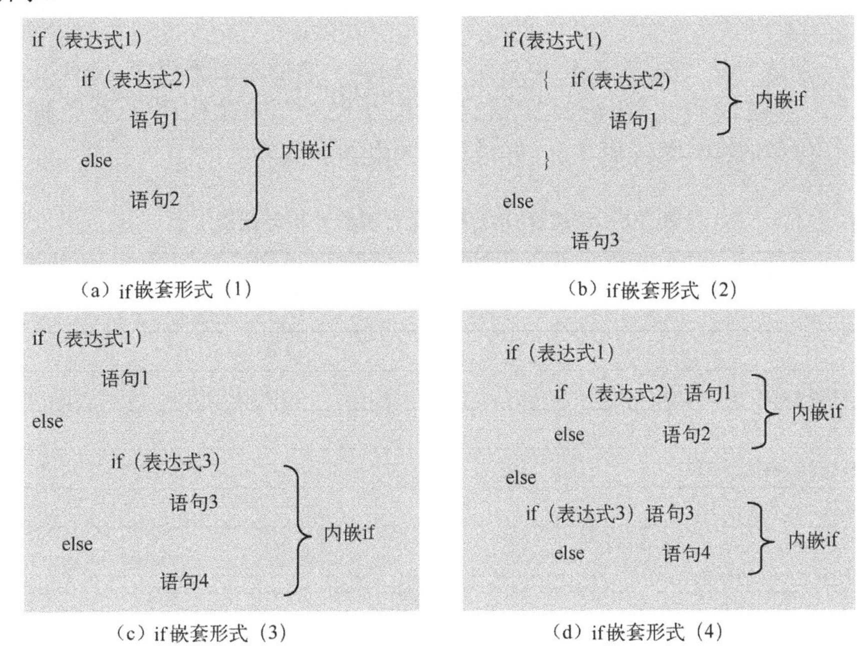

图 3-12　if 语句嵌套的一般结构形式

省略{ }时，else 总是和它上面离它最近的未配对的 if 配对，如图 3-13 所示。

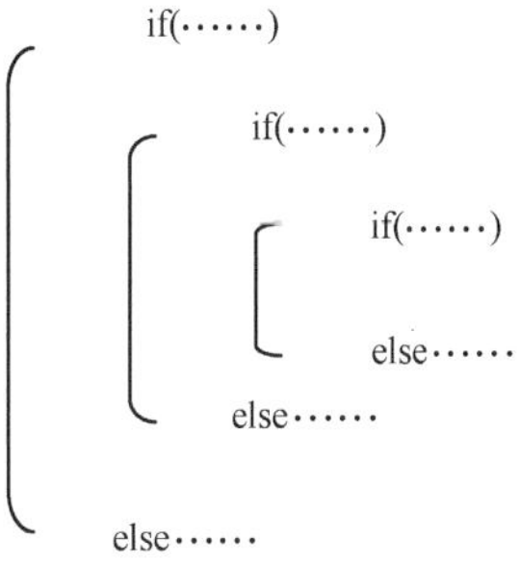

```
if(……)
    if(……)
        if(……)
        else……
    else……
else……
```

图 3-13　if-else 自动配对规则

3.4.3　流程及程序设计

键控花样灯 4 的程序流程图如图 3-11 所示。

保存程序为 key4.c。

```
/*    key4.c  按下 K1 和 K2，LED 全亮；松开 K2，LED 不灭；松开 K1，LED 全灭。
*/
#include <reg51.h>                      //包含头文件
sbit  K1= P3^2;                         //K1 位变量定义
sbit  K2= P3^3;                         //K2 位变量定义
void  main()                            //主函数，有且只有一个
{  for( ; ; )                           //无条件循环
   {     K1=1;K2=1;                     //置 K1、K2 为输入
         if (K1==0)                     //K1 被按下了吗？注意：符号==中间无空格
         {  if (K2==0)                  //K1 被按下，且 K2 被按下了吗？
               P1=0;                    //两者都被按下，LED 亮
         }
         else
```

```
                P1=0xff;                //K1 未被按下，LED 灭
        }
    }
```

3.4.4 编译、代码下载、仿真、测判

按项目 1 所述方法，先在 Keil 中新建工程 key4，然后添加源程序 key4.c、设置工程选项并编译，生成代码文件 key4.HEX。参考 2.1.7 节下载代码，设置振荡频率为 12MHz，进行仿真调试。填写表 3-5，并进行分析和解释说明。

表 3-5 键控花样灯 4 的运行现象分析与记录

按键状态	LED 显示现象
只按下 K1	
只按下 K2	
K1、K2 都被按下	
K1、K2 都未被按下（初上电或运行中）	
K1、K2 都被按下，再松开 K2	
K1、K2 都被按下，再松开 K1	
总结由 if 嵌套形成双重条件的结构特点：________。 思考同时满足多重条件的语句结构：________	
是否成功？________。	自评分：________

将代码下载到实物板进行测试。

3.5 任务 5：键控花样灯 5（用 switch 多分支语句实现）

3.5.1 任务要求与分析

1．任务要求

控制电路如图 3-1 所示。按 K1，P1.0、P1.4 口的 LED 亮；按 K2，P1.1、P1.5 口的 LED 亮；按 K3，P1.2、P1.6 口的 LED 亮；按 K4，P1.3、P1.7 口的 LED 亮。控制框图如图 3-9 所示。

2．任务目标

（1）掌握通过一组 I/O 口（如 P3）的数据识别单个引脚电平。
（2）建立对控制系统输入/输出的认识，判别输入，控制输出。
（3）掌握 switch 多分支语句的应用。

3．任务分析

根据任务，控制系统数据输入与输出的逻辑见表 3-6。按不同的键，即 P3 口输入状

态不同，P1 口输出不同的数据，点亮不同的 LED。将 4 个键的判断通过 P3 口统一识别，这样在同一对象 P3 处于不同的数据时，从 P1 输出不同的数据，见表 3-6。这可通过 switch 多分支语句实现。

表 3-6　任务 5 的输入与输出数据的逻辑分析

P3：输入	P1：输出
按 K1：11111**0**11b,0x**fb**	11101110b,0x**ee**
按 K2：1111**0**111b,0x**f7**	11011101b,0x**dd**
按 K3：111**0**1111b,0x**ef**	10111011b,0x**bb**
按 K4：11**0**11111b,0x**df**	01110111b,0x**77**

3.5.2　switch 语句

当程序中有多个分支时，可以使用 if 嵌套实现，但是当分支较多时，则嵌套的 if 语句层数多，程序冗长而且可读性降低。C 语言提供了 switch 语句直接处理多分支选择。switch 的一般形式如下：

```
switch (表达式)
{   case 常量表达式 E1: 语句组 1; break;
    case 常量表达式 E2: 语句组 2; break;
    ……
    case 常量表达式 En: 语句组 n; break;
    default:            语句组 n+1; break;
}
```

先计算表达式的值，并逐个与其后的常量表达式值比较，**相等时执行其后的语句**；若无相配时则执行 default 后的语句。switch 多分支语句的结构如图 3-14 所示。

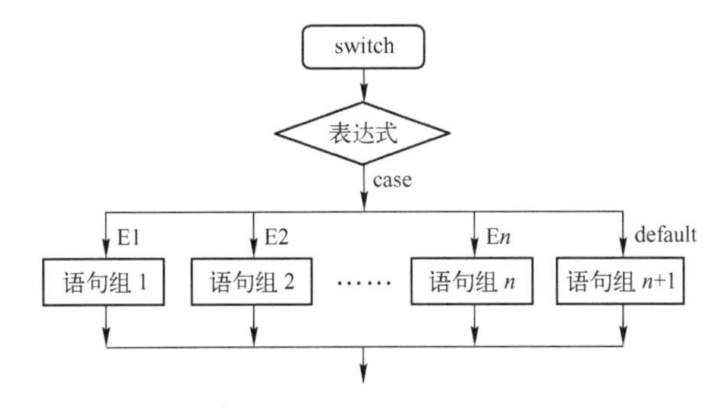

图 3-14　switch 多分支语句的结构

switch 后的表达式可以是整型、字符型或枚举型数据，case 后的各常量表达式需与其类型相同或者可以相互转换。

（1）E1,E2,…,E*n* 是常量表达式，且值必须互不相同。

（2）switch 可嵌套，多个 case 可共用一组执行语句。

（3）break、default 语句可根据实际情况书写或省略。遇到 break，则跳出 switch 语句的执行；若无 break，当表达式的值与某个 case 相等，执行完其后的语句后，不再进行后继的 case 判断，而将后面的所有语句一一执行。

3.5.3 流程与程序设计

键控花样灯 5 的程序流程图如图 3-15 所示。

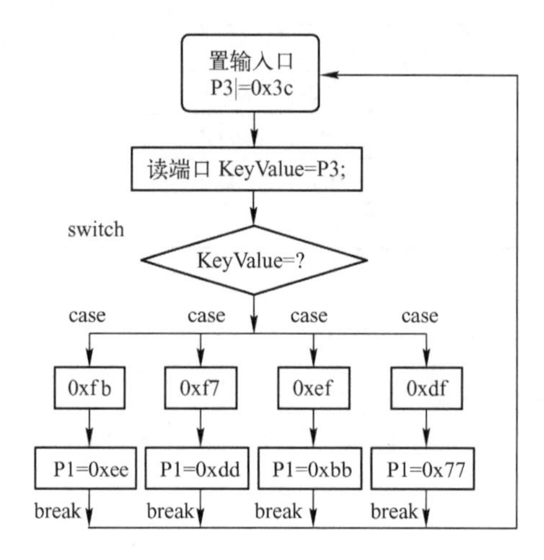

图 3-15　键控花样灯 5 的程序流程图

程序保存为 key5.c。

```
//key5.c
#include <reg51.h>
void   main( )
{  unsigned   char   KeyValue;
   for ( ; ; )                        //无条件循环
   {
/*********************************
应用位的逻辑运算对一个数据中的某些位置 1 或清 0；“或”1，置 1；“与”0，清 0
P3 |=0x3c;  置 4 键接口为输入，对 P3.2～P3.5“或”1，使其置 1，而不影响 P3 的其他位
  P3:               xxxxxxxxB
或 0x3c           |  00111100B
---------------------------------------
                    xx1111xxB
***************************************/

P3   |=   0x3c;
KeyValue = P3;   //读入数据到变量 KeyValue
//根据按键情况执行不同的 case 语句
switch ( KeyValue)
{           case   0xfb : P1=0xee;   break;
            case   0xf7 : P1=0xdd;   break;
            case   0xef : P1=0xbb;   break;
            case   0xdf : P1=0x77;   break;
      }
   }
}
```

3.5.4　编译、代码下载、仿真、测判

按项目 1 所述方法，先在 Keil 中新建工程 key5，然后添加源程序 key5.c、设置工程选项并编译，生成代码文件 key5.HEX。参考 2.1.7 节下载代码，设置振荡频率为 12MHz，进行仿真调试。填写表 3-7，并进行分析和解释说明。

表 3-7　键控花样灯 5 的运行现象分析与记录

按键状态	LED 显示现象
只按下 K1	
只按下 K2	
只按下 K3	
只按下 K4	
按下多个键	
总结有 break 的 switch 语句特点，并与 if 嵌套结构比较：______	
是否成功：______。	自评分：______

将代码下载到实物板进行测试。

3.5.5　加载 *.omf 代码文件，实施 Proteus 单步调试

1．修改程序，绘流程图

在 3.5.3 节的程序中，若无 break，程序执行情况会如何？将程序流程图补充在图 3-16 中，体会 break 的作用。在这个设计中应该应用 Proteus 的代码单步调试功能，以帮助较好地理解程序。

图 3-16　键控花样灯 5 无 break 语句时的程序流程图

2．Proteus 的单步调试

（1）在 Keil 中设置调试格式的代码、重新编译

在设置代码输出选项时，除了选中 Create HEX Fi ，还选中右上角的 Name of Executable: key5.omf ，如图 3-17 所示。*.omf 文件是带调试格式的代码文件，是 Proteus 进行非汇编语言源码调试时必需的文件，将其加载到 Proteus 的单片机中，即可进行单步调试。

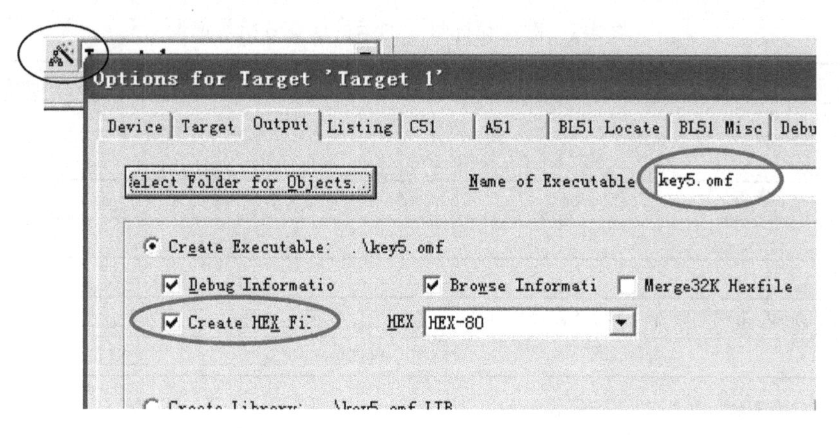

图 3-17　设置输出 OMF 文件格式

（2）加载 OMF 文件

将 key5.c 中的 break 取消后，如（1）所述进行 OMF 的输出设置，编译，并将 key5.omf 加载到单片机中，如图 3-18 所示。注意选取 OMF 代码文件时先确定文件类型，如图 3-19 所示。

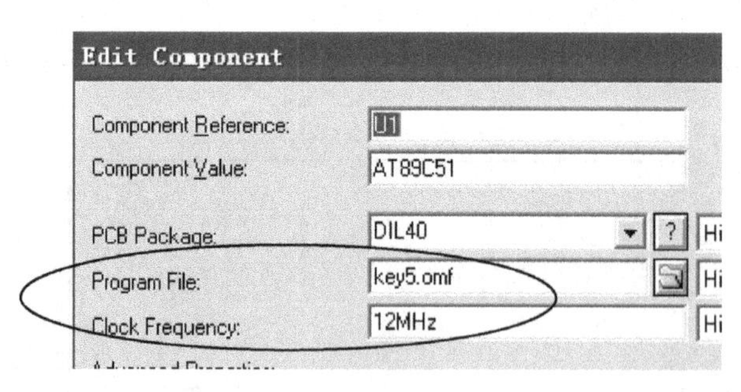

图 3-18　对单片机加载 OMF 文件

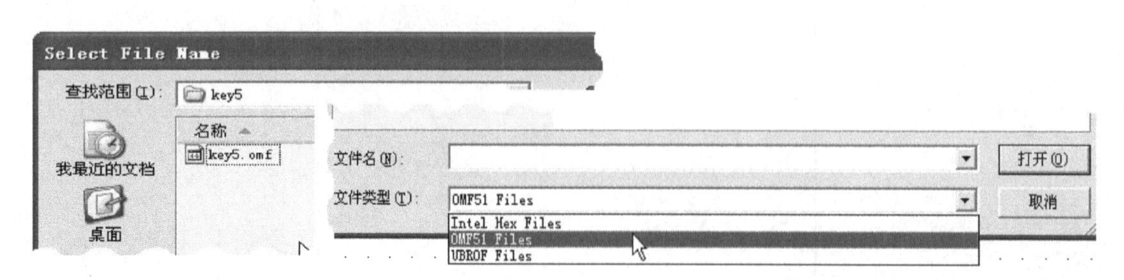

图 3-19　选取 OMF 文件

（3）打开源代码窗口

① 按下 K1 键。因在单步运行情况下，仿真系统不接受 I/O 输入状态改变，即按键无效，故仿真前先设置好各输入键的状态。

② 暂停仿真即可弹出源代码窗口。单击按钮▶启动仿真后，再单击按钮⏸暂停仿真，可出现源代码窗口。若此时出现如图 3-20 所示无源代码的空窗口，单击图 3-20 窗口右上角第 2 个单步运行子函数按钮，便可看到如图 3-21 所示的源代码。

图 3-20　未出现源代码的源代码窗口

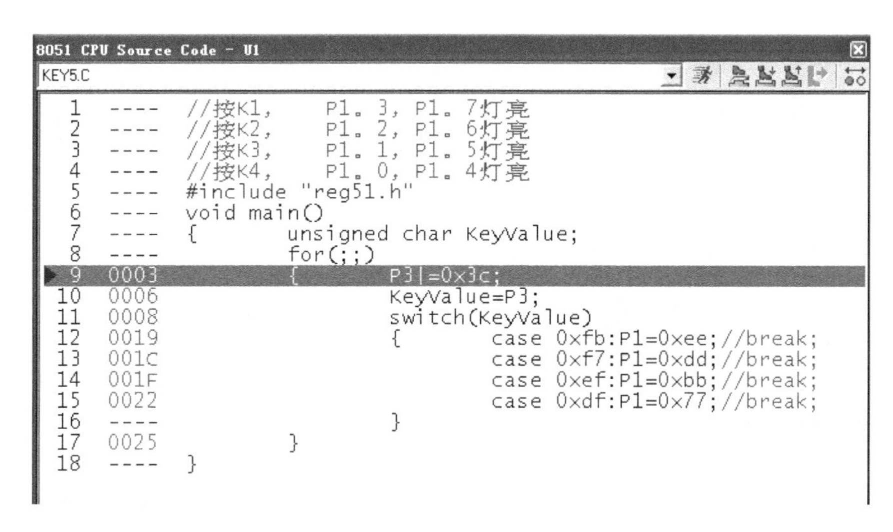

图 3-21　正常的源代码窗口

③ 从调试菜单打开源代码窗口。若暂停仿真后未出现源代码窗口，则从调试菜单打开：单击 ISIS 菜单栏中“Debug（调试）”→ ✔ 6. 8051 CPU Source Code - U1 。还可选中变量窗口 ✔ 7. 8051 CPU Variables - U1 。

（4）单步运行观察现象

源代码窗口几个调试按钮的功能如图 3-22 所示。

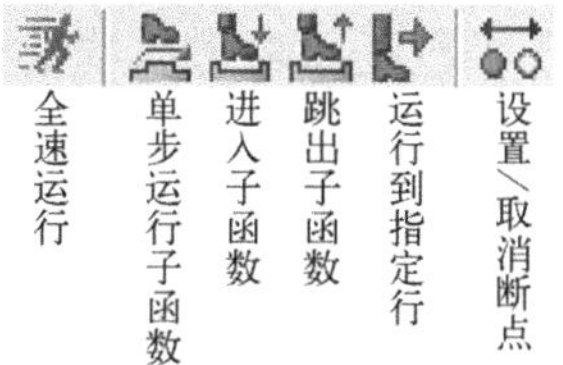

图 3-22　源代码窗口调试按钮的功能

① 单击单步运行子函数按钮，会依次执行 switch 语句中的 4 个状态。即 P1 口依次输出 0xee，P1.0、P1.4 口的 LED 亮；输出 0xdd，P1.1、P1.5 口的 LED 亮；输出 0xbb，P1.2、P1.6 口的 LED 亮；输出 0x77，P1.3、P1.7 口的 LED

亮。同时也可看到变量窗口中各变量随程序的执行在实时变化，如图 3-23 所示，在其快捷菜单中可设置数据以什么进制显示，以及显示变量的哪些属性（如地址、类型、上一次的值等）。

② 退出仿真，按下 K2，进行**单步仿真**，看程序执行路径，进行分析。

③ 退出仿真，按下 K3，进行**单步仿真**，看程序执行路径，进行分析。

④ 退出仿真，按下 K4，进行**单步仿真**，看程序执行路径，进行分析。

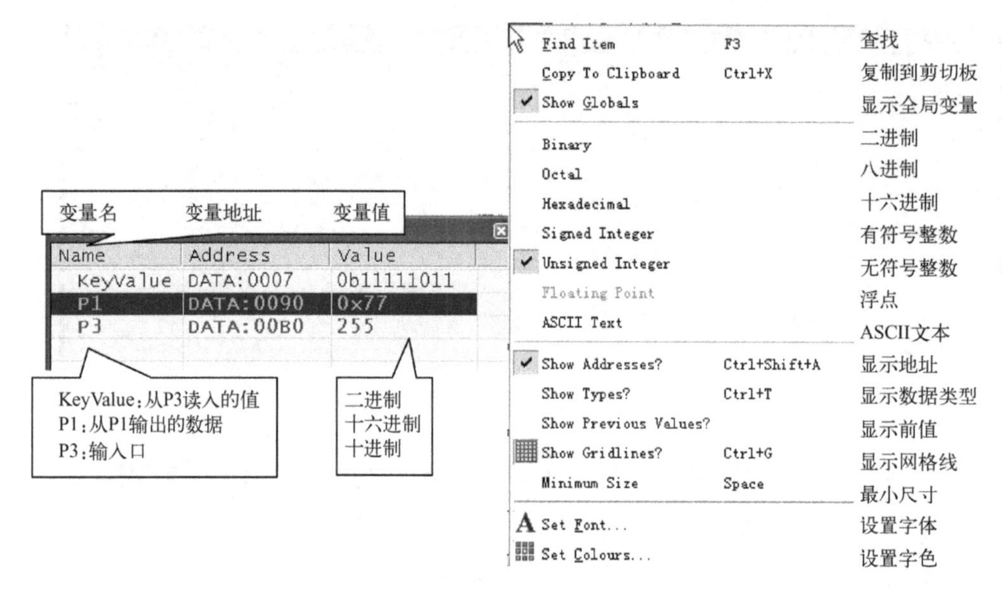

图 3-23 变量窗口及其快捷菜单

将以上不同按键下的运行现象记录到表 3-8 中。

表 3-8 键控花样灯 5 的运行现象分析与记录（无 break 语句）

按键状态	LED 显示现象
只按下 K1	
只按下 K2	
只按下 K3	
只按下 K4	
按下多个键	
总结无 break 时的 switch 语句特点：________________	
是否成功：________________。	自评分：________________

将代码下载到实物板进行测试。

3.5.6 进阶设计与思路点拨 1

1. 进阶设计（1）

将一个 BCD 数码管接到 P1.0～P1.3。电路可参考 2.1.10 节。注意，数码管引脚的高位到低位依次与 P1.3～P1.0 相连。

修改程序使之有如下功能，并画出程序流程图。

（1）按下 K1，BCD 数码管显示 1，松开维持显示；

（2）单击 K2，BCD 数码管显示 2，松开维持显示；

（3）单击 K3，BCD 数码管显示 3，松开维持显示；

（4）单击 K4，BCD 数码管显示 4，松开维持显示。

2．进阶设计（2）

试修改“进阶设计（1）”，按下 K1～K4，BCD 数码管显示 1～4，松开显示 0。注意 default 语句的应用。

3．进阶设计（3）

试用 if 语句完成进阶设计（1）。比较 if 多分支结构与 switch 多分支语句结构。灵活选用便捷的语句。

3.6　任务 6：学习循环结构，求 $\sum_{n=1}^{100} n$

如果说顺序结构是按固定的顺序按部就班地进行的，那么循环结构就是经分析、总结、归纳出一套可重复执行的动作。重复也许有条件，若没有条件就会形成无终止的死循环。

C 语言可实现循环的语句：

（1）goto 语句

（2）while 语句

（3）do-while 语句

（4）for 语句

3.6.1　goto 语句

goto 语句一般格式：

```
    goto        标号;
                ……
    标号:       语句;
```

功能：无条件转移语句。

说明：不能用整数作标号；标号只能出现在 goto 所在函数内，且唯一；只能加在可执行语句前面；尽可能少使用 goto 语句。

举例 2：用 if 和 goto 语句编程求解 $\sum_{n=1}^{100} n$，如图 3-24 所示。

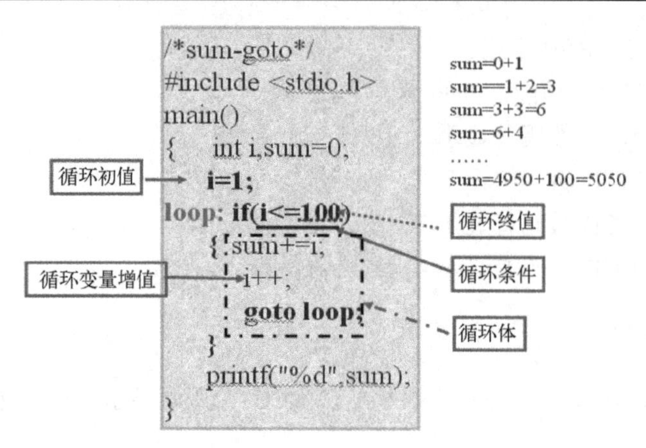

图 3-24　用 if 和 goto 语句求 sum(1～100)

3.6.2　while 语句

while 语句的一般格式：

```
while(表达式)
{语句;}
```

其中的表达式为循环条件，语句为循环体，若表达式的值非 0，则执行循环体。

特点：先判断表达式，后执行。while 语句的结构如图 3-25 所示。例如下述语句：

```
while (! (P1&0x01));
```

该语句循环体部分为空语句，等价于

```
while (! (P1&0x01))
      {;}
```

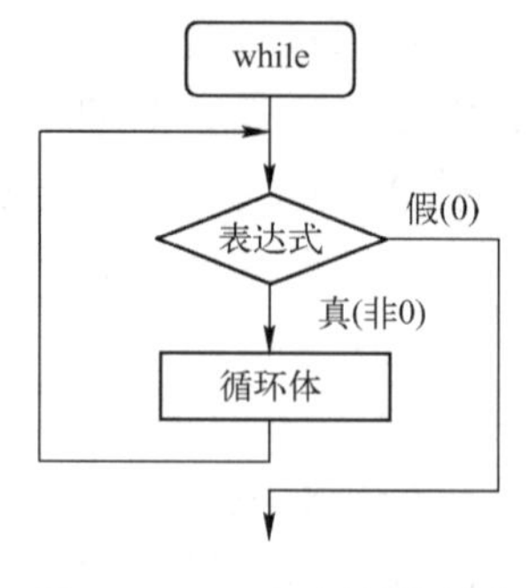

图 3-25　while 语句的结构

现象为当 P1.0=0 时，一直循环，当 P1.0=1 时退出循环，其功能就是等待 P1.0 由低电平变为高电平，循环条件为 P1.0 引脚输入低电平。

说明：

（1）循环体有可能一次也不执行。

（2）循环体可为任意类型语句。

（3）下列情况，退出 while 循环。

- 条件表达式不成立（为 0）；
- 循环体内遇 break、return、goto。

（4）无限循环：

```
while(1)
{循环体;}
```

举例 3：用 while 语句编程求解 $\sum_{n=1}^{100} n$，如图 3-26 所示。

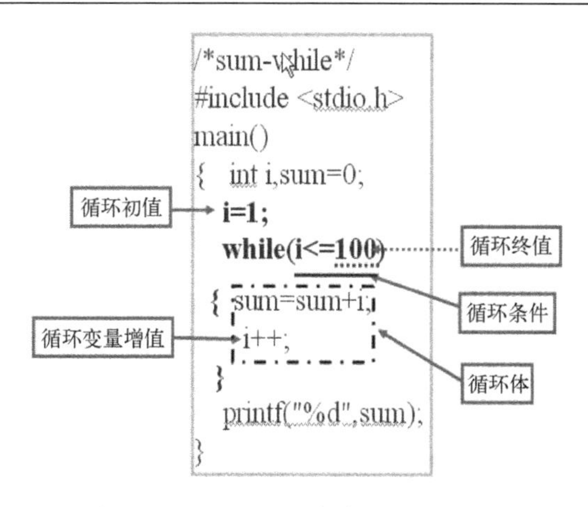

图 3-26　用 while 语句求 sum(1～100)

3.6.3　do-while 语句

do-while 语句的一般形式：

```
do{
    语句;
  }while(表达式);
```

与 while 语句先判断条件不同，do-while 语句是先执行一遍语句（循环体），然后判别条件。如果条件表达式非 0，则再次执行循环体，直到表达式的值为 0 时，结束循环。do-while 语句的结构如图 3-27 所示。

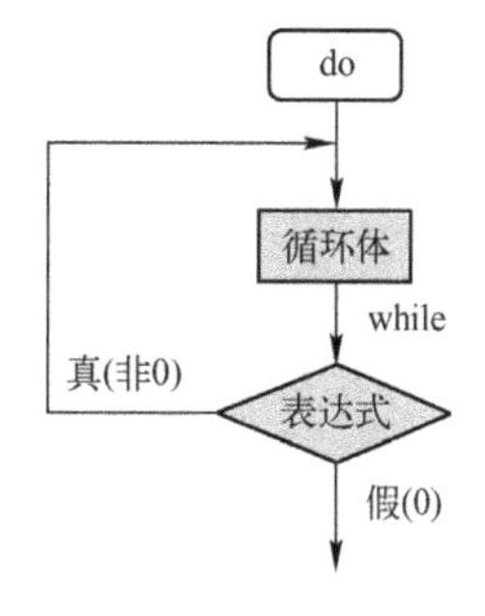

图 3-27　do-while 语句的结构

3.6.4　for 语句

for 语句的一般形式：

```
for( 表达式 1; 表达式 2 ; 表达式 3 )
{  循环体语句块;    }
```

表达式 1：循环变量赋初值。

表达式 2：循环条件。

表达式 3：循环变量的变化规律，如 i++、i*2、i--等。

执行过程：

（1）先对表达式 1 求值；

（2）再对表达式 2 求值，若表达式 2 为假，则退出循环，若为真，则执行一遍循环语句；

（3）然后对表达式 3 求值，再从（2）开始重复，直到表达式 2 为假，for 循环执行结束。

for 语句的结构如图 3-28 所示，故 for 语句可表示如下：

```
for( 循环变量初值;  循环条件;  循环变量增值)
```

```
{ 语句 }
```

举例 4：

```
for(  i=0, j=0;   j<8;   j++)
{   i=i+2; }
```

执行这个 for 语句时，首先执行 i=0, j=0，然后判断 j 是否小于 8，如果小于 8 则去执行循环体（i=i+2;），然后执行 j++，执行完后再去判断 j 是否小于 8……。如此不断循环，直到条件不满足（j>=8）为止。执行过程见表 3-9。

表 3-9　for 语句运行过程分析

循环第 N 次	1	2	3	4	5	6	7	8
循环语句执行前：j	0	1	2	3	4	5	6	7
循环语句执行前：i	0	2	4	6	8	10	12	14
循环语句执行后：i	2	4	6	8	10	12	14	16
循环语句执行后：j	1	2	3	4	5	6	7	8

举例 5：用 for 语句编程求解 $\sum_{n=1}^{100} n$，完成以下填空，并编写完整程序进行测试。

```
unsigned   char   j;
unsigned   int   sum=0;   //定义加数、和数
for( j=______; j<______; j++)
    {   sum=____________;   }
```

说明：

（1）for 语句中表达式类型任意，都可省略，但分号“;”不可省。

（2）无限循环：for(; ;)。

（3）for 语句可以转换成 while 语句，如图 3-29 所示。

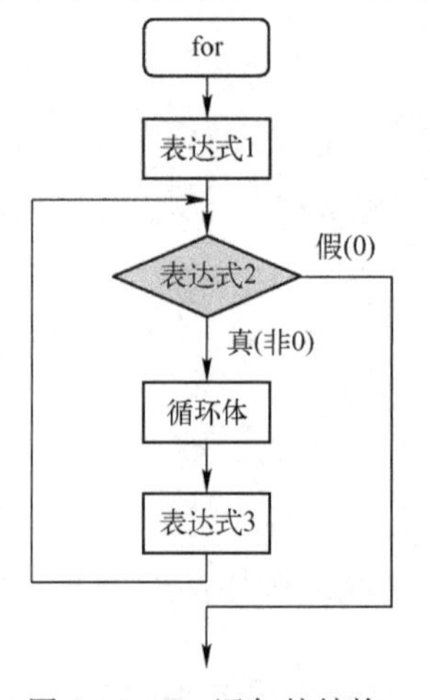

图 3-28　for 语句的结构

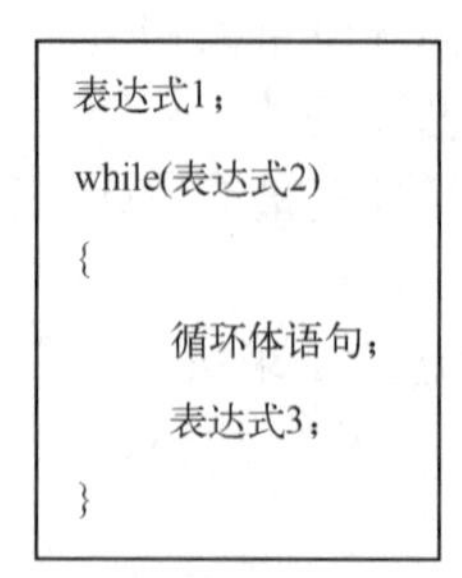

图 3-29　for 语句转换成 while 语句

如果将“举例 4”用 while 语句来改写，应该这么写。

```
i=0, j=0;
```

```
        while( j<8 )
            {   i=i+2;          //可添加循环体语句块
            j++;    }           //循环变量变化
```

可见，用 for 语句更简单、方便、紧凑、清晰，能利用表达式给变量初始化并修改其值；while 和 do-while 语句只能在循环之前进行初始化，在循环体中进行修改。

若循环的次数确定，使用 for 语句较合适；否则，采用 while 或 do-while 语句较为清晰。do-while 语句是“先执行、后判断”，至少执行一次循环体；而 while、for 是“先判断、后执行”，若条件一开始就不成立，则循环体一次都不执行。

3.6.5 循环结构的嵌套与跳转

1. 嵌套

（1）三种循环可互相嵌套，理论上层数不限，但实际应用时要考虑硬件资源能否承受。

（2）外层循环可包含两个以上内循环，但不能相互交叉。

嵌套循环的一般情况如图 3-30 所示。

2. 嵌套循环的跳转

禁止从外层跳入内层、跳入同层的另一循环或向上跳转。

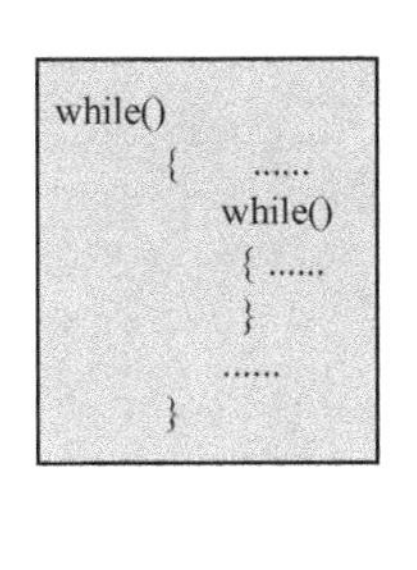

（a）

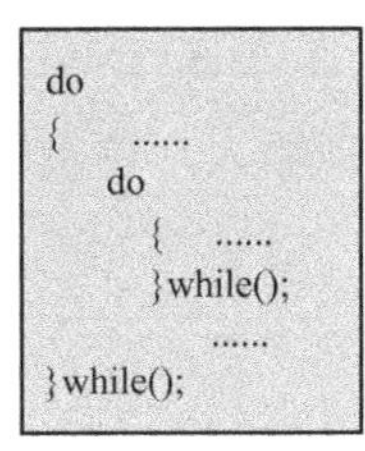

（b）

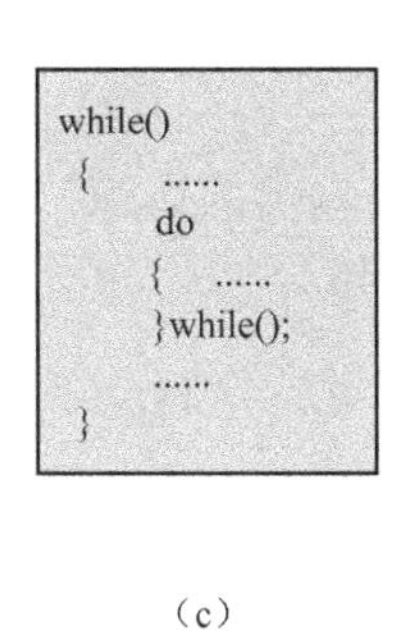

（c）

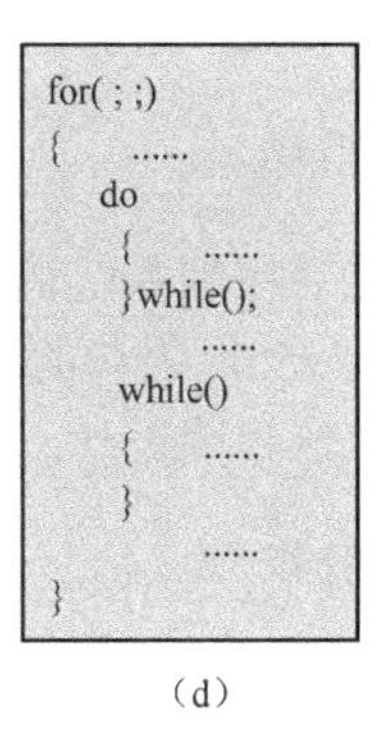

（d）

图 3-30 嵌套循环的一般情况

3.6.6 break 语句

功能：在循环语句和 switch 语句中，终止并跳出循环体或开关体。break 语句的流程结构如图 3-31 所示。

说明：

（1）break 只能终止并跳出最近一层的循环结构。

（2）break 不能用于循环语句和 switch 语句之外的任何其他语句之中。

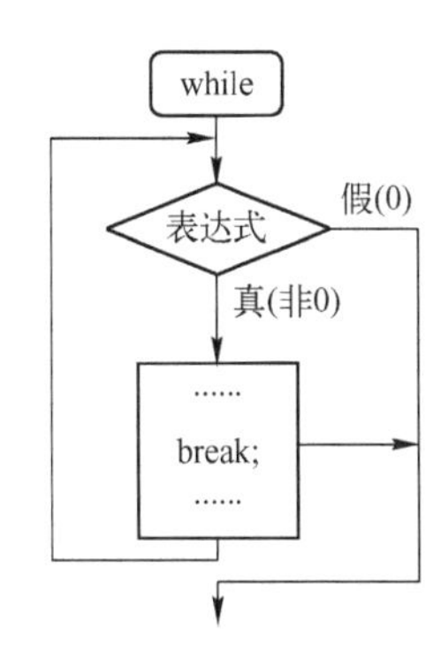

图 3-31 break 语句的流程结构

3.6.7 continue 语句

功能：结束本次循环，跳过循环体中尚未执行的语句，进行下一次是否执行循环体的判断。continue 语句的流程结构如图 3-32 所示。

仅用于循环语句中，常与 if 语句一起使用来加速循环。

注意：continue 语句只是结束本次循环，接着执行下一次循环条件判断，而不是终止循环；而 break 语句则是终止本层循环，不再进行本层循环条件判断，接着执行循环语句的下一条语句。

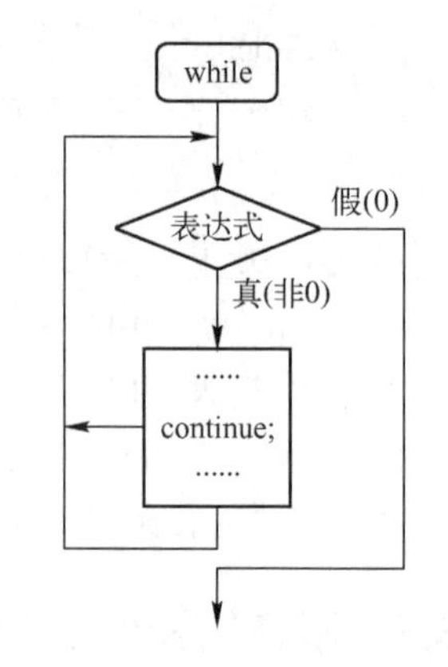

图 3-32 continue 语句的流程结构

3.7 任务 7：键控花样灯 6（用 for、while 语句实现）

3.7.1 任务要求与分析

1. 任务要求

控制电路如图 3-1 所示。按下 K1，LED 的亮/灭呈流水灯状态，否则全灭。

2. 任务目标

（1）建立对控制系统输入/输出的认识，判别输入，控制输出。
（2）掌握 while 语句的应用。
（3）学习流程图设计。

3. 任务分析

按下 K1，是 8 个 LED 呈 8 个流水灯状态得以继续、循环的条件，且任何时刻按下都要做出反应，故要用循环结构反复决断按键状态，即用专用的循环语句 while 或 for。通过第 2 章的学习，知道流水灯的实现用_crol_()或_cror_()较便捷。

3.7.2 流程与程序设计

根据任务要求，亮点由高位向低位流动的流水灯的数据分析见表 3-10。

表 3-10 亮点由高位向低位流动的流水灯的数据分析

状态	数据	状态	数据
LED1 亮	01111111B, 0x7F	LED5 亮	11110111B, 0xF7
LED2 亮	10111111B, 0xBF	LED6 亮	11111011B, 0xFB
LED3 亮	11011111B, 0xDF	LED7 亮	11111101B, 0xFD
LED4 亮	11101111B, 0xEF	LED8 亮	11111110B, 0xFE

上、下状态的关系（每个状态为一组 LED 在不同时刻亮/灭现象，也就是控制 LED 亮/灭的变量 OutData 在不同时刻的值，故“下一状态”“上一状态”都用 OutDat 表示）：

```
下一状态= _cror_( 上一状态,1 );
表达式为 OutData=_cror_( OutData,1 );
```

键控花样灯 6 的程序流程图如图 3-33 所示（此处用 while 语句实现循环结构）。

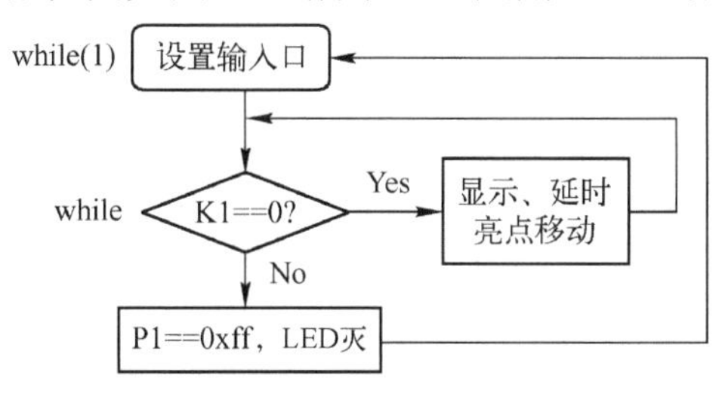

图 3-33　键控花样灯 6 的程序流程图

程序保存为 key6.c。

```
//key6.c。按下 K1，LED 的亮灭呈流水灯状态，否则全灭。
#include <reg51.h>
#include<intrins.h>                //该文件包含_crol_(…)函数的说明

sbit  K1=P3^2;                     //按键 K1 的位变量定义为 P3.2
void  Dly()                        //延时函数，1s
{ unsigned  char  i;               //变量定义 i 为 8 位无符号字符型，值域为 0～255
    unsigned  int  j;              //变量定义 j 为 16 位无符号整型，值域为 0～65535
    for( j=0;  j<1310;   j++)      //for 嵌套
       { for( i=0;  i<252;  i++)
           {;}                     //空语句
       }
    }
void main()                        //主函数，有且只有一个
{  unsigned  char  OutData=0x7F;             //输出数据变量定义，赋初值
   while(1)                                  //无条件循环
   {      K1=1;                              //设置输入口
          while (K1==0)                      //有条件循环，按下 K1 则循环
          {       P1=OutData;                //点亮某个 LED
                  Dly();                     //延时 1000ms
                  OutData= _cror_(OutData , 1);     //循环右移
          }
          P1=0xff;                           //条件不成立，未按键，LED 灭
   }
}
```

3.7.3　编译、代码下载、仿真、测判

按项目 1 所述方法，先在 Keil 中新建工程 key6，然后添加源程序 key6.c，设置工程选项并编译，生成代码文件 key6.HEX。参考 2.1.7 节下载代码，设置振荡频率为 12MHz，进行仿真调试。填写表 3-11，并分析现象及原因。

表 3-11　键控花样灯 6 的运行现象分析与记录

按键状态	LED 显示现象
按下 K1，3s 后松开	
按下 K1，6s 后松开	
按下 K1，10s 后松开	
单击 K1，LED 亮，熄灭后再单击	
单击 K1，LED 亮，熄灭后再单击	
单击 K1，LED 亮，熄灭后再单击	
总结 while 语句特点：________。 分析亮点位置记忆功能：________	
实践是否成功？________。	自评分：________

将代码下载到实物板进行测试。

根据 3.5.5 节讲的 Proteus 调试方法，在 Keil 中设置输出 OMF 文件并重新编译，对单片机加载 key6.omf，单步运行，对延时函数 Dly()进行精确测试。在 Proteus 窗口的底部可看到运行的时间，如图 3-34 所示。左边是到目前为止的总运行时间，右边是红箭头 20 所在行上一语句的运行时间。红箭头 20 表示下条要执行的命令行。

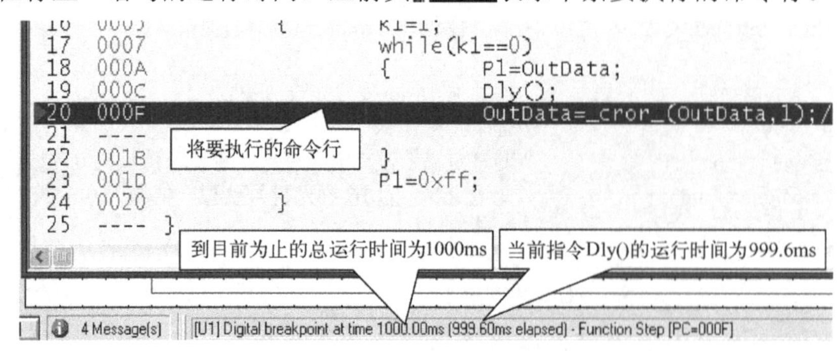

图 3-34　Proteus 单步运行，查看时间

3.7.4　进阶设计与思路点拨 2

在仿真调试中发现，松开 K1 键后 LED 未立即熄灭。请分析原因并修改程序，一松开键，LED 就立即熄灭。

提示：程序运行的时间主要消耗在延时函数中，故想办法使键一松开就立即退出延时函数，那么就要在其中增加判断按键状态的语句。

3.8　任务 8：键控花样灯 7（用 for、break 语句实现）

3.8.1　任务要求与分析

1. 任务要求

控制电路如图 3-1 所示。单击 K1，执行一次流水灯后熄灭。若在执行

流水灯时单击 K2，则结束流水灯，LED 熄灭。

2．任务目标

（1）熟练掌握 if 条件判断语句、循环语句的应用。

（2）学会用 break 语句终止循环结构。在 3.5 节讲解 switch 多分支结构时，曾用 break 语句来终止分支语句的执行。

（3）学习流程图设计。

3．任务分析

break 语句能够使循环结构中途退出，即在流水灯的 8 个状态进行中要检测 K2，一旦发现 K2 被按下，通过 break 语句退出未完成的流水灯，再熄灭 LED。循环结构的实现，要求用专用的循环语句 while 或 for。

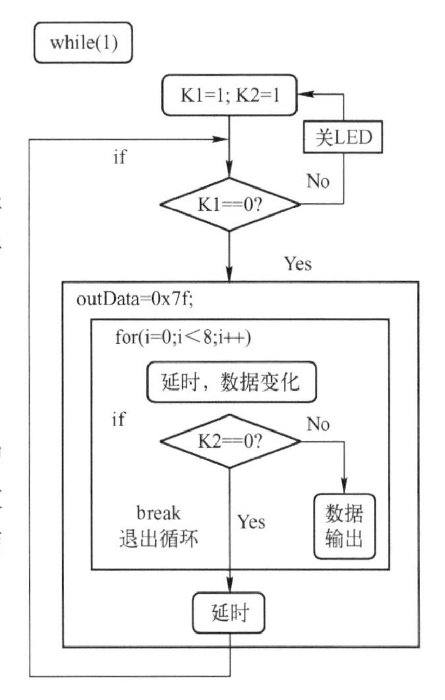

图 3-35　键控花样灯 7 的程序流程图

3.8.2　流程与程序设计

键控花样灯 7 的程序流程图如图 3-35 所示。

亮 1 个 LED 到亮 8 个 LED 的流水灯，其输出的控制数据状态见表 2-6。

程序保存为 key7.c。将 2.7.5 节的 dly_nms.h 复制到当前工程中。

```
/*  key7.c。单击 K1，执行一次流水灯后熄灭。若正在执行流水灯时单击 K2，则退出流水灯，并熄灭。*/
#include <reg51.h>
#include<intrins.h>                  //该文件包含_crol_()函数的说明
#include "dly_nms.h"                 //参见 2.7.5 节
sbit  K1=P3^2;                       //按键的位变量定义
sbit  K2=P3^3;
void  main()                         //主函数，有且只有一个
{  unsigned  char  OutData;          //变量定义
   unsigned  char  i;
   while(1)                          //无条件循环
   {     K1=1;K2=1;                  //设置输入口
         if(K1==0)                   //K1 键被按下？注意：符号==中间无空格
         {     OutData=0x7F;
               for(i=0; i<8; i++)                  //循环 8 次
               {     Dly_nms(1000);                //延时 1000ms
                     OutData=_crol_(OutData , 1); //输出数据更新
                     if(K2==0)           //K2 键被按下？注意：符号==中间无空格
                           break; //continue;      //按下 K2，则退出循环
                     P1=OutData;                   //数据输出
               }
               Dly_nms(1000);
         }
         P1=0xff;                                         //LED 熄灭
   }
}
```

3.8.3 编译、代码下载、仿真、测判

按项目 1 所述方法，先在 Keil 中新建工程 key7，然后添加源程序 key7.c、设置工程选项并编译，生成代码文件 key7.HEX。参考 2.1.7 节下载代码，设置振荡频率为 12MHz，进行仿真调试，填写表 3-12，并说明原因。

表 3-12 键控花样灯 7（break）的运行现象分析与记录

按键状态	LED 显示现象
单击 K1，3s 后再按下 K2，约 2s 后再松开	
单击 K1，6s 后再按下 K2，约 2s 后再松开	
按下 K1，10s 后再按下 K2，约 2s 后再松开	
单击 K1，1s 后再单击 K2	
单击 K1，3s 后再单击 K2	
总结 break 在此处的功能：____________________	
是否成功？____________。	自评分：____________
如何解决当单击过 K1，但 8 个 LED 未亮完时，单击 K2，有时 LED 灭了，有时 LED 不灭，即单击 K2，系统反应较迟钝的问题？	

将代码下载到实物板进行测试。

3.8.4 将 break 改成 continue 的变化

将本节程序中的 break 语句改为 continue 语句，运行现象会怎么样？参考表 3-13 进行仿真分析。

表 3-13 键控花样灯 7（continue）的运行现象分析与记录

按键状态	LED 显示现象
按下 K1，10s 再松开	
按下 K1，3s 后再按下 K2，3s 后松开 K2	
按下 K1，3s 后再按下 K2，5s 后松开 K2	
总结 continue 语句对循环结构的影响：____________________	
是否成功？____________。	自评分：____________

3.9 任务 9：一位示意计数器设计

3.9.1 任务要求与分析

1. 任务要求

控制电路如图 3-1 所示，把 8 个 LED 换成两个 BCD 数码管（可参考图 2-19，注意数

码管的高/低位与单片机引脚的高/低位一致）。要求系统上电后，自动从 0、1……到 9 递增循环显示。

显示0, 延时
显示1, 延时
显示2, 延时
显示3, 延时
显示4, 延时
显示5, 延时
显示6, 延时
显示7, 延时
显示8, 延时
显示9, 延时

图 3-36　示意计数器运行过程图

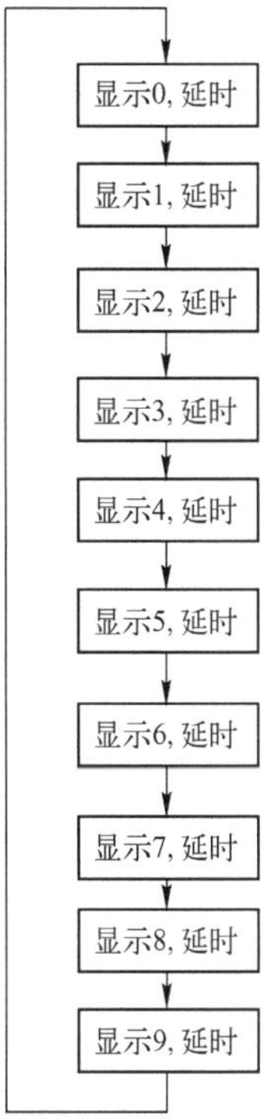

2．任务目标

（1）训练从循环任务到循环结构语句选用的能力，灵活应用各种循环语句。

（2）培养细致、周密的思维习惯。

（3）应用 2.7.5 节设计的变时长函数的头文件。

3．任务分析

按常规的顺序处理，类似的程序语句要重复书写。可以发现 10 次执行动作都一样，如图 3-36 所示，数据输出显示，再延时。只是数据不同。所以考虑用循环结构。

（1）“显示 *n*，延时”便是循环体。

（2）显示数据的初值是 0，终值是 9，显示数据的变化规律是递增。

（3）循环变量控制循环进行 10 次，即 0～9，这正好与显示数据完全一样，故循环变量与显示数据恰巧可为同一数据。

（4）0、1、2、…、9，正常显示，一到 10，就重新开始下一轮的循环，故循环条件是小于 10。

（5）循环变量&计数初值定义为 Count=0。

（6）程序框架。建立函数概念，进行模块化程序设计。因倒计数的每个状态后都需要一段时间的延时，延时程序段要多次重复执行，所以将其设计为一个函数，在需要的时候调用。可直接用 2.3.4 节或 2.7.5 节的头文件下的延时函数。程序框架图如图 3-37 所示。

主函数
{……
Dly()
……}
函数调用
延时函数Dly()

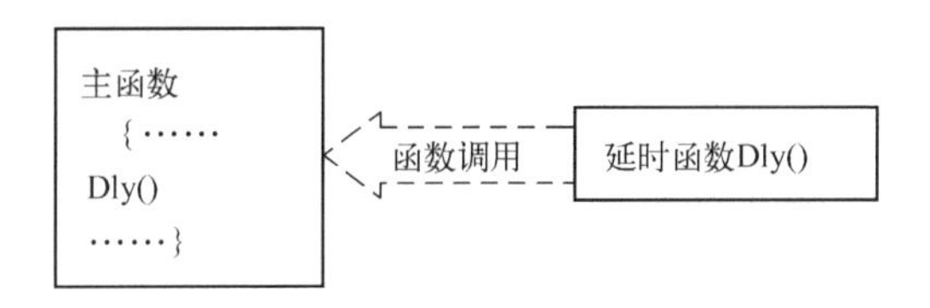

图 3-37　程序框架图

3.9.2　流程与程序设计

一位示意计数器的程序流程图如图 3-38 所示，自行补充完善如下程序。

while(1)
Count=0
while(···)
Count<10?
No
Yes
P1=Count;
延时Dly05s();
Count++

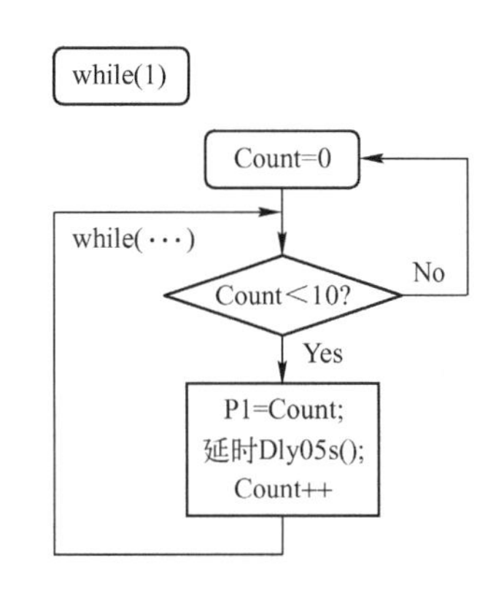

图 3-38　一位示意计数器的程序流程图

```
________________;          //包含 51 硬件资源定义的头文件
#include "dly05s.h"        //包含 2.3.4 节的自定义头文件
//需要把 dly05s.h 复制到当前工程文件夹中
void   main()              //主函数，有且只有一个
{   unsigned   char   Count; //变量定义
```

```
        while(1)                //无条件循环
        {
            ……                  //参考图 3-38 补充完整程序


        }
    }
```

3.9.3 编译、代码下载、仿真、测判

按项目 1 所述方法，先在 Keil 中新建工程 simpleCNT，然后添加源程序 simpleCNT.c、设置工程选项并编译，生成代码文件 simpleCNT.HEX。参考 2.1.7 节下载代码，设置振荡频率为 12MHz，进行仿真调试，观察现象并分析解说。

将代码下载到实物板进行测试。是否成功？_______。自评分：_______。

3.9.4 进阶设计与思路点拨 3：两位示意计数器设计

修改程序，将 3.9.1 节中的功能扩展为自动从 0、1、…、99 递增循环。

提示：循环变量初值不变，终值要达到 99，故有效条件是 Count<100。

仿真测试，观察 P1 口的数据，0～9，而后显示____、____、___、___、___、___、10～19、___、___、___、___、___、___、……。解释看到的数据规律____。

3.9.5 进阶设计与思路点拨 4：两位十进制计数器设计

计数值的存储是二进制数或十六进制数，此数从单片机一组 I/O 口（如 P1）输出，还是十六进制形式。为了符合我们的认知习惯，要在 P1 口的高/低 4 位上分别显示计数值的十位、个位。数据处理方法如下：

十位数：Count /10;

个位数：Count %10;

组合后的数据：(Count /10)<<4)|(Count %10));

从 P1 口输出处理后的计数值：P1=((Count /10)<<4)|(Count %10);

3.10 知识小结

项目 3 知识点总结思维导图如图 3-39 所示。

（1）输入→控制处理→输出。通过各种键控花样灯，建立控制系统的概念，如图 3-40 所示。单片机作为控制核心，接收输入信号并处理，再输出数据控制 LED 等显示或受控装置。其引脚就是数据输入/输出的通道。从引脚读入数据前先输出“1”，如每次读 K1 的状态前，都执行 K1=1。输入的信号最终都使引脚电平变为 0 或 1，即输入 0 或 1，如 KeyValue=P3（从 P3 引脚读入数据到变量 KeyValue）；输出就是对引脚赋值，如 P1=0，即 P1 口输出 8 位 0。

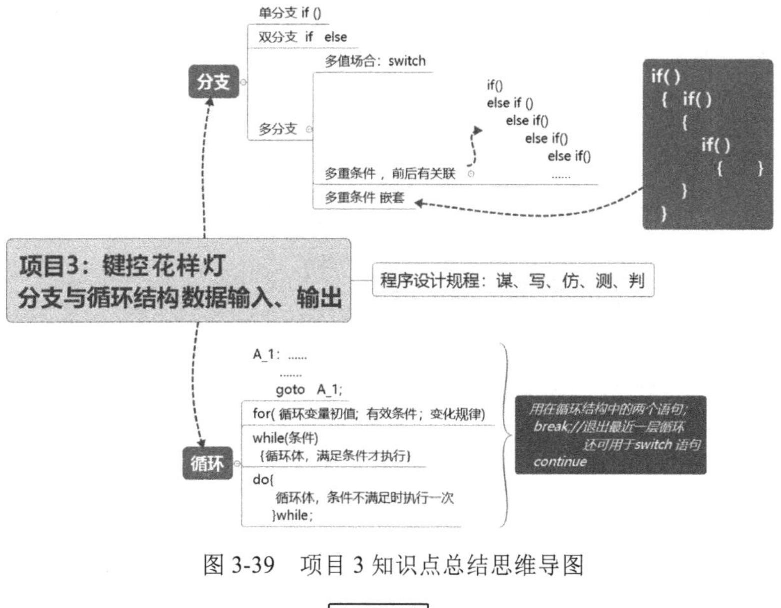

图 3-39　项目 3 知识点总结思维导图

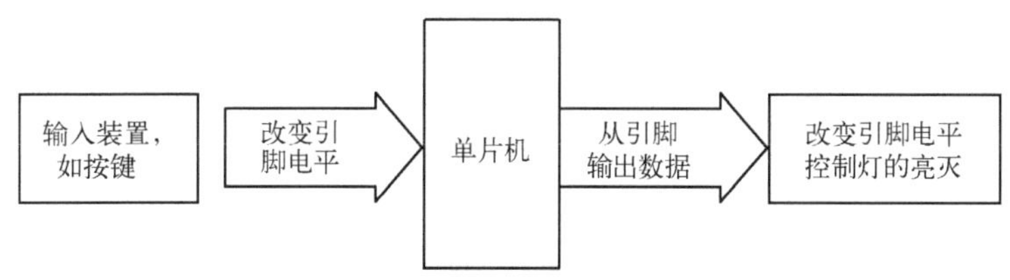

图 3-40　控制系统一般的框架

（2）掌握 C51 程序开发的步骤，建立绘制程序流程图的意识。

（3）三种基本程序结构、9 种控制语句。

三种基本程序结构为顺序、分支、循环结构。

控制语句用于控制程序流程，以实现程序的各种基本结构。共有 9 种控制语句，分成三类：选择语句、循环语句和转移语句。常用的控制语句见表 3-14。

表 3-14　常用的控制语句

if-else; switch	选择语句
for while do-while	循环语句
continue break return goto	转移语句

（4）熟悉三种基本的程序结构，能用 if、switch 构建分支结构，掌握 while、for 循环语句的应用。对于一个有条件的循环结构，应注意以下几项：

① 循环变量初值；

② 循环变量终值；

③ 循环条件；

④ 循环体及其内的数据变量规律和表达式；

⑤ 循环变量变化规律，如+1、+2、-1、-2，等等。

（5）掌握应用 Proteus 进行程序单步调试与分析，监测某些变量，根据其值的变化是否正确来判断程序语句设计是否正确。

（6）培养学习、思考、分析、记录的良好习惯。

习题与思考 3

（1）程序结构有________、________、________三种。

（2）参考图 3-6、图 3-10，试画出如下程序的流程图，比较 if-if 结构与 if-else-if 结构的差别，应用时合理选择。

```
#include "reg51.h"
#define uchar unsigned char
//宏定义，方便程序修改
#define A 50
void main()
{  uchar P1;
        for(;;)
    {   if(A>=30)P1=10;
        if (A >=20)P1=0x10;
        if (A >=10)P1=0x20;
        if (A >=5)P1=0x30;
        else P1=0;
    }
}
```

```
#include "reg51.h"
#define uchar unsigned char
//宏定义，方便程序修改
#define A 50
void main()
{  uchar a,P1;
   for(;;)
   {       if(A >=30)P1=10;
           else if (A >=20)P1=0x10;
           else if (A >=10)P1=0x20;
           else if (A >=5)P1=0x30;
           else P1=0;
   }
}
```

（3）break 和 continue 语句的区别是什么？

（4）试设计一个 0～9、9～0 的计数显示装置，用 4 个引脚的简易数码管显示。电路参考图 2-18。试分别用 if、while、for 等语句实现。

① 状态分析（见表 3-15）。

② 参考程序设计。根据任务要求，增减计数器的程序流程图如图 3-41 所示。

表 3-15　增减计数器的数据分析

状态	数据	状态	数据
状态 1	0	状态 11	9
状态 2	1	状态 12	8
状态 3	2	状态 13	7
状态 4	3	状态 14	6
状态 5	4	状态 15	5
状态 6	5	状态 16	4
状态 7	6	状态 17	3
状态 8	7	状态 18	2
状态 9	8	状态 19	1
状态 10	9	状态 20	0
下一状态=上一状态数据+1		下一状态=上一状态数据-1	

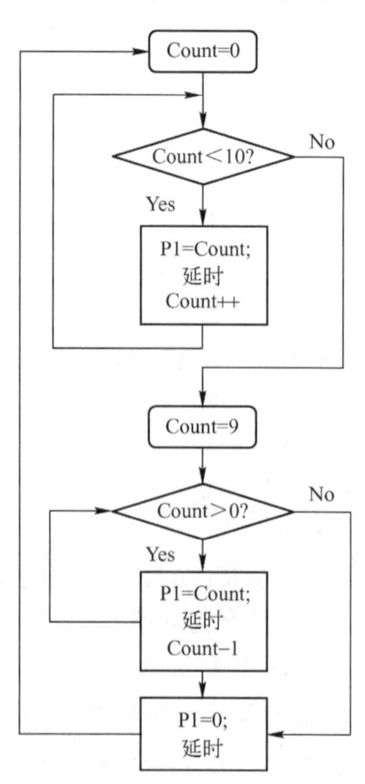

图 3-41　增减计数器的程序流程图

新建工程 Add_Subb_CNT，程序保存为 Add_Subb_CNT.c，并添加到工程中。

```
/*   Add_Subb_CNT.c，0-9,9-0,循环，每个数显示约 1s。*/
#include<reg51.h>
//包含延时函数头文件，详见 2.7.5 节，需要把 dly_nms.h 复制到当前工程文件夹中
#include "dly_nms.h"
void   main(void)
  {    unsigned   dhar   Count;
         for( ; ; )                                    //外层无条件循环
          {
        for ( ______________________________ )         //内层第 1 个循环，0～9 递增
            {   P1=Count;
                Dly_nms(1000);//调用延时函数
            }
         for( Count=9; Count>0; Count-- )              //内层第 2 个循环，9～1 递减
            {    P1=Count; Dly_nms(1000);
            }
         P1=0;   Dly_nms(1000);                        //显示 0
         }
  }
```

注意：将下句中的 Count>0 改为 Count=0，会如何？仿真分析，试解释原因。

```
for(Count=9;   Count>0;   Count--)          //内层第 2 个循环
```

修改程序，自动从 0、1、…、99，再从 99、98、…、0。如此递增、递减循环。

仿真设计，观察到的现象是______________________________。

（5）修改第（4）题，增加一个按键 K1 来控制正计数，即当按下 K1 时，计数一次。

（6）修改第（5）题，再增加一个按键 K2，当按下 K2 时，倒计数 9～0；两个按键不能同时按下。键一松开，不计数。

（7）执行以下语句，请分析 b 的值是多少。

```
int   a=1,b=0;
if ( !a )   b++;
     else   b=3;
if ( a+2==3)   b+=2;
     else   b+=3;
```

（8）假设"int x=1,y=0,z=2;"则 x<y<z 的结果为 1，试说明理由。

项目 4　逻辑思维训练

项目目标

（1）掌握几个经典问题的程序设计方案，如统计、推理、穷举、逻辑运算、排序等。

（2）学习基于工程教育理念的五步法程序设计流程：**谋（分析）、写（编写）、仿（仿真）、测（测试）、判（判断）。**

（3）掌握算法设计的一般流程，即对实际问题的分析并抽象出必要的变量和常量等数据→确定数据类型→分析、推导出数据的变化规律及可能相互关系→重要的表达式。

（4）借助流程图规划、整理思路，应用计算机编程的手段训练逻辑思维习惯与能力，从而提升分析问题和解决问题的能力。从经典问题编程中体会运算、程序设计的乐趣和魅力。

项目知识与技能要求

（1）理解数据类型及其与存储的关联。

（2）掌握 C51 中数据的存储特点。

（3）掌握 printf 语句的书写格式，应用它从串口输出数据，以便跟踪分析。掌握用 Proteus 的虚拟终端观测串口输出数据，并做出成败的判断。

（4）掌握数组的应用。

（5）掌握外部函数的调用，认识多文件组织框架。

4.1　任务 1：用 printf 语句输出各种类型数据

1. 任务要求

用 printf 语句从单片机的串口输出不同类型变量的值。

2. 任务目标

（1）理解数据是事物的数学表达。学习将实际问题进行数学抽象处理，表示为不同形式的数据，这些数据可能为常量或变量。

（2）理解数据存储及类型。数据要表达、处理就必须存储在物理存储器中。因单片机的资源有限或为存储、访问效率考虑，根据数据长短不等的属性将数据分类，从而有了不同的数据类型。

（3）掌握常用的非结构型的数据类型，如位、字符、整型、浮点等。

（4）掌握 printf 语句中常用的输出格式，用 printf 语句从串口输出数据以便检测。

3. 任务分析

（1）数据准备，即合理设计变量类型并对它们进行赋值；相关知识将在 4.1.1 节～

4.1.5 节讲解。

（2）printf 语句相关知识将在 4.1.6 节讲解。

（3）串口设置相关内容在 1.4 节已接触过。

4.1.1　数据是对描述对象的数学抽象

例如我们要表示以下对象：

人的身高：172cm。

人的性别：男。

人的姓名：张三。

一斤芹菜的价格：1.8 元。

一周内每天的名称：星期一、星期二、星期三、星期四、星期五、星期六、星期天。

一个三角形：相邻两条边及其夹角。

一个长方体：长、宽、高。

幼儿园一个小班 20 个小朋友的身高：85cm、90cm、78cm、95cm、92cm、90cm 等。

从以上对象可以看出，不同对象的数据抽象表达是不一样的。有的是字符串，如姓名；有的是小数，如价格；有的是一串数据，如幼儿园小朋友的身高；有的数据表达是固定的形式，如一周的日期；有的需要多个数据才能表达，如三角形、长方体等。要正确表示这些数据，就要对它们赋以合适的数据类型，反映数据的长短等特点，数据类型也决定了数据的存储形式。

4.1.2　C51 的数据类型

凡是数据，都要存放在存储单元中，数据类型就是指数据的存储格式。**数据类型决定数据所占内存字节数、取值范围及其可进行的操作。**编译时根据数据类型为数据分配存储空间。

C51 的数据类型与标准 C 语言的数据类型基本相同，基本数据类型中增加了专门针对 51 内核单片机的特殊功能寄存器型和位类型。复杂数据类型由基本数据类型构造而成，有数组、结构、联合、枚举等，与 ANSIC C 相同，如图 4-1 所示。

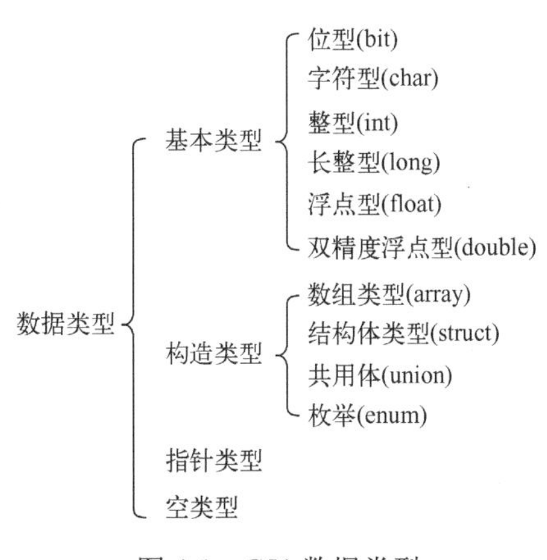

图 4-1　C51 数据类型

C51 具体支持的基本数据类型及其长度、值域见表 4-1。

表 4-1　C51 基本数据类型

变量名称	符　号	类　型	数据长度	值　域
字符型	有符号	signed char	8 位	−128～+127
	无符号	unsigned char	8 位	0～255
整数型	有符号	signed int	16 位	−32 768～+32 767
	无符号	unsigned int	16 位	0～65 535

续表

变量名称	符 号	类 型	数据长度	值 域
长整型	有符号	signed long	32 位	-2^{31}～$2^{31}-1$
	无符号	unsigned long	32 位	0～$2^{32}-1$
浮点型	有符号	float	32 位	±1.175494E-38～±3．402823E+38
位类型		bit	1 位	0 或 1
特殊位类型		sbit	1 位	0 或 1
8 位特殊功能寄存器型		sfr	8 位	0～255
16 位特殊功能寄存器型		sfr16	16 位	0～65 535
一般指针		3 字节		指针指向变量的存储器类型（1 字节）；指针的地址（2 字节）

有符号的数据，其字节的最高位为符号位，“0”表示正数，“1”表示负数。对于负数，存储时以补码表示。

字符型、整型、长整型默认为有符号数据，定义时要注意。

长整型数据与整型数据的存储结构都是高位字节数存放在低地址单元中，低位字节数存放在高地址单元中。

1．位类型：bit、sbit

位类型是 C51 中扩充的数据类型，用于访问 51 内核单片机中的可位寻址单元，包括 bit 型和 sbit 型，它们在内存中只占 1 个二进制位，其值可以为“0”或者“1”。利用它们可以定义一个位变量，但不能定义位指针、位数组。

sbit 专用于特殊功能寄存器中可寻址的位；而 bit 定义普通的位变量，其地址由 C51 编译器编译时安排。

所有的普通位变量都存储在单片机的内部数据存储区中的位段中。这个区域只有 16 字节长，所以在此范围内最多可存储 128 位变量。

在位变量的声明中可以包含存储类型 bdata，其他存储类型无效。例如：

```
bit  bdata  run_or_stop;          //定义位变量 run_or_stop
```

注意：使用显式寄存器声明的函数(using n)不能返回位型数据，不能定义一个位型的指针变量，不能定义一个位型的数组。

```
bit  *ptr;                        //×，不能定义一个位型的指针变量；
bit  ware [5];                    //×，不能定义一个位型的数组
```

2．特殊功能寄存器型：sfr、sfr16

特殊功能寄存器型也是 C51 中扩充的数据类型，用于访问 51 内核单片机中的特殊功能寄存器中的数据，包括 sfr 和 sfr16 两种类型。

sfr 为字节型特殊功能寄存器类型，占用 1 字节单元，利用它可以访问 51 内核单片机中所有的特殊功能寄存器。

sfr16 为双字节型特殊功能寄存器类型，占用 2 字节单元，利用它可以访问单片机中 2 字节的特殊功能寄存器。

4.1.3　标识符与关键字

1．标识符

标识符是 C 语言中用来标识唯一的对象的符号，如变量名、常量名、数据类型的名称、命令的名称等。

注意：（1）标识符由字母、数字和下画线组成，但必须由字母或者下画线开头，且最好能“见名知意”，建议用英文或拼音；（2）标识符大小写敏感，如 My 与 my 是两个不同的标识符；（3）注意字形相似的字符，如数字 1 与字母 I、字母 o 与数字 0 等。

2．关键字，即专用标识符

关键字是特殊的标识符，是 C51 已定义的具有固定名称和特定含义的标识符，也称保留字。标准 C 语言中规定的关键字有 32 个。C51 编译器除了支持 ANSI C 标准的关键字，还扩展了适应 51 内核单片机要求的关键字。

C51 扩展关键字如下：

bdata data idata pdata xdata code bit sbit sfr sfr16 _at_ _task_ _priority_ reentrant interrupt using small compact large alien volatile far

注意：自定义的标识符不能与关键字及系统预先定义的标准标识符（如标准函数）同名。例如，不能定义一个名为 main 或 data 的变量。

4.1.4　常量与变量

数据有常量和变量之分。在程序运行中其值可以改变的是变量，不能改变的量是常量。

1．常量

常量可以是字符、字符串、转义字符、十进制数或十六进制数（用 0x 开头表示）、浮点数等直接常量或自定义的符号常量。

（1）整型常量。可以表示为十进制数如 123、0、-8 等。十六进制数则以 0x 开头，如 0x34。长整型就在数字后面加字母 L，如 10L、0xF340L 等。

（2）浮点型常量。分为十进制和指数表示形式。

十进制数由数字和小数点组成，如 0.888、3345.345、0.0 等，整数或小数部分为 0 时可以省略 0 但必须有小数点。

指数表示形式为[±]数字[.数字]e[±]数字。[ ]中的内容为可选项，其中内容根据具体情况可有可无，但其余部分必须有，如 123e3、5e6、-1.0e-3，而 e3、5e4.0 则是非法的表示形式。

（3）字符型常量是单引号内的字符，如‘a’、‘d’等。

（4）字符串型常量由双引号内的字符组成，如"hello"、"english"等。当引号内没有字符时，为空字符串。

（5）用标识符代表的常量称为符号常量。一般将符号常量大写，定义方式如下：

① 用宏定义语句定义常量，例如：

```
#define  PI  3.1415926                //定义 PI 为常量 3.1415926
```

② 用 const 语句定义常量，例如：

```
const  unsigned  char xx=0xAB;         //定义 xx 为无符号 char 型常量 0xAB
```

符号常量的好处：含义清楚，见名知意；修改方便，一改全改。

2．变量

变量由变量名和变量值构成；**变量名**是存储单元地址的符号表示；**变量值**是该地址单元存放的内容；一个变量一旦被定义，编译系统就会自动为它安排存储单元；变量必须先定义后使用，定义时必须说明其数据类型，也可说明其存储器类型，这样编译系统才能为其分配相应的存储空间。变量的定义格式：

```
[存储种类] 数据类型 [存储器类型] 变量名表;
```

举例说明变量定义相关情况：

```
char  data xl;     //在片内 RAM 低 128B 范围内定义用直接寻址方式访问的字符型变量 x1
int  bdata  x2;   //在片内 RAM 20H～2FH 定义整型变量 x2
unsigned int  code  led[6];       //在 ROM 空间定义无符号整型的数组变量 led[6]
unsigned  char  idata  x4;       //在片内 RAM 256 个单元内定义无符号字符型变量 x4
```

3．“4.1.1 节”中的各种对象定义

人的身高：172cm

```
int  Person_tall=172;
```

人的性别：男、女

```
bit  Person_sex=1;                //1 表示男；0 表示女
```

人的姓名：张三

```
char  name=“张三”;
```

一斤芹菜的价格：1.8 元

```
float  Price=1.8;
```

一周内每天的名称：星期天、星期一、星期二、星期三、星期四、星期五、星期六，定义为枚举型。

```
enum  Date={星期天,星期一,星期二,星期三,星期四,星期五,星期六};
```

一个三角形需要用 3 个数据表达：相邻两条边及其夹角，把三角形定义为结构体 Tringle。

```
struct  Tringle
{ int  leg1 ;
int  leg2 ;
char  angle ;  };
```

一个长方体需要用 3 个数据表达：长、宽、高，把长方体定义为结构体 changfang。

```
struct  changfang
{int  long ;
int  wide ;
int  high ;  };
```

幼儿园一个小班 20 个小朋友的身高：85cm、90cm、78cm、95cm、92cm、90cm，它们是同种类型的数据集合，定义为数组 child_high[20]：每个人的身高数据都是数组的“元素”。

```
unsigned  char  child_high[20]={ 85,90,78,95,92,90 };
```

4.1.5 宏定义（#define）、数据类型的重新命名（typedef）

1. 宏定义（#define）的一般格式

```
#define   宏名  宏体                                   //注意后面没有分号
```

#define 为一宏定义语句，通常用它来定义常量（包括无参量与带参量），以及用来实现那些“表面似和善、背后一长串”的宏，可缩短程序。当需要改变宏时，只要修改宏定义处即可，所以可读性和维护性好。例如：

```
#define  ASTRING  "This is a test variable"   //无参数的宏
#define  MAX(x,y)   (x)>(y)?(x):(y)           //带参数的宏，与简单的函数具有相同的功能
```

宏定义中使用必要的括号()。

程序中如果多次使用宏，会占用较多的内存，但执行速度较快。

#define 是预处理指令，在编译预处理时进行简单的替换，不进行语法检查，不管含义是否正确都照样代入，只有在编译已被展开的源程序时才会发现可能的错误并报错。例如：

```
#define  PI  3.1415926
```

程序中的 area=PI*r*r 会替换为 3.1415926*r*r。但如果在#define 语句把数字 9 写成字母 g，预处理也照样代入，而在编译时才有可能报错。故难以发现潜在的错误及其他代码维护问题。

2. 数据类型重命名（typedef）

typedef 常用来定义一个标识符及关键字的别名，并非产生一个新的数据类型，当然

也不分配内存空间。重定义的格式：

```
typedef 原类型名  新类型名;                    //注意后面有分号
```

例如：

```
typedef  unsigned  char  Uchar;
Uchar  a , b ;
```

等价于

```
unsigned  char  a , b ;
```

如此定义后，程序中所有的 unsigned char 用 Uchar 来书写，编译时 Uchar 被 unsigned char 替换。

typedef 没有创造新数据类型；typedef 只能定义类型，不能定义变量。

使用 typedef 可以方便程序的移植和简化较长的数据类型定义。用 typedef 还可以定义结构类型。

3．#define 与 typedef 的区别

#define：预编译时处理简单字符置换，一般定义“可读”的常量以及一些宏语句的任务。

typedef：常用来定义关键字、冗长的类型的别名，编译时处理为已有类型命名。

注意以下区别：

```
#define  int_ptr  int *
int_ptr  a , b ;
```

相当于 int * a, b;，只是简单的宏替换，即 a 是指针，而 b 只是一个 int 类型的数据。

```
typedef  int*  int_ptr;
int_ptr  a,  b;  //a , b 都为指向 int 的指针，typedef 为 int* 引入了一个新的助记符
```

4.1.6 C51 的输入/输出函数

C51 语言本身未提供输入和输出语句，输入和输出操作是通过函数实现的。在 C51 的函数库中提供了一个名为“stdio.h”的标准 I/O 函数库，其中包含了输入/输出函数。当使用输入和输出函数时，需先用预处理命令“#include<stdio.h>”将该函数包含到文件中。

（1）格式输出函数 printf

函数功能：通过单片机的串口输出若干任意类型的数据。

格式：printf(格式控制,输出参数表);

格式控制是用双引号括起来的字符串，它包括三种信息：格式说明符、普通字符、转义字符。

① 格式说明符：由百分号“%”和格式字符组成，其作用是指明输出数据的格式，

如%d、%c、%s 等，详细情况见表 4-2。

表 4-2　printf( )函数的格式字符

格式字符	数据类型	输 出 格 式	样例	输出结果
d,i	int	有符号十进制数	int a=567;printf (“%d”,a);	567
u	int	无符号十进制数	int a=567;printf(“%u”,a);	567
o	int	无符号八进制数	int a=65;printf(“%o”,a);	101
x, X	int	无符号十六进制数	int a=255;printf(“%x”,a);	ff
f	float	十进制浮点数	float a=567.789;printf(“%f”,a);	567.78900
e, E	float	科学计数法的十进制浮点数	float a=567.789;printf(“%e”,a);	5.677890e+02
g, G	float	自动选择 e 或 f 格式，较短的一种	float a=567.789;printf(“%g”,a);	567.789
c	char	单个字符	char a=65;printf(“%c”,a);	A
s	string	带结束符的字符串	printf(“%s”, “ABC”);	ABC
%%		百分号本身	printf(“%%”);	%
p	pointer	指针	char a=5;*pt=&a; printf(“%p\n”,pt);	输出 a 的地址

② 普通字符：这些字符按原样输出，主要用来输出一些提示信息。

③ 转义字符：由“\”和字母或字符组成，它的作用是输出特定的控制符，如转义字符\n 的含义是输出换行，详细情况见表 4-3。

表 4-3　常用的转义字符

转义字符	含　义	ASCII 码
\0	空字符	0x00
\n	换行符	0x0A
\r	回车符	0x0D
\t	水平制表	0x09
\b	退格符	0x08
\f	换页符	0x0C
\’	单引号	0x27
\”	双引号	0x22
\\	反斜杠	0x5C

举例：用 printf 函数输出（假设各变量已经定义并赋值）。

```
printf( “x=%bu” ,36) ;    //从串口输出 x=36
printf( “y=%d” ,y) ;     //从串口输出 y=y 变量的值
printf( “c1=%c , c2=%c” , ‘A’ , ‘B’ ) ;           //从串口输出 c1=A，c2=B
printf( “%s\n” , “OK, Send  data  begin!” ) ;     //从串口输出 OK,Send data begin!换行
```

（2）格式输入函数 scanf

函数功能：通过单片机串口实现各种数据输入。

格式：**scanf(格式控制,地址列表)**

格式控制与 printf 函数类似，也是用双引号括起来的一些字符，包括三种信息：格式说明符、普通字符和空白字符。

① 格式说明符：由百分号“%”和格式字符组成，指明输入数据的格式，见表 4-2。

② 普通字符：在输入时，要求这些字符按原样输入。

③ 空白字符：包括空格、制表符和换行符等，这些字符在输入时可被忽略。

地址列表：接收到的数据应保存在存储器中的位置，是由若干个地址组成的。它可以是指针变量、变量的地址、数组名、数组元素地址或字符串首地址等。

例如：

```
scanf(“%d%d”,&y,&z);        //以十进制形式分别输入变量 y 和 z 的值
scanf(“%c%c”,&c1,&c2);      //以字符形式分别输入变量 c1 和 c2 的值
scanf(“%s”,str1);       /*输入字符串，该字符串存入以指针变量 str1 所指向的位置为首地址
的内存单元*/
```

注意：在 C51 的 I/O 函数库中定义的 I/O 函数，都是通过串口实现的。如果使用 I/O 函数，必须对串口初始化，如初始化串口的工作方式、波特率等。

4.1.7 从单片机串口输出各种数据

1．程序编写、编译

参考 1.4 节建立工程，工程名为 d_type，编写、编译如下程序，并在 Keil 中查看输出的数据。理解各类型的数据长度、各种输出形式的表达。

```
//----------------------------------------
//d_type.c    各种类型的数据输出
//------------------------------------------
#include<stdio.h>
#include<reg51.h>
typedef  unsigned  char  Uchar;                                   //数据类型重新定义
typedef  unsigned  int  Uint;
typedef  unsigned  long  Ulong;
/*---------------------------------------------
串口初始化函数，为应用 printf 函数而设，11.059MHz，波特率为 9600Bd
--------------------------------------------*/
void  serial_init(void)
{
    SCON  = 0x50;                /* SCON：串口模式 1，8 位异步通信，接收使能  */
    TMOD |= 0x20;                /* TMOD：T1，方式 2，8 位自动重载初值         */
    TH1   = 0xfd;                /*11.0592MHz，波特率为 9600Bd 的定时器初值 */
    TL1   = 0xfd;
    TR1   = 1;                   /* TR1：启动定时器 1       */
    TI    = 1;                   /* TI，串口发送中断标志：令其发送第一个数据   */
}
void  main(void)                 //主函数
{
   char  a;                      //字符型变量 a
   int  b;                       //整型变量 b
   long  c;                      //长整型变量 c
```

```
    Uchar   x;                          //无符号字符型变量 x
    Uint    y;                          //无符号整型变量 y
    Ulong   z;                          //无符号长整型变量 z
    float   f, g;                       //浮点型变量 f、g
    char    buf[]="TestString";         //字符型数组变量 buf
    char    *p=buf;                     //字符型指针变量 p
    a= 0x3a;                            //对变量赋值
    b= -12365;
    c= 0x7FFFFFFF;
    x= 'A';
    y= 54321;
    z= 0x4A6F6E00;
    f= 10.0;
    g= 22.95;
    serial_init( ) ;                    //调用串口初始化函数
//以各种十进制形式输出，结果为 char:a=:;a=58; int:b=-12365; long:c=2147483647;
    printf("char:a=%c;a=%bd; int:b=%d; long:c=%ld;\n",a,a,b,c);

//以无符号十进制形式输出，结果为 Uchar:x=A;x=65; Uint:y=54321; long:z=1248816640;
    printf("Uchar:x=%c;x=%bu; Uint:y=%u; Ulong:z=%lu;\n",x,x,y,z);

//以十六进制形式输出，结果为 xchar:x=41; xint:y=d431; xlong:z=4a6f6e00;
    printf("xchar:x=%bx; xint:y=%x; xlong:z=%lx;\n",x,y,z);

//以指针形式输出，结果为 String:buf[]= TestString; is at address:p=i:0038;
    printf("String:buf[]= %s; is at address:p=%p;\n",buf,p);
    printf("float:f=%f!=%g\n",f,g);         //float:f=10.000000!=22.95
    while(1);
}
```

2．在 Keil 的串口窗口查看各数据的输出

参考 1.4.2 节，进行程序调试与分析。

（1）编译成功后，单击🔍进入调试状态。

（2）单击▦，打开观察窗口，在程序运行时可观察各变量的值，如图 4-2 所示。

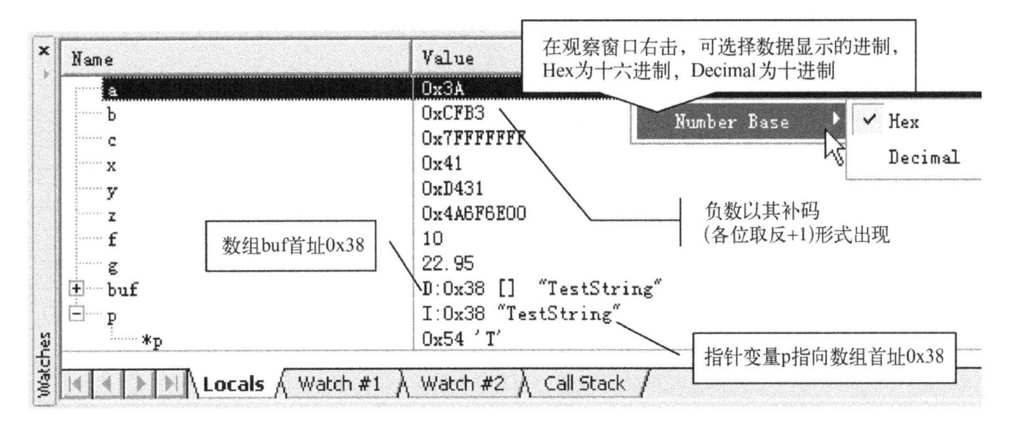

图 4-2　在观察窗口中查看工程 d-type 各变量的值

（3）单击，打开串行窗口 1。本 d-type 工程全速运行，在 Serial #1 中输出各变量的值，如图 4-3 所示。

```
Serial #1
char:a=:;a=58; int:b=-12365; long:c=2147483647;
Uchar:x=A;x=65; Uint:y=54321; Ulong:z=1248816640;
xchar:x=41; xint:y=d431; xlong:z=4a6f6e00;
String:buf[]= TestString; is at address:p=i:0038;
float:f=10.000000!=22.95
```

图 4-3　进入调试状态，出现调试工具栏

最后程序停在“while (1) ;”语句上。此时，只有单击暂停工具按钮才能中止运行，暂停工具按钮由红色变为灰色。接着单击，退出调试。

4.1.8　数据的存储器类型

C51 应用程序中使用的任何数据都必须以一定的存储器类型保存于单片机的相应存储区域中。51 内核单片机中程序存储器与数据存储器严格分开。数据存储器又分为片内、片外两个独立的寻址空间，特殊功能寄存器与片内 RAM 统一编址，如图 4-4 所示。

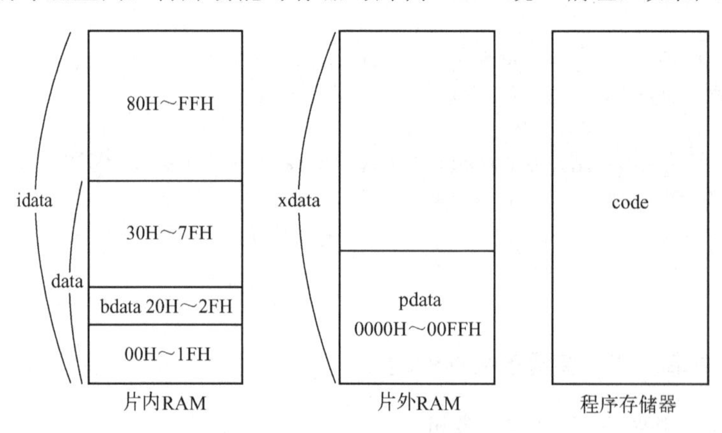

图 4-4　51 单片机存储器结构

使用汇编指令访问这些存储器时，通常使用不同的指令即可。而在 C51 中访问这些存储器时，是通过对变量定义不同存储类型来说明该变量保存于存储器的哪个位置的。

C51 编译器支持的存储器类型见表 4-4。

表 4-4　C51 存储器类型表

存储器类型	与硬件存储器空间的对应关系
data	直接寻址的片内 RAM 低 128B，访问速度最快
bdata	片内 RAM 可位寻址区（20H～2FH），允许字节和位混合访问
idata	用 Ri 间接寻址的片内 RAM 全部地址空间（256B）
pdata	用 Ri 间接访问的片内扩展 RAM 或片外扩展 RAM 低 256B
xdata	用 DPTR 间接访问的片内扩展 RAM 或片外扩展 RAM（64KB）
code	程序存储器 ROM 空间（64KB）

4.1.9 C51 变量的存储模式（编译模式）

在定义变量时省略了存储器属性，编译程序按照存储模式（如在 Keil 软件中操作菜单 Project → Options for Target 'Target 1'...，在弹出的对话框中选择第二个页面上的选项 Memory Model: Small: variables in DATA）进行设置。若定义变量时指定了存储器类型，则编译程序优先以该存储器类型为变量分配存储空间。

C51 有三种存储模式：small、compact 和 large，以适应不同规模的程序。如果文件或函数未指明编译模式，则编译器按 small 模式处理。

C51 的数据存储模式见表 4-5。

表 4-5 C51 的数据存储模式

存储模式	说　明	优 缺 点
small	参数和局部变量存于可直接寻址的片内 RAM（最大 128B，默认存储器类型为 data）	变量存储、参数的传递通过寄存器、堆栈或片内数据存储区完成。存储容量小，但速度快
compact	参数和局部变量存于片内扩展 RAM 或片外扩展 RAM 区低 256B 中（默认存储器类型为 pdata）。参数的传递经片外数据区的一个固定页完成	堆栈的默认存储区域也是“pdata”。空间比 small 大，速度较 small 模式慢，但比 large 模式快
large	参数和局部变量直接存于片内扩展 RAM 或片外扩展 RAM 中（最大 64KB，默认存储器类型为 xdata）。参数的传递经片外数据存储器完成	用数据指针 DPTR 来寻址变量，堆栈也在此。空间最大，但速度较慢，产生的机器码较多

由于各种存储模式在访问效率、代码长度、变量总长度等方面各有优缺点，C51 编译程序还支持混合模式，即不管存储模式如何，把经常使用的变量存放于片内 RAM，大块数据则存放于扩展 RAM，而将其指针存放于片内 RAM 中。

了解混合模式：C51 支持混合模式，即可以设置函数编译模式，所以在 large 模式下，可以将某些函数设置为 compact 模式或 small 模式，从而提高运行速度。编译模式控制命令“#pragma small（或 compact、large）”应放在文件的开始。未指明编译模式的文件或函数按 small 模式处理，如

```
#pragma  small                          //变量的存储模式为 small
char  x,y;                              //两个变量 x、y 的存储器类型为 data
int  func1(int  x1,int  y1)  compact    //函数的存储模式为 compact
{……}
```

4.1.10 在 Keil 中查看各变量的存储地址及数值

将 4.1.7 节中 d_type.c 程序的变量定义部分修改如下，保存为 d_type_1.c，试比较有无存储器类型时的数据存储情况。

```
char  data  a;
int  bdata  b;
long  xdata  c;
Uchar  idata  x;
Uint  y;
Ulong  pdata  z;
```

```
    float  f, g;
    char   code buf[]="TestString";
    char   *p=buf;
```

程序经编译后会产生.M51 文件，由此可查看各变量的存储地址。

图 4-5 左侧为 d_type 工程的 M51 文件截图，可看出变量定义时未指定存储器模式，大部分变量自动存储在片内 RAM 中，基本上也都连续存放。而增加了存储器类型的变量，其地址相应保存在片内 RAM（地址前导指示符 D、I）、ROM（C）或片外 RAM（X）中，如图 4-5 右侧所示。

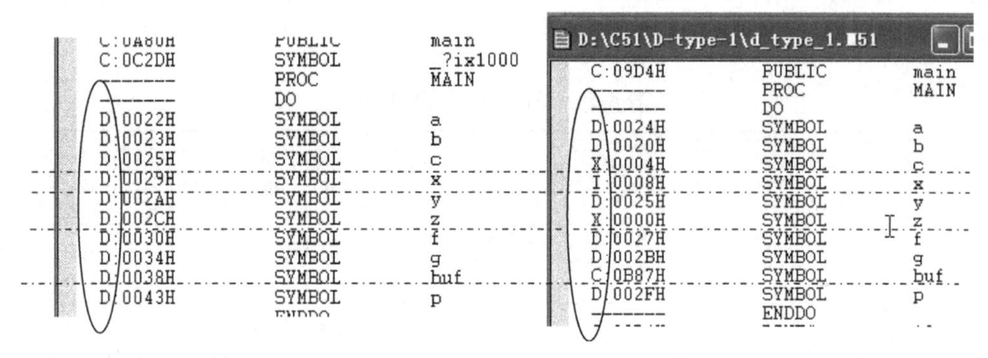

图 4-5　在 M51 文件下查看各变量的地址（左为默认分配，右为根据存储类型分配变量地址）

两者对比见表 4-6，未写出的请参考图 4-5 右侧补上。

表 4-6　有、无存储器类型定义的变量存储情况比较

变量	变量占的字节	变量的地址（大都在片内 RAM 中）	有存储器类型的定义	存储器类型：变量的地址
char a;	1	22H	char **data** a;	D:24H
int b;	2	23H、24H	int **bdata** b;	D:20H、21H
long c;	4	25H～28H	long **xdata** c;	X:4～7，长整型，占 4 字节，在片外 RAM 中
Uchar x;	1	29H	Uchar **idata** x;	I:8
Uint y;	2	2AH、2BH	Uint y;	D:25H、26H
Ulong z;	4	2CH～2FH	Ulong **pdata** z;	X: 0～3，长整型，占 4 字节，在片外 RAM 中
float f,g;	4	30H～33H，34H～37H	float f,g;	D:27H～2AH（f 占的地址） D:2BH～2EH（g 占的地址）
char buf[]= "TestString";	11	38H～42H	char **code** buf[]="TestString";	C:0B87H～0B91H
char *p=buf; 指针，指向字符型数组首址	1，p	片内 RAM 的 43H 中	char *p=buf;	D:2FH

如 1.4.2 节，在 Keil 中对程序调试时，还可打开观察窗口查看运行中变量的值；打开串行窗口，查看 printf 语句输出的内容；打开存储器窗口，可根据变量的存储空间查看各变量的存储区域地址及内容。如图 4-6 右下角所示，在存储窗口的 ROM 的 0x0B87～0x0B91 中存放数组的 10 个字符，在该窗口右击还可选择数据显示数制，当前是 ASCII 码制，所以看到是 TestString。

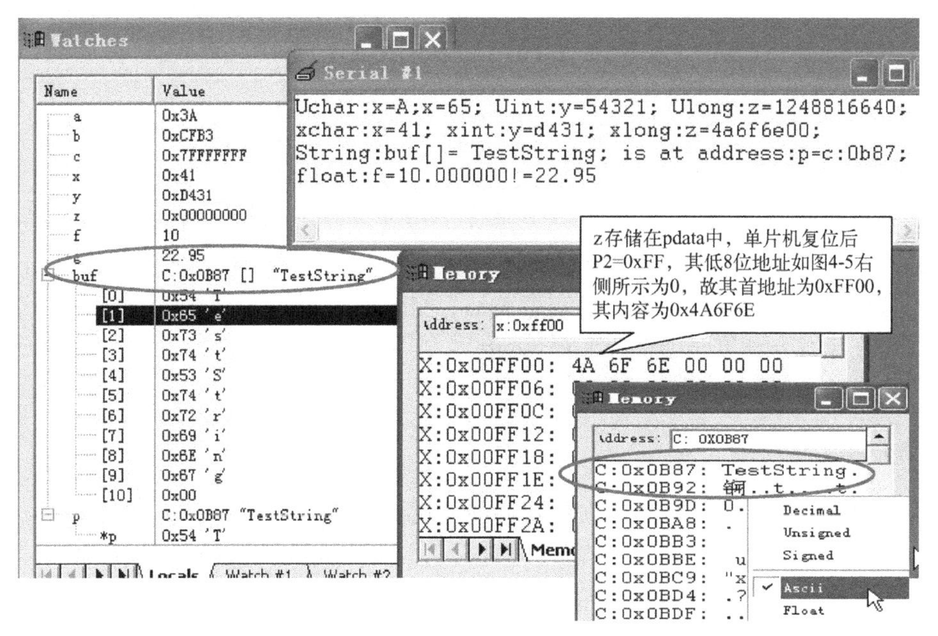

图 4-6　对 d_type_1.c 进行调试时，各窗口的情况

4.2　任务 2：歌星大赛计分——简单统计运算

4.2.1　任务要求与分析

1．任务要求

在歌星大奖赛中，有 10 位评委为参赛的选手打分，分数为 1～100。选手最后得分为：去掉一个最高分和一个最低分后其余 8 个分数的平均值。请编写一个程序实现。

2．任务目标

（1）学习将对象抽象为数据，将任务抽象为一系列数据的运算。
（2）学会求一串数据的最大值、最小值，学习变量设置及其数据类型、初值设计。
（3）学习使用 scanf 输入语句、printf 输出语句。

注意：输出无符号字符型数据时输出格式符为%bu。

（4）掌握 Proteus 中虚拟终端（Virtual Terminal）的应用。

3．任务分析

根据评分规则，分 3 个小任务：
（1）求 10 位评委的分数之和；
（2）找出最高分、最低分；
（3）和数为减去最高分和最低分，再除以 8。

4.2.2 算法设计

1. 确定哪些变量

（1）10 位评委的分数通过键盘一一输入，设置一个变量 Score 表示每位评委的打分，另设置一个计数变量，以保证不多不少输入 10 个分数，计数变量设置为 numb。

（2）为最高分、最低分分别设置变量 Max、Min。

（3）为最后得分设置一个变量 Last_score。

（4）为和数设置一个变量 Sum。

2. 数据类型的考虑

（1）因为分数经除法后可能存在小数，故最后的分数 Last_score 应是 float 型。

（2）每位评委给出的分数范围在 0～100，假设要求是无符号整数，故 Score 的数据类型可设为无符号字符型 unsigned char。

（3）10 位评委的分数之和最大为 1000，故和数 Sum 是无符号整型 unsigned int。

3. 以上三个分任务的算法设计

一边输入数据，一边求和，一边求最大值、最小值。

（1）各变量初值的设计

计数变量 numb=0，每输入一个数，numb=numb+1，累计到 10。

最高分：Max=0。最低分：Min=100。和：Sum=0。

（2）求和

每输入一个分数与 Sum 累计相加，Sum=Sum+Score。

（3）求 Max

输入的分数一一与 Max 比较，若大于 Max，则以该分数赋值给 Max，10 个分数比较完，Max 的值就是分数中的最大值。

（4）求 Min

输入的分数一一与 Min 比较，若小于 Min，则以该分数赋值给 Min，10 个分数比较完，Min 的值就是分数中的最小值。

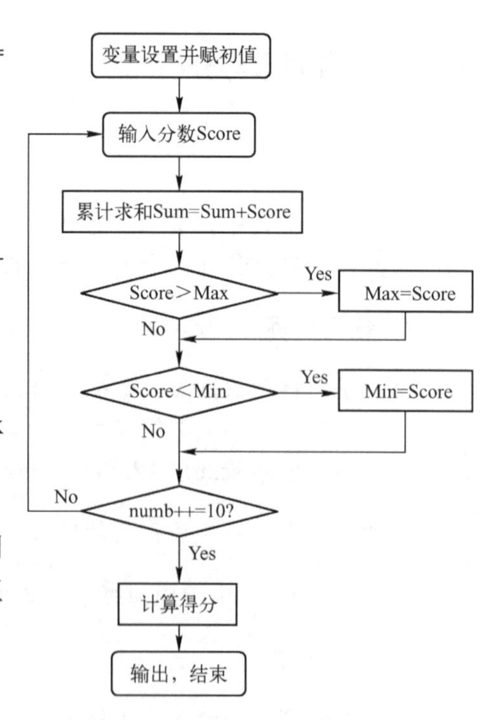

图 4-7　歌星大赛计分的程序流程图

4.2.3 流程与程序设计

歌星大赛计分的程序流程图如图 4-7 所示。

程序保存为 42.c。工程保存为 42.uv2。

```
#include<reg51.h>
#include<stdio.h>
typedef   unsigned   char   Uchar;
typedef   unsigned   int   Uint;
//串口初始化函数，11.059MHz，波特率为 9600Bd
void   serial_init(void)
{
     SCON   = 0x50;           /* SCON：串口工作方式 1，允许接收         */
     TMOD |= 0x20;            /* TMOD：定时器 1，工作方式 2，8 位自动重载初值   */
     TH1    = 0xfd;           /* TH1：11.0592MHz 条件下，波特率为 9600Bd */
     TL1    = 0xfd;
     TR1    = 1;              /* TR1：启动定时器 1 工作       */
     TI     = 1;              /* TI：进行异步通信，发送第一个数据     */
}
 void main()
{   Uchar   numb, Max, Min, Score;
    Uint   Sum;
    float   Last_score =0;
    Max=0;                              /*最大值 Max 的初值*/
    Min=100;                            /*最小值 Min 的初值*/
    Sum=0;                              /*将求累加和变量的初值置为 0*/
    serial_init( );                     //串口初始化
    for( numb=1;   numb<=10;   numb++)
    {
            printf(" Input number %bu=",numb);
            scanf("%bu", &Score);       /*输入评委的评分*/
            Sum += Score;               /*计算总分*/
            if( Score>Max )
                 Max=Score;             /*通过比较筛选出其中的最高分*/
            if( Score<Min )
                Min=Score;              /*通过比较筛选出其中的最低分*/
    }
    printf("Max score:%bu\n Min score:%bu\n",Max,Min);        //输出最大、最小值
    Last_score=(Sum-Max-Min)/8.0;                              //求平均数
    printf("Last    Score : %3.3f \n",Last_score);             /*输出结果*/
    while(1);
}
```

4.2.4　Proteus 串口输出测试电路设计

应用 Proteus 中的虚拟终端（Virtual Terminal）输入数据、查看输出数据，它是计算机与单片机连接的虚拟工具。测试电路如图 4-8 所示。单击 Proteus 界面模式工具栏的 ，在对象列表框中单击 Virtual Terminal，在编辑区单击、放置，参考图 4-8 与单片机连接。PC-SEND 代表计算机发送数据，即直接敲键盘某键就表示计算机输入某数；SCM-SEND 表示单片机串口发出的数据，计算机接收。虚拟终端属性设置如图 4-9 所示，包含名称、波特率、数据位、停止位等。

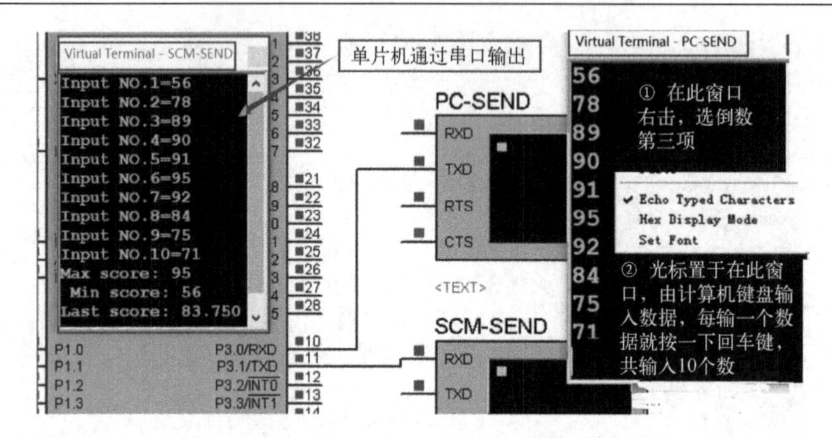

图 4-8 歌星大赛评分测试电路原理图、测试示例

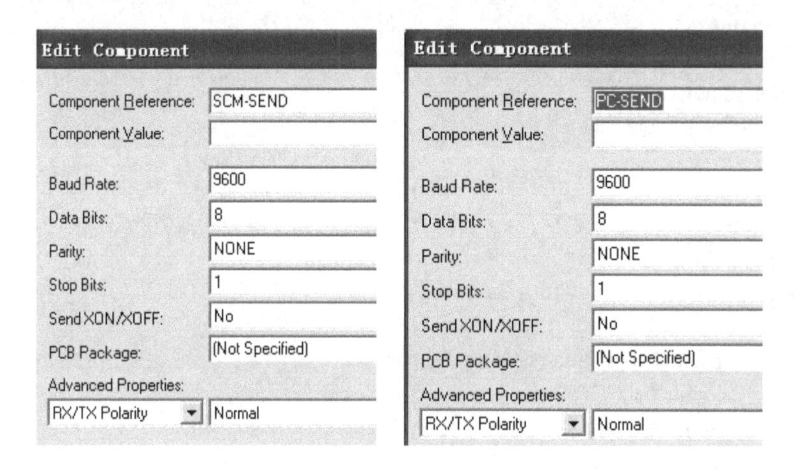

图 4-9 虚拟终端属性设置

4.2.5 编译、代码下载、仿真、测判

按项目 1 所述方法，先在 Keil 中新建工程，然后添加源程序、设置工程选项并编译，生成代码文件 42.HEX、42.omf。参考 2.1.7 节下载代码 42.omf，设置振荡频率为 11.0592MHz，进行仿真调试。

（1）显示虚拟终端窗口。启动 Proteus 仿真，若未弹出虚拟终端运行窗口，在虚拟终端上右击，在弹出的快捷菜单上单击 ✔ Virtual Terminal - PC-SEND 即可。“SCM-SEND”窗口已显示“Input number 1=”，此为单片机向串口输出数据，显示在虚拟终端上。

（2）在“PC-SEND”窗口每输入一个分数，即可看到“SCM-SEND”窗口显示刚输入的内容。

（3）按回车键，在“SCM-SEND”窗口显示“Input number 2=”输入分数，按回车键……，重复（2）、（3），直到输完 10 个数，“SCM-SEND”窗口已输出显示最大、最小数，此时仿真也暂停，暂停键变成橙色。单击键，可继续运行，在“SCM-SEND”窗口看到最终的得分。

将输出结果进行手工计算验证，说明程序设计是正确的。

自行输入一组数据：____。
记录程序输出结果：Max=__________，Min=__________，Last　Score=__________。
手工计算，测试对比，测试程序设计是否正确？______________________________。

4.3　任务 3：求车号是多少——推理

4.3.1　任务要求与分析

1．任务要求

一辆卡车违反交通规则，撞人后逃跑。现场有三人目击事件。但都没有记住车号，只记下车号的一些特征。

甲说：牌照的前两位数字是相同的。

乙说：牌照的后两位数字是相同的，但与前两位不同。

丙是数学家，他说：四位车号刚好是一个整数的平方。

请根据以上线索求出车号。

2．任务目标

（1）学习推理分析。

（2）学习将对象抽象为数据，将任务抽象为一系列数据的运算。

（3）数据通过变量承载，学习变量设置及其数据类型、初值设计。

（4）初步学习由多个 C 文件构建一个工程。

（5）注意外部函数的声明。

（6）灵活应用 Proteus 的虚拟终端（Virtual Terminal）或 Keil 进行测试，并对结果进行测试判断。

3．任务分析

根据题意车号有如下特征。

（1）四位车号可以表示为 aabb，a、b 的取值范围是 0～9，故设置为无符号字符型 Uchar。

（2）且 a!=b，aabb 可能的取值范围是 0000～9999，故设一变量 numb 代表车号，其数据类型设置无符号整型 Uint。

（3）“四位车号刚好是一个整数的平方”，故设置一变量 numb_SQT 表示平方根，它应该符合 $numb\_SQT^2$=aabb，且其范围在 0～99，故设数据类型为无符号字符型 Uchar。

4.3.2　推理过程与算法设计

假设 a=0，b 的取值就是 1～9，那 4 位数就是 0011、0022～0099，显然不是一个数的平方。

假设 a=1，b 的取值就是 0、2～9，那 4 位数就是 1100、1122～1199，经推算也不是一个整数的平方。1199 的平方根是 34.63，从小到大推算，车号的平方根大于 34。

假设 a=2，b 的取值就是 0、1、3～9，那 4 位数就是 2200、2211、2233～2299，经估算也不是一个数的平方。

假设 a=3，……

如此推算下去，直到假设 a=9，总可找到答案，但耗时耗神。可以让计算机帮我们推算，只要我们给出正确的推算公式、程序。求车号的算法如图 4-10 所示。

a为1～9，for(a=1;a<10;a++)

> b为0～9，for(b=0;b<10;b++)
>
> 当a!=b时，判断aabb= =numb_SQT^2?
>
> numb_SQT的测试值从35起，递增变化量为1，逐步判断

图 4-10　求车号的算法设计

4.3.3　外部函数 serial_init( )调用——以关键字 extern 声明

因串口初始化程序在多个任务中用到，故独立成一个 C 文件 serial_init.c，其他源文件调用时只要声明其为“外部函数”，可简化程序，避免重复书写。建立名为 43 的工程，添加两个 C 文件，如图 4-11 右侧所示。外部函数声明格式：

```
extern　函数类型　函数名(形式参数表);
```

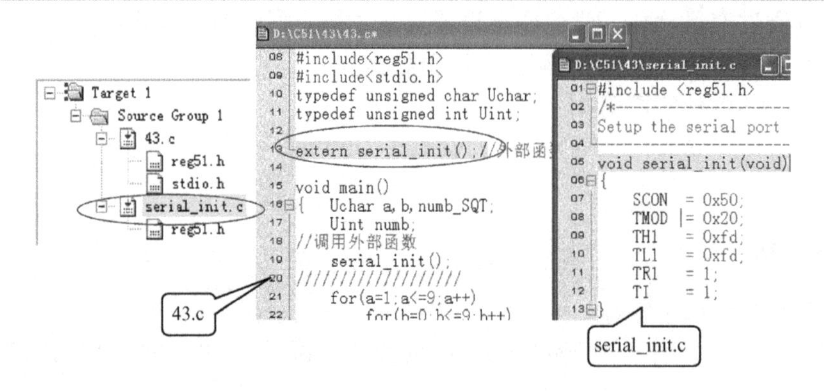

图 4-11　工程文件框架及程序调用情况

4.3.4　流程与程序设计

请参考 4.3.2 节的算法，自行绘制程序流程图 4-12。

主程序保存为 43.c，工程中还加入 serial_init.c 源文件。

```
/*车号是多少？ 43.c
#include<reg51.h>
#include<stdio.h>
typedef   unsigned char Uchar;
```

```
typedef  unsigned  int  Uint;
extern  serial_init( );                                        //外部函数声明
void  main( )
{  Uchar  a, b, numb_SQT;
   Uint  numb;
   serial_init( );                                             //调用串口初始化
   for(a=1;a<=9;a++)      /*a：车号前二位的取值*/
         for(b=0;b<=9;b++)                                     /*b：车号后二位的取值*/
               if(a!=b)                                        /*判断二位数字是否相异*/
               {        numb=a*1000+a*100+b*10+b;              /*计算出可能的整数*/
                        //判断该数是否为另一整数的平方
                        for(numb_SQT=35;numb_SQT*numb_SQT<numb;numb_SQT++)
                              {  ;  }
                        if(numb_SQT*numb_SQT= =numb)
                              printf("Lorry-No．is %d.\n",numb); /*若是，输出结果*/
               }
   while(1) ;
}
```

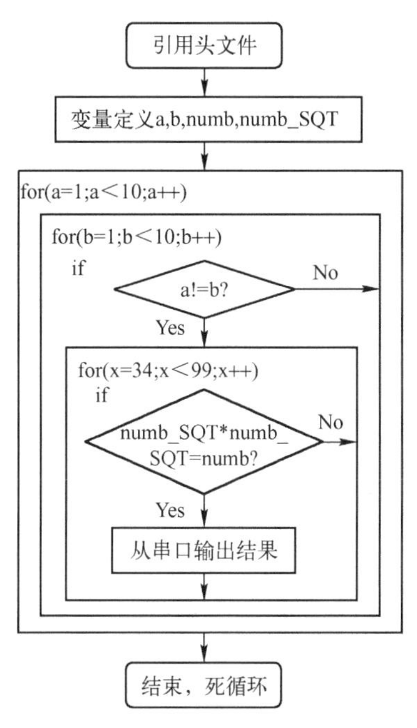

图 4-12　车号是多少的程序流程图

4.3.5　编译、代码下载、仿真、测判

按项目 1 所述方法，先在 Keil 中新建工程，然后添加源程序、设置工程选项并编译，生成代码文件 43.HEX、43.omf。在 Keil 中进行模拟调试，从串口输出“Lorry _No.is 7744”。

参考图 4-8 进行 Proteus 的测试电路设计，参考 2.1.7 节下载代码 43.omf，设置振荡频率为 11.0592MHz，进行仿真调试，从“SCM-SEND”窗口输出 Lorry-No. is 7744.。

据以上设计与测试，车号是否唯一？试分析说明。（提示：在得到 7744 之前、之后，是否有数据符合车号条件？）

____

________________________________，7744 是哪个数的平方？7744=(__)^2。

实物测试：

将代码下载到目标板上，参考 7.4.5 节进行实物测试，串口助手接收区以**文本模式**接收，可得到同样的结果。

4.3.6 进阶设计与思路点拨 1：角谷猜想

日本一位中学生发现一个奇妙的“定理”，请角谷教授证明，而教授无能为力，于是产生角谷猜想。

猜想的内容是：任给一个自然数，若为偶数除以 2，若为奇数则乘 3 加 1，得到一个新的自然数后按照上面的法则继续演算，若干次后得到的结果必然为 1。

提示：若为偶数，与 2 求余，余数为 0，即 x%2==0，否则为奇数。

编程验证，并分析、记录数据。

如自然数 5，请计算验证角谷猜想：____。

如自然数 18，请计算验证角谷猜想：____。

如自然数 34，请计算验证角谷猜想：____。

当数据变大，手工分析又烦又累，通过编程，让计算机发挥强大的运算处理功能来帮助解决问题，这也可以理解为人工智能的一个方面，也是程序设计的意义所在。

4.4 任务 4：谁是罪犯——逻辑运算

4.4.1 任务要求与分析

1．任务要求

某刑侦大队有桩疑案，涉及 6 名嫌疑人，根据以下信息试编一程序，找出作案人。

（1）A、B 至少有一人作案；

（2）A、E、F 三人中至少有两人参与作案；

（3）A、D 不可能是同案犯；

（4）B、C 或同时作案，或与本案无关；

（5）C、D 中有且仅有一人作案；

（6）如果 D 没有参与作案，则 E 也不可能参与作案。

2．任务目标

（1）学习将对象抽象为数据，将任务抽象为一系列数据的运算。

（2）数据通过变量承载，学习变量设置及其数据类型、初值设计。

（3）掌握基本的逻辑运算，能灵活应用逻辑运算描述问题，逐步建立问题→算法→数据→变量→表达式→程序→测试的程序设计思路。

3．任务分析

对于实际问题中出现诸如：你是我非，或数据对象及其相互间的关系为是否满足某些条件等情况的，可以用逻辑运算解答，具体参看 4.4.3 节。

4.4.2　逻辑运算、条件运算

为解决这一任务，必须掌握逻辑运算，如图 4-13 所示。逻辑运算符共有三种：!、&&、||（逻辑非、与、或），用于对逻辑量进行运算，运算的结果只能是 0 或 1。以下假设**开关闭合为逻辑 1，断开为逻辑 0；灯亮为逻辑 1，灯灭为逻辑 0。**

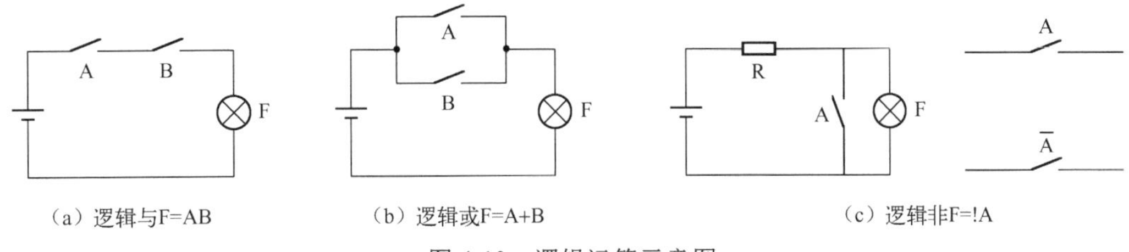

图 4-13　逻辑运算示意图

1．逻辑与，运算符为&&

逻辑与决定某一事件的所有条件都具备时，该事件才发生。逻辑与的逻辑示意如图 4-13（a）所示，分析见表 4-7。

表 4-7　逻辑与分析

逻辑抽象				真值表：F=A&&B		
开关 A	开关 B	灯	逻辑规则	A	B	F
断	断	灭	**若有 0，出 0；若全 1，出 1**	0	0	0
断	合	灭		0	1	0
合	断	灭		1	0	0
合	合	亮		1	1	1

2．逻辑或，运算符为||

决定某一事件的诸条件中，只要有一个或一个以上具备时，该事件才发生。逻辑或的逻辑示意如图 4-13（b）所示，分析见表 4-8。

表 4-8　逻辑或分析

逻辑抽象				真值表：F=A+B		
开关 A	开关 B	灯	逻辑规则	A	B	F
断	断	灭	**若有 1，出 1；若全 0，出 0**	0	0	0
断	合	亮		0	1	1
合	断	亮		1	0	1
合	合	亮		1	1	1

3．逻辑非，运算符为!

逻辑非决定某一事件的条件满足时，事件不发生；反之事件发生。逻辑非的逻辑示意如图 4-13（c）所示，分析见表 4-9。

表 4-9　逻辑非分析

逻辑抽象			真值表：F=!A	
开关 A	灯	逻辑规则	A	F
断	亮	**若 0，出 1；若 1，出 0**	0	1
合	灭		1	0

4．逻辑表达式

逻辑表达式的一般形式如下（**根据需要可对表达式加括号()**）。

（1）逻辑与：条件式 1&&条件式 2

（2）逻辑或：条件式 1 || 条件式 2

（3）逻辑非：!条件式

优先级：非>&&>||

举例

（1）若 a=3，则! a 的值为 0，因为 3 为非 0，被当作真处理，取反之后为假。

（2）如果 a=－2，结果与上完全相同，原因也同上。

（3）若 a=10、b=20，则 a&&b 的值为 1，a||b 的结果也为 1，原因为参与逻辑运算时不论 a 与 b 的值究竟是多少，只要是非零，就被当作“真”，“真”与“真”相与或者相或，结果都为真，系统给出的结果是 1。

5．条件运算

一般形式：表达式 1？表达式 2：表达式 3

功能：若表达式 1 成立，则结果为表达式 2 的值，否则为表达式 3 的值。

举例：(min = (a<b)?a:b　　//当 a<b 时，min=a，否则 min=b

4.4.3　算法设计

1．案情分析

A～F 代表 6 个嫌疑人，若 A 是嫌疑人，则 A=1，否则 A=0；其他人是否嫌疑的表达类同。每一个条件的表达式取名依次为 Exp1～Exp6。按任务所言分析见表 4-10。

表 4-10　谁是嫌疑人的问题分析

问题描述	现象分析	数字化表达	表达式
A、B 至少有一人作案	可能是 A， 可能是 B， 也可能是 A 和 B	A B　Exp1 0 0　0 0 1　1 1 0　1 1 1　1	Exp1=A||B

续表

<table>
<tr><th>问题描述</th><th>现象分析</th><th>数字化表达</th><th>表达式</th></tr>
<tr><td>A、E、F 三人中至少有两人参与作案</td><td>可能是 A、E
可能是 A、F
可能是 E、F
也可能是 A、E、F</td><td>A&&E
A&&F
E&&F
A&&E&&F</td><td>Exp2= (A&&E)||(A&&F)||(E&&F)</td></tr>
<tr><td>A、D 不可能是同案犯</td><td>若 A，则非 D；
若 D，则非 A；
非 A 也非 D</td><td>A D　Exp3
0 0　1
0 1　1
1 0　1
1 1　0</td><td>Exp3=!(A&&D)</td></tr>
<tr><td>B、C 或同时作案，或与本案无关</td><td>是 B、C，
或非 B 也非 C</td><td>BC　Exp4
0 0　1
0 1　0
1 0　0
1 1　1</td><td>Exp4=(B&&C)||(!B&&!C)</td></tr>
<tr><td>C、D 中有且仅有一人作案</td><td>是 C 非 D，
是 D 非 C</td><td>CD　Exp5
0 0　0
0 1　1
1 0　1
1 1　0</td><td>Exp5=(C&&!D)||(D &&!C)</td></tr>
<tr><td>如果 D 没有参与作案，则 E 也不可能参与作案</td><td>若是 D，则 E 可能是
若是 D，E 也可能不是；
若非 D，则 E 也不是</td><td>DE　Exp6
0 0　1
0 1　0
1 0　1
1 1　1</td><td>Exp6=!(!D&&E)=!E||D</td></tr>
<tr><td colspan="4">每个人是否是嫌疑人，最终的结果应是同时满足以上 6 个表达式，即 Exp1+ Exp2+ Exp3+ Exp4+ Exp5+ Exp6=6</td></tr>
</table>

2．算法设计

6 个人每个人都有作案或不作案两种可能，即代表每个人的 A～F=1，或是=0，因此有 2^6=64 种组合，通过穷举从这些组合中挑出符合 6 个条件的作案者。算法设计如图 4-14 所示。

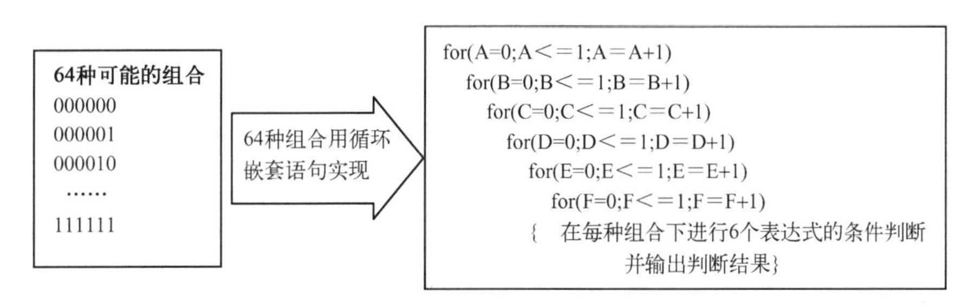

图 4-14　谁是嫌疑人的算法设计

3．变量设计

6 个嫌疑人，以 A、B、C、D、E、F 表示，如是嫌疑人，其值为 1；如非嫌疑人，其值为 0。故其数据类型可设置为无符号字符型。

代表 6 个条件的表达式，其值也是非 0 即 1，变量名为 Exp1、Exp2、Exp3、Exp4、Exp5、Exp6，其数据类型可设置为无符号字符型。

谁是嫌疑人的程序框架如图 4-15 所示。

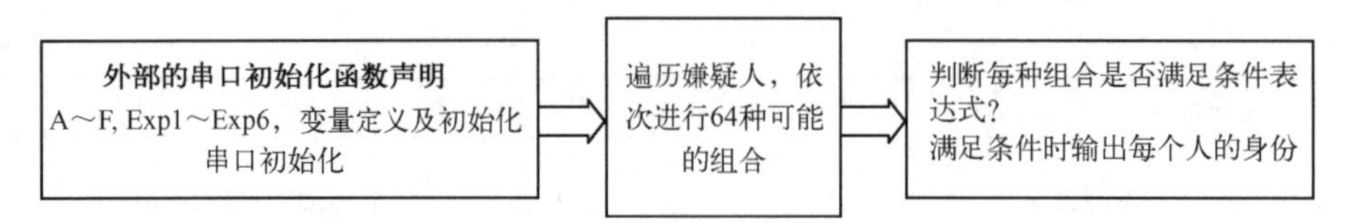

图 4-15　谁是嫌疑人的程序框架

4.4.4　流程与程序设计

1．串口初始化程序

将 4.3 节中的程序 serial_init.c 复制到本工程文件夹中。

2．主程序设计

主程序的框架如图 4-15 所示，参考图 4-14、图 4-15 将程序流程图绘制到图 4-16 中。

建立名为 44.uv2 的工程，主程序保存为 44.c。工程框架参考图 4-12，**将 serial_init.c、44.c 添加到工程中。**

请自行绘制

图 4-16　谁是嫌疑人的程序流程

```
#include<reg51.h>               //51 单片机的硬件资源定义
#include<stdio.h>               //应用 printf 输出数据
typedef  unsigned  char  Uchar;   //数据类型重命名
typedef  unsigned  int  Uint;
extern  serial_init( );                //外部函数声明
void main( )
{  Uchar   A, B, C, D, E, F;
   Uchar   Exp1, Exp2, Exp3, Exp4, Exp5, Exp6;
   serial_init( );                   //调用串口初始化
   for (A=0;A<=1;A=A+1)                 //穷举 A
     for (B=0;B<=1;B=B+1)               //穷举 B
       for (C=0;C<=1;C=C+1)             //穷举 C
         for (D=0;D<=1;D=D+1)           //穷举 D
           for (E=0;E<=1;E=E+1)         //穷举 E
               for (F=0;F<=1;F=F+1) //穷举 F
                 {   Exp1=A || B;
                     Exp2= !(A && D);
                     Exp3=(A && E ) ||  (A && F)||(E && F);
                     Exp4=(B && C) || (!B && !C);
                     Exp5=(C && !D) || (D && !C);
                     Exp6=D || (!E);
                    if ( Exp1+Exp2+Exp3+Exp4+Exp5+Exp6 = = 6 )
                    {                                          //输出判断结果
                       printf( "A:   is %s a crimenal \n",(A= =1)?" ":"not") ;
                       printf( "B:   is %s a crimenal \n",(B= =1)?" ":"not") ;
                       printf( "C:   is %s a crimenal \n",(C= =1)?" ":"not") ;
                       printf( "D:   is %s a crimenal \n",(D= =1)?" ":"not") ;
                       printf( "E:   is %s a crimenal \n",(E= =1)?" ":"not") ;
                       printf( "F:   is %s a crimenal \n",(F= =1)?" ":"not") ;
```

```
                        }                                              //输出结束
                    }                               //循环结束
        while(1);                                   //死循环
    }
```

4.4.5　编译、代码下载、仿真、测判

按项目 1 所述方法，先在 Keil 中新建工程，然后添加源程序、设置工程选项并编译，生成代码文件 44.HEX、44.omf。在 Keil 中进行模拟调试，从串口输出，如图 4-17 所示。

```
Serial #1
A:  is     a crimenal
B:  is     a crimenal
C:  is     a crimenal
D:  is not a crimenal
E:  is not a crimenal
F:  is     a crimenal
```

图 4-17　谁是嫌疑人的结果

参考图 4-8 进行 Proteus 的测试电路设计，参考 2.1.7 节下载代码 44.omf，设置振荡频率为 11.0592MHz，进行仿真调试，观测“SCM-SEND”窗口输出的信息，并与图 4-17 比较，结果是________。

结果的正确性判断：

将输出结果代入条件表达式中验证，说明程序处理是正确的。

```
Exp1=A || B=1||1=1;
Exp2=!(A && D)=!(1&&0)=1;
Exp3=(A && E )| (A && F)||(E && F)= (1 && 0 )| (1 && 1)||(0 && 1)=1;
Exp4=(B && C)||(!B && !C)= (1 && 1)||(!1 && !1)=1;
Exp5=(C && !D)||(D && !C)= (1 && !0)||(0 && !1)=1;
Exp6=D||(!E)= 0||(!0)=1;
```

结果的唯一性判断：

为了判别结果是否唯一，在第一条输出语句处设置断点。

```
printf( "A:   is %s a crimenal \n",(A==1)?" ":"not") ;
```

程序中对每一个变量进行穷举而形成 64 种可能的组合，每种组合下都进行条件判断，满足条件时输出各人的身份。通过调试发现输出语句执行了一次，说明结果是唯一的。

实物测试：

将代码下载到目标板上，参考 7.4.5 节进行实物测试，接收区以文本模式接收，可得到同样的结果。

4.4.6　进阶设计与思路点拨 2：新娘和新郎

三对情侣举行婚礼，三个新郎为 A、B、C，三个新娘为 X、Y、Z。有人不知道谁和谁结婚，于是询问了六位新人中的三位，但听到的回答是这样的：A 说他将和 X 结婚；X 说她的未婚夫是 C；C 说他将和 Z 结婚。这人听后知道他们在开玩笑，全是假话。请编程找出谁将和谁结婚。

问题分析与算法设计

将 A、B、C 三人用 1、2、3 表示，将 X 和 A 结婚表示为“X=1”，将 Y 不与 A 结婚表示为“Y!=1”。按照题目中的叙述可以写出表达式：

x!=1：A 不与 X 结婚

x!=3：X 的未婚夫不是 C

z!=3：C 不与 Z 结婚

题意还隐含着 X、Y、Z 三个新娘不能结为配偶，则有

x!=y 且 x!=z 且 y!=z

穷举以上所有可能的情况，代入上述表达式中进行推理运算，若假设的情况使上述表达式的结果均为真，则假设情况就是正确的结果。

结果：____。

4.5 任务 5：百钱百鸡问题——穷举、组合

4.5.1 任务要求与分析

1. 任务要求

中国古代数学家张丘建在他的《算经》中提出了著名的“百钱买百鸡问题”：鸡翁一，值钱五，鸡母一，值钱三，鸡雏三，值钱一，百钱买百鸡，问翁、母、雏各几何？

2. 任务目标

（1）学习分析一题多解的求解方法。

（2）理解变量取值范围的穷举、多个变量所有可能值的组合；学习将问题抽象为一系列数据的运算。

（3）数据通过变量承载，学习变量设置及其数据类型、初值设计。

（4）能正确表达显性的描述，更要洞察隐性的条件。

（5）注意外部函数的声明。

（6）灵活应用 Proteus 中虚拟终端（Virtual Terminal）或 Keil 进行测试，并对结果进行正误的判断。

3. 任务分析

问题中有三个对象：鸡翁、鸡母和鸡雏，故设三个变量 cock、hen、chick 分别代表鸡翁、鸡母、鸡雏。题意给定共 100 钱要买百鸡，若全买鸡翁最多买 20 只，显然 cock 的值在 0～20 之间；同理，hen 的取值范围在 0～33，可得到下面的不定方程：

5*cock+3*hen+chick/3=100

chick+cock+hen =100

所以此问题可归结为求这个不定方程的整数解。

4.5.2 算法设计

1. 变量设置

cock、hen、chick 都设置为无符号字符型（数值都在 100 以内，且是正数）。

对于一题多解的情况，输出结果时最好对解答 1、解答 2……进行累计，故设置一变量 Count 表示解答序号。其值为正，且小于等于 255，故数据类型设置为无符号字符型。

2．算法设计

这类求解不定方程问题的实现，各层循环的控制变量直接与方程未知数有关，且采用对未知数的取值范围上**穷举和组合**的方法来覆盖可能得到的全部各组解。如此推算下去，总可找到答案。但太麻烦，可以让计算机帮我们推算，只要我们给出正确的推算公式、程序。百鸡百钱的算法设计如图 4-18 所示。

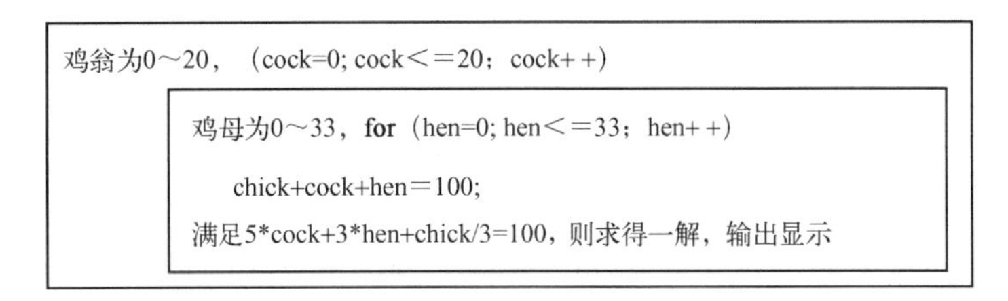

图 4-18　百鸡百钱的算法设计

穷举法（枚举法）的基本思想：列举出所有可能的情况，逐个判断有哪些是符合问题所要求的条件，从而得到问题的全部解答。既不重复也不遗漏。重复列举直接引发增解，影响解的准确性；而列举的遗漏可能导致问题解的遗漏。

穷举是用计算机求解问题最常用的方法之一，常用来解决那些通过公式推导、规则演绎的方法不能解决的问题。采用穷举法求解一个问题时：①建立一个数学模型，包括一组变量，以及这些变量需要满足的条件，问题求解的目标就是确定这些变量的值；②为这些变量分别确定一个大概的取值范围，在这个范围内对变量依次取值，判断所取的值是否满足数学模型中的条件，直到找到全部符合条件的值为止。

4.5.3　流程与程序设计

1．串口初始化程序

将 4.3 节串口初始化的程序 serial_init.c 复制到本工程文件夹中。

2．主程序设计

主程序的框架如图 4-19 所示。建立名为 45.uv2 的工程，主程序保存为 45.c。工程框架参考图 4-11，**将 serial_init.c、45.c 添加到工程中**。

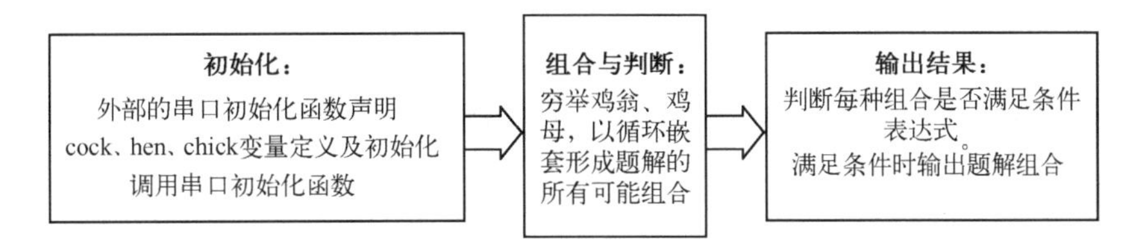

图 4-19　百鸡百钱的程序框架

请参考 4.5.2 节的算法，自行绘制程序流程图 4-20。

请自行绘制

图 4-20 百鸡百钱的程序流程图

```
#include<reg51.h>           //51 单片机的硬件资源定义
#include<stdio.h>           //应用 printf 输出数据
typedef  unsigned  char  Uchar;         //数据类型重命名
typedef  unsigned  int  Uint;
extern  serial_init( );                 //外部函数声明
void main()
{  Uchar   cock, hen, chick;
   Uchar   Count =0;
   serial_init( );                      //调用串口初始化
   printf("Following are possible plans to buy 100 fowls
with 100 Yuan.\n");
   for(cock=0;cock<=20;cock++) /*外层循环控制鸡翁数*/
         for(hen=0;hen<=33;hen++)
/*内层循环控制鸡母数 hen 在 0～33 变化*/
         {        chick=100-cock-hen;
/*内、外层循环控制下，鸡雏数 chick 的值受 cock、hen 值的制约*/

if((chick%3= =0)&&((5*cock+3*hen+chick/3) = =100))
                              /*验证取 chick 值的合理性及得到一组解的合理性*/
         printf("%bu:Cock=%bu Hen=%bu Chick=%bu\n",++ Count,cock,hen,chick);
         }
   while(1);
}
```

4.5.4 编译、代码下载、仿真、测判

按项目 1 所述方法，先在 Keil 中新建工程，然后添加源程序、设置工程选项并编译，生成代码文件 45.HEX、45.omf。在 Keil 中进行模拟调试，从串口输出 4 种结果。

参考图 4-8 进行 Proteus 的测试电路设计，参考 2.1.7 节下载代码 45.omf，设置振荡频率为 11.0592MHz，进行仿真调试，从“SCM-SEND”窗口输出如下结果：

```
Following are possible plans to buy 100 fowls with 100 Yuan.
1:Cock=0 Hen=25 Chick=75          //验证：25+75=100；25*3+75/3=100
2:Cock=4 Hen=18 Chick=78          //验证：______________________
3:Cock=8 Hen=11 Chick=81          //验证：______________________
4:Cock=12 Hen=4 Chick=84          //验证：______________________
```

对以上结果用公式 5*cock+3*hen+chick/3=100 和 chick+cock+hen =100 进行验证，测试自己的程序设计是否正确。

实物测试：

将代码下载到目标板上，参考 7.4.5 节进行实物测试，接收区以**文本模式**接收，可得到同样的结果。

4.5.5 进阶设计与思路点拨 3：换钱币

用 1 元人民币兑换成 1 分、2 分和 5 分硬币，共有多少种不同的兑换方法。

（1）问题分析与算法设计。根据题意设 i、j、k 分别为兑换的 1 分、2 分、5 分硬币的数量，则 i、j、k 的取值范围是

```
i<=100;
j<=50;
k<=20;
```

（2）i、j、k 值应满足 i+2*j+5*k=100;。

（3）对 i、j、k 进行穷举，在所有可能的组合中找到满足上述表达式的结果，该组合就是其中一解。

共有__________种兑换方法？

4.6　任务 6：数据从小到大排序——数组应用

4.6.1　任务要求与分析

1．任务要求

将一串数据按由小到大进行排序。如原始数据为 13、38、65、97、76、49、27，排序为 13、27、38、49、65、76、97。

2．任务目标

（1）掌握一维数组的定义、初始化及其应用。

（2）掌握大的沉底、小的浮上的排序思想。

（3）逐步建立问题→算法→数据→变量→表达式→程序→测试→判断的程序设计思路。

3．任务分析

一串同类型的数据如何表达？为每个数据定义一个变量，工作量大，而且太麻烦，可以用一个数组变量来表达，即可将待排序的一组数据用一个数组变量存放，然后用合适的算法调整顺序，使它们从左到右由小到大存放，具体参见 4.6.3 节。

4.6.2　数组

数组是一组相同类型数据的有序集合，是最基本的构造类型。这个集合用一个变量表示，称该变量为“数组名”，其中的数据被称为元素，用被称为“下标”的编号来区别每个元素。元素在内存中连续存放，每个元素的访问通过数组名和下标实现。

1．C51 的一维数组

（1）一维数组的定义

```
类型说明符　数组名[整数常量表达式];
```

例如：

```
int ch[5];    //定义数组名为 ch，元素类型为 int，具有 5 个元素的数组
```

（2）一维数组的初始化

① 定义时初始化。

```
int   a[5]={1,2,3,4,5};
```

等价于

```
a[0]=1;   a[1]=2; a[2]=3; a[3]=4; a[4]=5;
```

一维数组 a 的存储说明如图 4-21 所示。

全部赋值可省略长度，如

```
int   a[]={1,2,3,4,5,6};
```

数组未初始化，其元素值为随机数。

② 定义时部分初始化。

```
int   a[5]={1,2,3};
```

等价于

```
a[0]=1; a[1]=2;a[2]=3; a[3]=0; a[4]=0;
```

元素的表示	元素	元素首址
a[0]	1	a表示内存首地址
a[1]	2	a+2
a[2]	3	a+4
a[3]	4	a+6
a[4]	5	a+8

图 4-21　一维数组 a 的存储说明

（3）一维数组的引用

```
数组名[下标]
```

举例

```
ch[0]、ch[1]、ch[2]、ch[3]、ch[4]
```

注意：下标从 0 开始到 $n-1$，不能越界，下标可以是常量或整型表达式，如 ch[i]。

先定义，后使用。

只能逐个引用数组元素，不能一次引用整个数组。

2．C51 的二维数组

（1）二维数组的定义

```
类型说明符　数组名[整型表达式 1] [整型表达式 2];
```

举例

```
char ch[3][2];      //定义名为 ch 的 3 行 2 列的二维数据，元素个数=行数*列数=6
```

（2）二维数组的引用

```
数组名[下标 1] [下标 2]
```

注意：内存是一维的，数组元素在存储器中的存放顺序按行序优先，即“先行后列”。

（3）二维数组的初始化

二维数组初始化也是在类型说明时给各下标变量赋以初值。 二维数组可按行分段赋值，也可按行连续赋值。例如，数组 a[5][3]。

① 按行分段赋值可写为

```
int  a[5][3]={ {80,75,92},{61,65,71},{59,63,70},{85,87,90},{76,77,85} };
```

② 按行连续赋值可写为

```
int  a[5][3]={ 80,75,92,61,65,71,59,63,70,85,87,90,76,77,85 };
```

3．C51 的字符数组

数据类型为 char 的数组长称为“字符数组”。每个元素就是一个字符。

举例

```
char  c[10];                                //字符数组 c，有 10 个元素，但未初始化
char  c[]={'c', ' ','p','r','o','g','r','a','m'};   //未指定数组长度，但初始化
```

也可用字符串的方式对数组作初始化赋值。

```
char  c[]={"C program"};
```

或

```
char  c[]="C program";
```

用字符串方式赋值比用字符逐个赋值要多占 1 字节，用于存放字符串结束标志'\0'。上面的数组 c 在内存中的实际存放情况为 C program\0。'\0'是由 C 编译系统自动加上的，所以在用字符串赋初值时一般无须指定数组的长度，而由系统自行处理。

4.6.3　算法设计

1．排序思想

第 0 趟：从第 0 个数起，假设第 0 个最小，第 0 个与第 1～6 个依次比较，从 7 个数中找到最小的，将它置于第 0 个位置。第 1 趟：再从第 1 个起，假设第 1 个最小，第 1 个与第 2～6 个依次比较，从 6 个数中找到最小的，将它置于第 1 位置。……第 5 趟：第 5 个数与第 6 个比较。将思路整理如下：

（1）首先通过 n-1 次比较，从 n 个数中找出最小的，将它与第 0 个数交换。第 0 趟排序后最小的数被安置在 0 号元素位置上。

（2）再通过 n-2 次比较，从剩余的 n-1 个数中找出关键字次小的记录，将它与第 1 个数交换。第 1 趟排序后次小的数被安置在 1 号元素位置上。

（3）重复上述过程，共经过 n-1 趟排序后，排序结束。排序具体过程如图 4-22 所示。

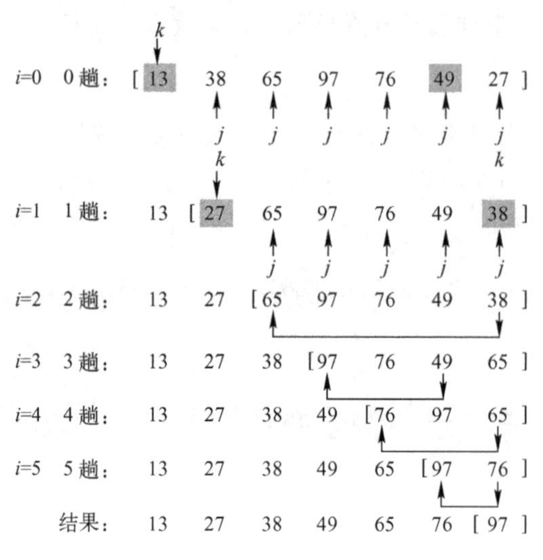

图 4-22　比较排序的过程

2. 变量设置

从以上排序过程可知，要设置如下变量（前提：各数据都是整数，且小于等于 255）：

i：循环趟数、每趟的起始位置。无符号字符型。*i* 的取值范围：0～n-2。

j：每趟中各数据的下标，即位置。无符号字符型。*j* 的取值范围：1～n-1。

k：最小数的位置记录。无符号字符型。初值=i;

tmp：最小数保存。无符号字符型。初值=a[i];

数据排序的算法设计如图 4-23 所示。

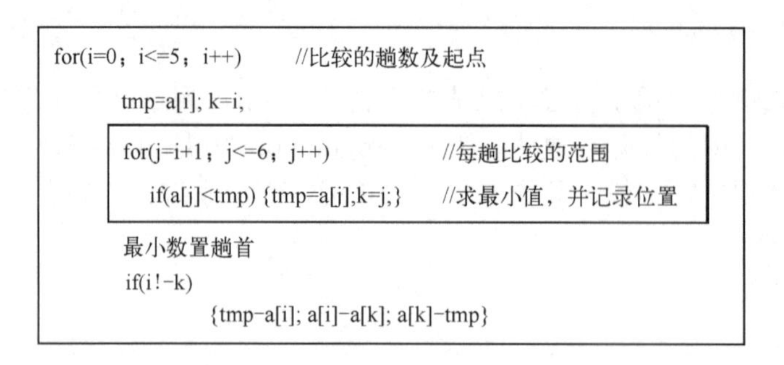

图 4-23　数据排序的算法设计

4.6.4　流程与程序设计

1. 串口初始化程序

将 4.3 节串口初始化的程序 serial_init.c 复制到本工程文件夹中。

2．主程序设计

主程序的框架如图 4-24 所示。建立名为 46.uv2 的工程，主程序保存为 46.c。工程框架参考图 4-12，将 **serial_init.c、46.c** 添加到工程中。

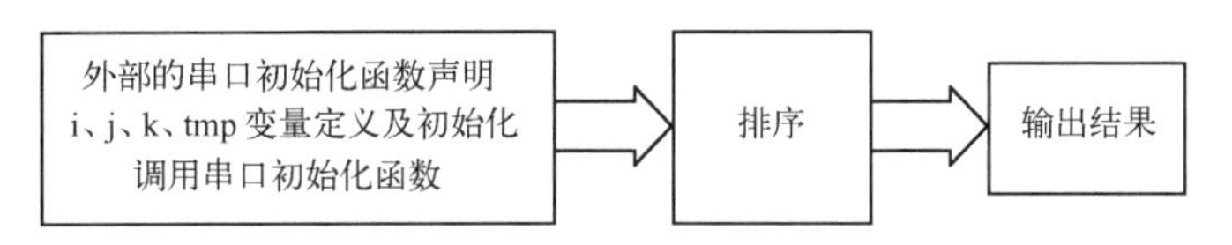

图 4-24　数据排序的程序框架

请参考图 4-23、图 4-24，自行绘制程序流程图 4-25。

```
/*  选择排序
46.c；将 4.3.3 节中 serial_init.c、46.c 添加到工程中   */
#include<reg51.h>                   //51 单片机硬件资源定义
#include<stdio.h>                   //应用 printf 输出数据
typedef  unsigned  char  Uchar;           //数据类型重命名
extern  serial_init( );                   //外部函数声明
Uchar  data  a[]={13,38,65,97,76,49,27};
void  main( )                       //主函数，有且只有一个
{  Uchar  i,j,k;                    //下标
   Uchar  tmp;                      //暂存最小值
   serial_init( );                  //调用串口初始化
   //以下开始排序
   for ( i=0 ; i<=5; i++)           //每趟循环的起点控制
      {  tmp=a[i];k=i;
         for ( j=i+1; j<=6; j++)          //每趟比较的范围
            { if( a[j]<tmp)
                 { tmp=a[j];k=j;}
         //求最小值，并记录在数组中的位置
            }
         if( i!=k )
           { tmp=a[i];                          //有比本趟起点小的数，则交换
             a[i]=a[k];
             a[k]=tmp;
           }
      }                                         //循环结束
      //以下开始输出排序结果
for ( i=0; i<=6; i++)
          printf( "a[%bu] =%bu\n" , i , a[i]) ;  //输出结果
   while(1);                                    //死循环
}
```

请自行绘制

图 4-25 “数据排序”的程序流程图

4.6.5　编译、代码下载、仿真、测判

按项目 1 所述方法，先在 Keil 中新建工程，然后添加源程序、设置工程选项并编译，生成代码文件 46.HEX、46.omf。在 Keil 中进行模拟调试，从

串口输出排好序的数组元素，如图 4-26 所示。可见，结果是正确的，说明程序设计是正确的。

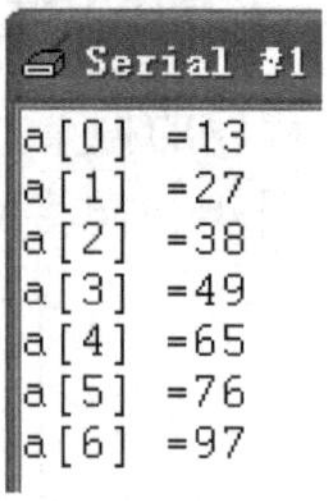

```
Serial #1
a[0] =13
a[1] =27
a[2] =38
a[3] =49
a[4] =65
a[5] =76
a[6] =97
```

图 4-26 从串口输出排序结果

（1）自行更新数组的数据，再进行运行测试。

Uchar **data** a[]={______, ______, ______, ______, ______, ______, ______};

排序结果：______________________________。

（2）Proteus 仿真测试。参考图 4-8 进行 Proteus 的测试电路设计，参考 2.1.7 节下载代码 46.omf，设置振荡频率为 11.0592MHz，进行仿真调试，由“SCM-SEND”窗口输出结果。

（3）10 个数的排序，程序哪些变量要修改？适当记录在下，自行设置数据并测试。

____

____

____

实物测试：

将代码下载到目标板上，参考 7.4.5 节进行实物测试，串口助手接收区以**文本模式**接收，可得到同样的结果。

4.6.6 进阶设计与思路点拨 4：从大到小排序

将本节排序，按从大到小排序。

（1）首先通过 n−1 次比较，从 n 个数中找出最大的，将它与第 0 个数交换。第 0 趟排序后最大的数被安置在 0 号元素位置上。

（2）再通过 n−2 次比较，从剩余的 n−1 个数中找出关键字次大的记录，将它与第 1 个数交换。第 1 趟排序后次大的数被安置在 1 号元素位置上。

（3）重复上述过程，共经过 n−1 趟排序后，排序结束。算法参考图 4-23。

请试将一维数组设计为二维数组，再对其元素进行排序。

4.7 任务 7：求解约瑟夫问题——结构数组应用

4.7.1 任务要求与分析

1．任务要求

这是 17 世纪的法国数学家加斯帕在《数目的游戏问题》中讲的一个故事。15 个教徒和 15 个非教徒在深海上遇险，必须将一半的人投入海中，其余的人才能幸免于难，于是想了一个办法：30 个人围成一圆圈，从第一个人开始依次报数，每数到第 9 个人就将他扔入大海，如此循环进行直到仅余 15 个人为止。问怎样排法，才能使每次投入大海的都是非教徒。

2．任务目标

认识结构体，学习结构数组的定义、初始化及其应用。

学习将问题抽象为一系列数据的运算。逐步建立问题→算法→数据→变量→表达式→程序→测试→测试的程序设计思路。

3．任务分析

30 个人围成一圈，因而启发我们用一个循环的链来表示。可以使用结构数组来构成一个循环链。结构中有两个成员，其一为指向下一个人的指针，以构成环形的链；其二为该人是否被扔下海的标记，为 1 表示还在船上。从第一个人开始对还未扔下海的人进行计数，每数到 9 时，将结构中的标记改为 0，表示该人已被扔下海了。这样循环计数直到有 15 个人被扔下海为止。

4.7.2　结构体、结构数组

1．结构体定义

结构体是一种构造数据类型。

用途：把不同类型的数据组合成一个整体——自定义数据类型。一般的结构体定义如图 4-27 所示。

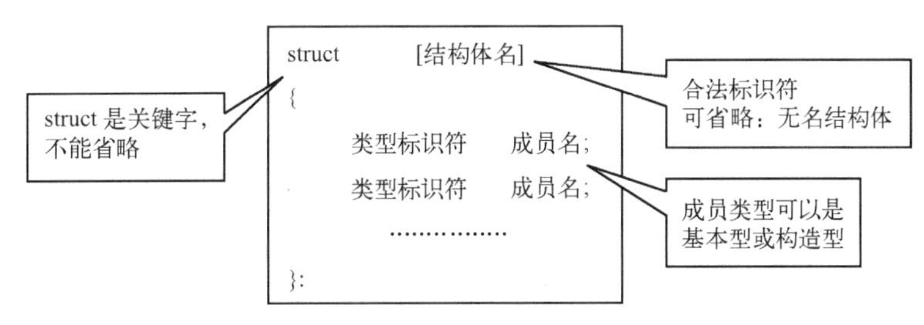

图 4-27　结构体定义说明

结构体类型定义样例及其变量中成员的存储状态如图 4-28 所示。

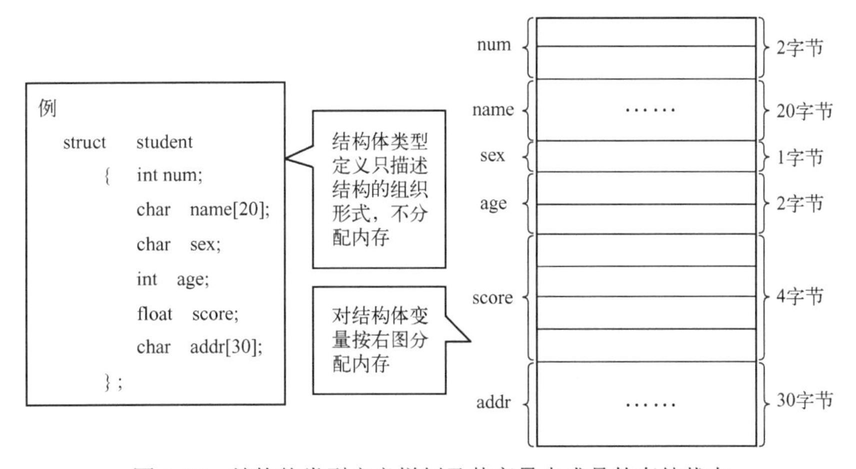

图 4-28　结构体类型定义样例及其变量中成员的存储状态

2．结构体变量定义

结构体类型定义时，不分配内存；也不能赋值、存取、运算。而结构体变量要分配内存，可以进行赋值、存取、运算，如图 4-29 所示。

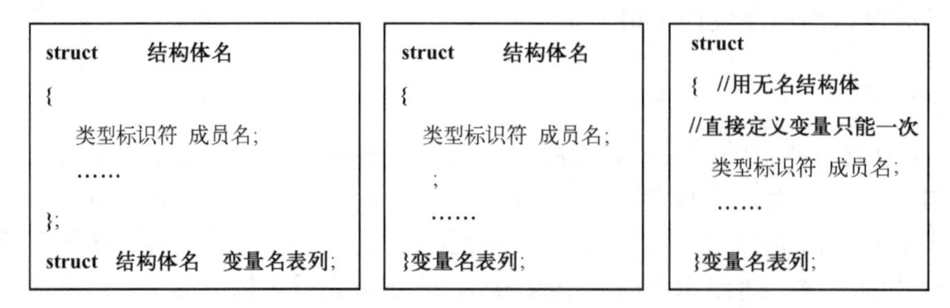

图 4-29 结构体变量定义形式

3．结构体变量的引用

结构体变量不能整体引用，只能引用变量成员。

引用方式：结构体变量名.成员名

可以将一个结构体变量赋值给另一个结构体变量。结构体嵌套时逐级引用。

4．结构体数组的定义

结构体数组的每个元素都是一个结构体。如下定义了一个有两个元素的结构数组变量 stu：

```
struct  student
        {      int   num;
                char name[20];
                char sex;
                int age;
        }stu[2];
```

4.7.3 算法设计

1．算法描述

30 个人围成一圈，30 个人形成一个循环的链，用结构数组来构成。结构中有两个成员，其一为指向下一个人的指针，以构成环形的链；其二为该人是否被扔下海的标记，为 1 表示还在船上。如图 4-30 所示，从第一个人开始对还未扔下海的人进行计数，每数到 9 时，将结构中的标记改为 0，表示该人已被扔下海了。这样循环计数直到有 15 个人被扔下海为止。

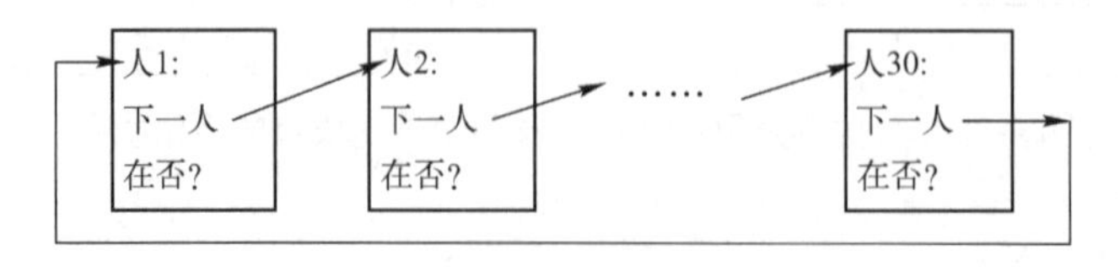

图 4-30 循环链结构体示意图

约瑟夫问题求解过程示意图如图 4-31 所示。

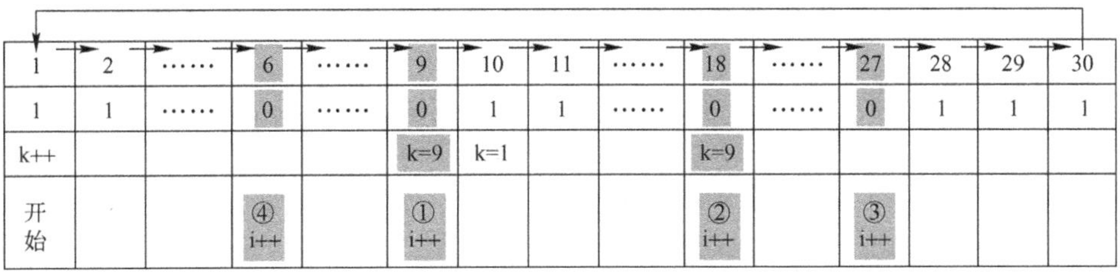

1	2	……	6	……	9	10	11	……	18	……	27	28	29	30
1	1	……	0	……	0	1	1	……	0	……	0	1	1	1
k++					k=9	k=1			k=9					
开始			④ i++		① i++				② i++		③ i++			

图 4-31　约瑟夫问题求解过程示意图

2．变量设置

（1）设计循环的链中 30 个结点

```
struct node
    {
        Uchar nextp;        //指向下一个人的指针(下一个人的数组下标)*/
        Uchar no_out;       //是否被扔下海的标记。1：没有被扔下海。0：已被扔下海*/
    }link[31];              //有效成员 30 个，1～30
```

（2）变量设计

i：被扔下海的人数累计。类型为无符号字符型，范围 0～14，初值为 0。

j：记录指向下一个人的指针，类型为无符号字符型，初值为 1。

k：未被扔下海的人数累计，类型为无符号字符型，初值为 0，每到 9 时清 0，i++。

M_out：被扔下海的人的编号记录。

3．算法设计

“约瑟夫问题”的算法设计如图 4-32 所示。

```
30个结点初始化，链表首尾相连，每个人的初始状态都是在船上
for(i=1; i<＝30; i++)                          //初始化结构数组
    {link[i].nextp=i+1;link[i].no_out=1;}
    link[30].nextp=1;//首尾相连
j=1
  for(i=0; i<15; i++)   //累计15个人被扔下海
    {for(k=0; ; )       //k为决定哪个人被扔下海的计数器
       {if(k<9 )
          对留在船上的人进行计数        //计数到9则停止计数
       }
       将数到9的人扔到海里，修改其标记no_out=0
    }
    输出结果
```

图 4-32　“约瑟夫问题”的算法设计

4.7.4 流程与程序设计

1．串口初始化程序

将 4.3 节串口初始化的程序 serial_init.c 复制到本工程文件夹中。参考图 4-31、图 4-32，自行绘制程序流程图 4-34。

2．主程序设计

主程序框架如图 4-33 所示。建立名为 47.uv2 的工程，主程序保存为 47.c。工程框架参考图 4-12，将 **serial_init.c、47.c 添加到工程中**。

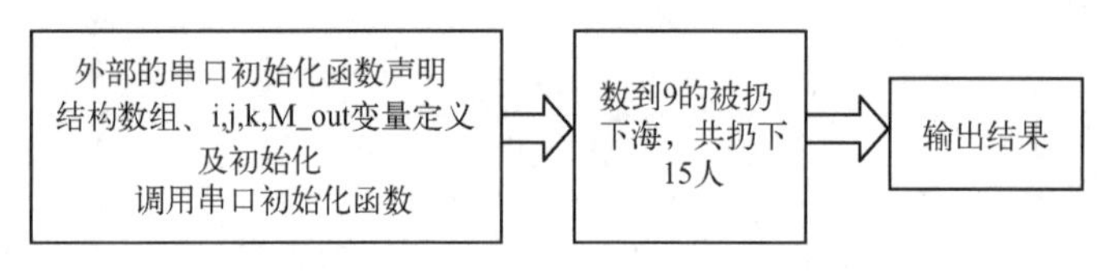

图 4-33 “约瑟夫问题”的程序框架

图 4-34 “约瑟夫问题”的程序流程图

请参考图 4-32 的算法，自行绘制程序流程图 4-34。

```
/*约瑟夫问题  .1-zlb -47.c
#include<reg51.h>          //51 单片机的硬件资源定义
#include<stdio.h>          //应用 printf 输出数据
typedef  unsigned  char  Uchar;        //数据类型重命名
typedef  unsigned  int  Uint;
extern  serial_init();                 //外部函数声明
void  main()
{
    struct  node
    { //指向下一个人的指针(下一个人的数组下标)
        Uchar  nextp;
//是否被扔下海的标记。1：没有被扔下海。0：已被扔下海
            Uchar  no_out;
    }link[31];                         //30 个人，0 号元素没有使用
    Uchar  i , j, k, M_out;
    serial_init();
    printf("The original circle is(O:pagendom,V:christian):\n");
    for(i=1; i<=30; i++)               //初始化结构数组
        {     link[i].nextp=i+1;       //指针指向下一个人(数组元素下标)
              link[i].no_out=1;        //标志置为 1，表示人都在船上
        }
    link[30].nextp=1;                  //第 30 个人的指针指向第一个人以构成环
    j=1;                               //j：从第 1 个人开始计数
    for(i=0;i<15;i++)                  //i：已被扔下海的人数计数器
       {
           for(k=0;;)                  //k：决定哪个人被扔下海的计数器
```

```
                {       if(k<9)
                        {       k+=link[j].no_out;      //进行计数。因已扔下海的人计标记为0
                                j=link[j].nextp;        //修改指针，取下一个人
                        }
                        else break;                     //计数到9则停止计数
                }
                if(j-1= =0)M_out=30;
                else M_out=j-1;
            link[M_out].no_out=0;                       //将标记置0，表示该人已被扔下海
            printf("i=%bu,M_out=%bu\n",i+1,M_out);
        }
    for(i=1;i<=30;i++)   //输出结果 VVVVOOOOOVVOVVVOVOOVVOOOVOOVVO
    printf("%c",link[i].no_out? 'V':'O');               //O：被扔下海。V：在船上
    printf("\n");
    while(1);                                           //死循环
}
```

4.7.5 编译、代码下载、仿真、测判

按项目 1 所述方法，先在 Keil 中新建工程，然后添加源程序、设置工程选项并编译，生成代码文件 47.HEX、47.omf。在 Keil 中进行模拟调试，从串口输出两种人，共 30 个的排列情况。对结果进行“数 9 入海”的验证。请记录输出的顺序：

____

____

参考图 4-8 进行 Proteus 的测试电路设计，参考 2.1.7 节下载代码 47.omf，设置振荡频率为 11.0592MHz，进行仿真调试，观测“SCM-SEND”窗口输出的结果，与 Keil 串口输出的结果是否一致？________。

实物测试：

将代码下载到目标板上，参考 7.4.5 节进行实物测试，接收区以**文本模式**接收，可得到同样的结果。

4.7.6 进阶设计与思路点拨 5：数 3 出局

10 个人围绕桌子坐一圈，从 1 开始报数，报到 3 的人出局，最后只剩 1 人，依次输出出局人的序号。

（1）参考 4.7.1～4.7.5 节，应用结构数组实现。

（2）应用普通数组实现，报数时，第 10 个人的下一个人是第 1 个人。

4.8 局部变量、全局变量、外部变量

1. 从作用域看

全局变量具有全局作用域，全局变量只需在一个源文件中定义，就可以作用于所有的

源文件，图 4-35 中的 **p、q，一般放在文件开头**。当然，其他不包含全局变量定义的源文件需要用 **extern 关键字**再次声明这个全局变量。

局部变量也只有局部作用域，它是自动对象（auto），只在函数执行期间存在，函数的一次调用执行结束后，变量被撤销，其所占用的内存也被收回，如图 4-35 中的 **i、j，m、n，b、c** 等。局部变量定义时加 static，便为静态局部变量，具有局部作用域，它只被初始化一次，自从第一次被初始化直到程序运行结束都一直存在，它和全局变量的区别在于全局变量对所有的函数都是可见有效，而静态局部变量只对定义自己的函数体始终可见有效。

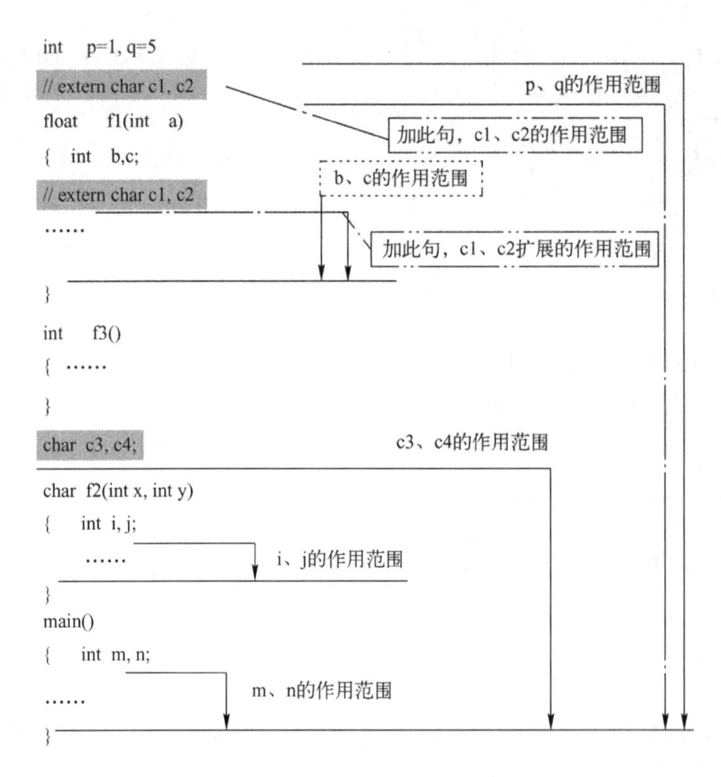

图 4-35 变量的作用范围说明

静态全局变量也具有全局作用域，它与全局变量的区别在于如果程序包含多个文件的话，它作用于定义它的文件，不能作用于其他文件，即被 static 关键字修饰过的变量具有文件作用域。这样即使两个不同的源文件都定义了相同名字的静态全局变量，它们也是不同的变量。

2．从分配内存空间看

全局变量、静态局部变量、静态全局变量都在静态存储区分配空间，而局部变量在栈里分配空间。从以上分析可以看出，把局部变量改变为静态变量后是改变了它的存储方式，即改变了它的生存期。把全局变量改变为静态变量后是改变了它的作用域，限制了它的使用范围。

总的来说：生存期不同，作用域不同，分配方式不同，如图 4-36 所示。

	局部变量			外部变量	
存储类别	auto	register	局部static	外部static	外部
存储方式	动态		静态		
存储区	动态区	寄存器	静态存储区		
生存期	函数调用开始至结束		程序整个运行期间		
作用域	定义变量的函数或复合语句内			本文件	其他文件
赋初值	每次函数调用时		编译时赋初值，只赋一次		
未赋初值	不确定		自动赋初值0或空字符		

图 4-36　变量的存储区、作用域、生存期因存储类型而异

应尽量少使用全局变量，因为全局变量在程序全部执行过程中占用存储单元，降低了函数的通用性、可靠性、可移植性及程序清晰性，容易出错。

3．外部变量

定义：在函数外定义，可为本文件所有函数共用，如图 4-35 中的 p、q，c1、c2。

有效范围：从定义变量的位置开始到本源文件结束，以及由 extern 说明的其他源文件。

外部变量说明：

```
extern    数据类型    变量列表 ;
```

如图 4-35 中的

```
extern  char  c1, c2
```

若外部变量与局部变量同名，则外部变量被屏蔽。

外部变量定义与外部变量说明的比较见表 4-11。

表 4-11　外部变量定义与外部变量说明的比较

	外部变量定义	外部变量说明
次数	只能 1 次	可说明多次
位置	所有函数之外	函数内或函数外
分配内存	分配内存，可初始化	不分配内存，不可初始化

4.9　知识小结

项目 4 知识点总结思维导图如图 4-37 所示。

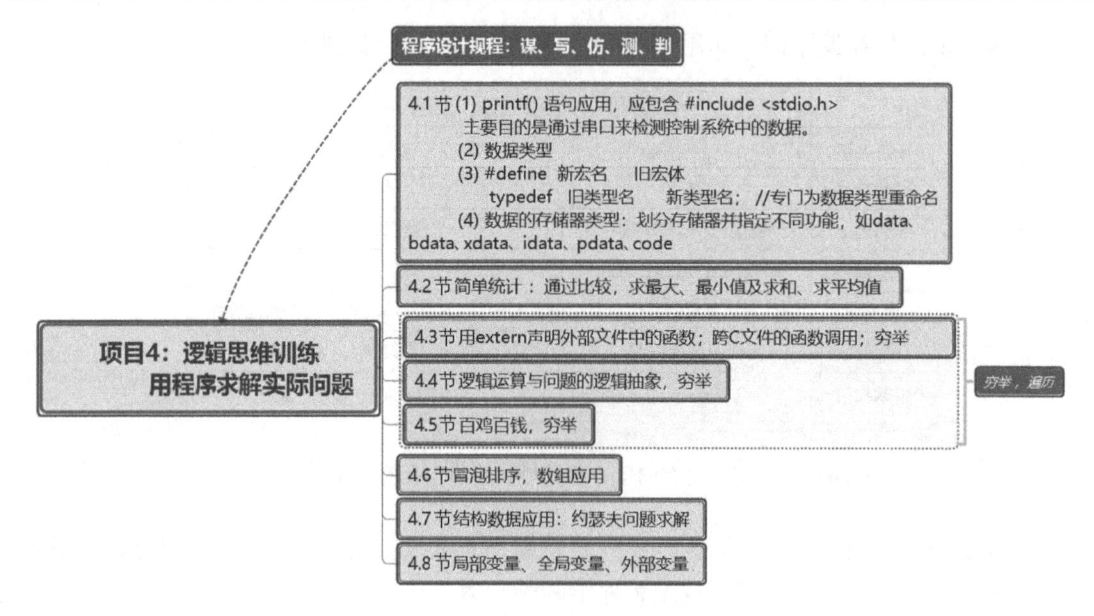

图 4-37 项目 4 知识点总结思维导图

程序设计的目的是为了解决问题，就是从实际问题中抽象出一系列的数据，再经过适当的算法将数据联系起来解决问题。为了有效存储数据，故规定了数据类型、值域，特别是针对单片机有限资源，还规定了数据的存储类型，如 data、bdata、idata、pdata、xdata、code。数据分为变量和常量，名称不能与关键字相同。变量自定义开始有效，还可通过关键字 extern 来扩展其作用域、生存期。

适当的宏定义可增强可读性，也便于修改。通过 printf 输出函数可及时跟踪监测数据变化。

将多个相同类型的数据组织为一数组，比为每个数据定义一个变量更便捷紧凑，更有组织性。

建立结构化或模块化的设计思想，如自建函数、头文件、引用外部函数等。

算法是程序设计的灵魂。先进行数据设计（变量、常量，及其类型、初值、范围等）、算法设计、程序框架设计，绘制程序流程，再编写程序、调试、测试判断，是比较科学的程序设计方法。

习题与思考 4

（1）应用数组实现 3.9 节中的“示意计数器”。

（2）谁做的好事？

在四个人中要找出谁是做好事的。调查时，他们的回答如下。

A 说：不是我。B 说：是 C。C 说：是 D。D 说：他胡说。已知其中 3 人说了真话。试编程找出谁做了好事。

【问题分析与算法设计】

数字 1 表示 A

数字 2 表示 B

数字 3 表示 C

数字 4 表示 D

让 k 表示要找的人，k 为 1～4，表示从 A 找到 D，这时

A 说：不是我。可形式化为 k!=1。

B 说：是 C。可形式化为 k= =3。

C 说：是 D。可形式化为 k= =4。

D 说：他胡说。可形式化为 k!=4。

以上 4 句中有 3 句的值为真，即 4 个表达式的值之和等于 3。

```
for(k=1;k<=4;k=k+1)   //k 既是循环控制变量，也表示第 k 个人，k 从第 1 人到第 4 人遍历
{    if (((k!=1)+(k= =3)+(k= =4)+(k!=4)) = =3) //如果 4 句话有 3 句话为真，则输出该人
    {      输出做好事者为：**
    }
}
```

（3）爱因斯坦的数学题。

注意问题的数学逻辑与表达，结果从串口输出。

爱因斯坦出了一道这样的数学题：有一条长阶梯，若每步跨 2 阶，则最后剩一阶；若每步跨 3 阶，则最后剩 2 阶；若每步跨 5 阶，则最后剩 4 阶；若每步跨 6 阶则最后剩 5 阶；只有每次跨 7 阶，最后才正好一阶不剩。请问这条阶梯共有多少阶？

【问题分析与算法设计】

根据题意，阶梯数 x 满足下面一组同余式：

```
x%2=1; x%3=2; x%5=4; x%6=5; x%7=0;
```

即阶梯数 x 必须同时满足 5 个条件。就像猜 3 位密码，最多要猜 1000 次（000～999）。那阶梯数初值，根据题意是 7 的倍数，故看 7 是否满足以上 5 式。显然不行，那下一个数可能是 14，经验证也不是，那 21 和 28 等呢？此时问题已明了了，以初值 x=14 起，增量为 7，一一判断是否满足以上 5 式。找到第一个满足的则结束。

阶梯数：__________________。

【问题的进一步讨论】

此题算法还可考虑求 1、2、4、5 的最小公倍数 n，然后判断 t(t 为 n-1)≡0(mod7)是否成立，若不成立则 t=t+n，再进行判别，直至选出满足条件的 t 值。请自行编写程序实现。

（4）求二维数组中最大元素值及其行列号。

【问题分析与算法设计】

假设二维数组 a[]为 3 行 4 列。设一变量 Max 表示最大值，row、colm 表示元素的行列号。以 a[0][0]为最大值的初值，再将其与数组中每个元素比较（先行后列，第 0 行，0～3 列的 4 个元素；第 1 行，0～3 列的 4 个元素；第 2 行，0～3 列的 4 个元素）。有比 Max 大的，则赋值给 Max，同时记录行列号。算法结构图如图 4-38 所示。

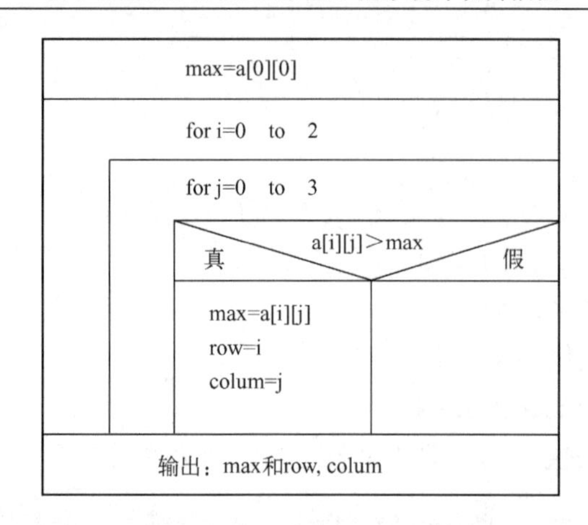

图 4-38 找出二维数组中的最大元素的算法结构图

（5）马克思手稿中的数学题（参考百钱百鸡）。

马克思手稿中有一道趣味数学问题：有 30 个人，其中有男人、女人和小孩，在一家饭馆吃饭花了 50 先令；每个男人花 3 先令，每个女人花 2 先令，每个小孩花 1 先令。问男人、女人和小孩各有几人？

（6）三色球问题。

若一个口袋中放有 12 个球，其中有 3 个红的、3 个白的和 6 个黑的。问从中任取 8 个共有多少种不同的颜色搭配？

【问题分析与算法设计】

设任取的红球个数为 i，白球个数为 j，则黑球个数为 $8-i-j$，根据题意红球和白球个数的取值范围是 0～3，在红球和白球个数确定的条件下，黑球个数取值应为 $8-i-j\leqslant 6$。

（7）物不知其数。

“今有物不知其数，三三数之剩二，五五数之剩三，七七数之剩二，问物几何？”

问题出自四、五世纪中国南北朝数术著作《孙子算经》，它是我国古代重要的数学著作，传本的《孙子算经》共三卷。上卷叙述算筹记数的纵横相间制度和筹算乘除法，中卷举例说明筹算分数算法和筹算开平方法。下卷第 31 题，可谓是后世“鸡兔同笼”题的始祖，后来传到日本，变成“鹤龟算”。

这道题的意思是：有一批物品，不知道有几件。如果三件三件地数，就会剩下两件；如果五件五件地数，就会剩下三件；如果七件七件地数，也会剩下两件。问：这批物品共有多少件？ 变成一个纯粹的数学问题就是：有一个数，用 3 除余 2，用 5 除余 3，用 7 除余 2，求这个数。显然，这相当于求不定方程组

$$\begin{cases} N=3x+2 \\ N=5y+3 \\ N=7z+2 \end{cases}$$

的正整数解 N；或用现代数论符号表示，等价于解下列的一次同余组。

$$N=2(\text{mod}3);\ N=3(\text{mod}5);\ N=2(\text{mod}7)$$

《孙子算经》所给答案是 N=23。由于孙子问题数据比较简单，这个答案通过试算也可以得到，但是《孙子算经》并不是这样做的。它给出的解题方法为：三三数之，取数七十，与余数二相乘；五五数之，取数二十一，与余数三相乘；七七数之，取数十五，与

余数二相乘。将诸乘积相加，然后减去一百零五的倍数。列成算式就是

$$N=70\times2+21\times3+15\times2-2\times105=23。$$

这里，105 是模数 3、5、7 的最小公倍数。容易看出，《孙子算经》给出的是符合条件的最小正整数。对于一般余数的情形，《孙子算经》中指出，只要把上述算法中的余数 2、3、2 分别换成新的余数就行了。以 m、n、k 表示这些余数，那么《孙子算经》相当于给出公式：

$$N=70m+21n+15k-P\times105\ (1\leqslant m<3，1\leqslant n<5，1\leqslant k<7，p\ 是整数)。$$

孙子算法的关键在于，70、21 和 15 这三个数的确定，能同时满足“用 3 除余 m、用 5 除余 n、用 7 除余 k”的要求。除以 105 取余数，是为了求合乎题意的最小正整数解。例如，我国明朝数学家程大位在他著的《算法统宗》（1593 年）中就用四句很通俗的口诀暗示了此题的解法：三人同行七十稀，五树梅花廿一枝，七子团圆正半月，除百零五便得知。

上面的方法所依据的理论，在中国被称为孙子定理，国外的书籍被称为中国剩余定理。

项目 5　定时器/计数器、中断应用

项目目标

能合理应用单片机的内部资源：定时器/计数器、外中断及中断系统解决实际问题，如时钟、矩形波信号生成或信号频率及周期测量等。

项目知识与技能要求

（1）掌握内部资源工作原理、中断函数格式；
（2）会计算定时初值，设置定时器/计数器的工作方式，设置外中断的触发方式；
（3）能合理应用定时、中断等资源实现较简单的控制；
（4）掌握单个数码管的应用；
（5）掌握虚拟示波器及信号发生器的使用，并对信号进行正确测量。

5.1　任务 1：用外中断干扰流水灯

5.1.1　任务要求与分析

电路参考图 3-1。

1．任务要求

以一按键触发外中断，迫使流水灯暂停，再次按键，流水灯恢复。

2．任务目标

（1）理解外中断的工作原理。
（2）理解中断标志位的作用。
（3）掌握外中断的设置与应用。
（4）学习中断启用与否（查询或中断）的不同情况下对实际问题的处理。

3．任务分析

流水灯被设计为两个暗点由高到低循环流动。选用外中断 0 来干扰流水灯。根据之前的学习（见 2.2 节），流水灯共有 8 个稳定的状态，每个状态的实现只要 1～2μs，但为了适应人眼暂留特点达到清晰稳定的显示效果，故每个状态后都延时约 1s，所以绝大部分时间都是在执行延时程序。如第 3 章讲解的各种键控花样灯，也因此而感觉系统对按键的反应有点迟钝。而中断可以解决这个问题，一有中断发生可使 CPU 立即响应，马上暂停流水灯。

5.1.2　中断系统简介

单片机应用系统运行过程中，为响应内部和外部随机发生的事件和突发事件，单片机 CPU 暂时中止执行当前程序，转去处理事件；处理完毕后，再返回继续执行原来中止了的程序。这一过程被称为中断。一般将其划分为 4 个阶段：中断请求、中断响应、中断处理和中断返回。

中断的意义：解决单片机快速 CPU 与慢速外设间的矛盾，使单片机能及时响应并处理运行过程中内部和外部的突发事件，提高了 CPU 的利用率，增强了 CPU 的实时性和可靠性。

AT89C51 单片机的中断系统由 5 个中断请求源、4 个与中断控制有关的特殊寄存器（IE、IP、TCON 和 SCON）、两个中断优先级及顺序查询逻辑电路组成，如图 5-1 所示。中断源就是能发出中断请求信号的各种事件，如 I/O 设备、定时时钟、系统故障、软件设定等。

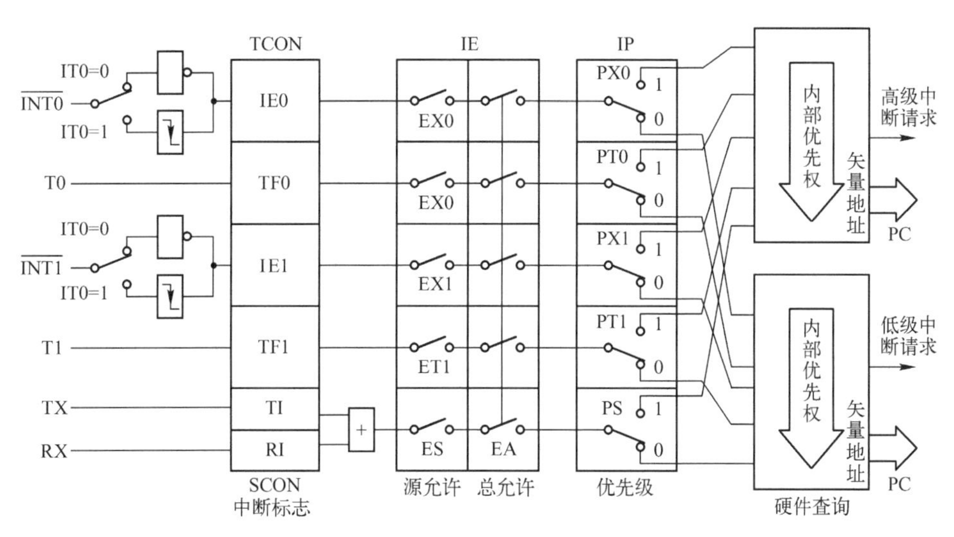

图 5-1　AT89C51 单片机中断系统的结构

为了区别各中断源，汇编语言系统特意规定 5 个 ROM 地址为各中断函数存储的起始地址，即入口地址，见表 5-1。若中断相应的入口地址不得被其他程序占用，中断响应时跳转到中断入口地址执行中断服务程序。而在 C51 中以中断源编号来区别它们（具体见 5.1.6 节）。

表 5-1　中断入口地址及内部优先权表

中　断　源	C51 中的中断源编号	中断入口地址	优　先　权
$\overline{\text{INT0}}$：外中断 0	0	0003H	高
T0：定时器/计数器 0	1	000BH	↓
$\overline{\text{INT1}}$：外中断 1	2	0013H	↓
T1：定时器/计数器 1	3	001BH	↓
串口	4	0023H	低

5.1.3 中断控制寄存器

1. IE（中断允许寄存器）

单片机是否接受中断申请、接受哪个中断申请，由特殊功能寄存器 IE（Interrupt Enable）决定。从图 5-1 可看出，只要位于“IE”下的两列开关闭合，中断就会生效；开关断开将禁止中断系统工作。而 EA 是共用的允许开关，另 5 个中断源各有一独立的允许开关，也即允许控制位，见表 5-2。

各控制位置 1 表示允许中断，置 0 表示禁止中断。

表 5-2 IE 的结构和各位的名称及功能

位　号	IE.7	IE.6	IE.5	IE.4	IE.3	IE.2	IE.1	IE.0
位名称	EA	…	…	ES	ET1	EX1	ET0	EX0
位功能	总中断允许	…	…	串口允许	T1 允许	外中断 1 允许	T0 允许	外中断 1 允许

2. IP（中断优先级控制寄存器）

图 5-1 中的最后一列开关是受 IP 控制的，此为优先级控制寄存器。5 个中断源各有一个优先级控制位，见表 5-3。

表 5-3 IP 的结构和各位名称及功能

位　号	…	…	…	IP.4	IP.3	IP.2	IP.1	IP.0
位名称	…	…	…	PS	PT1	PX1	PT0	PX0
功能：某优先级控制位	…	…	…	串口	T!	外中断 1	T0	外中断 0

各控制位置 1 表示高优先级，置 0 表示低优先级。

高优先级的集中在一队中，低优先级集中在另一队中。CPU 先响应高优先级的队。而两组队列内部排序按系统规定的优先权顺序排列，见表 5-1 右侧。

3. TCON（定时器/计数器和外中断控制寄存器）

（1）外中断触发方式控制位 IT0、IT1

在图 5-1 的左侧，两个外中断的各有一个选择开关 IT0、IT1，它们是外中断的触发方式控制位。

IT0、IT1 置 1，为边沿触发方式（当 P3.3、P3.4 引脚出现下降沿时外中断请求信号有效）；IT0、IT1 置 0，为电平触发方式，该情况下当 P3.3、P3.4 引脚出现低电平时外中断请求信号有效（且低电平须维持到 CPU 响应，否则无效）。

外中断触发示意图如图 5-2 所示。

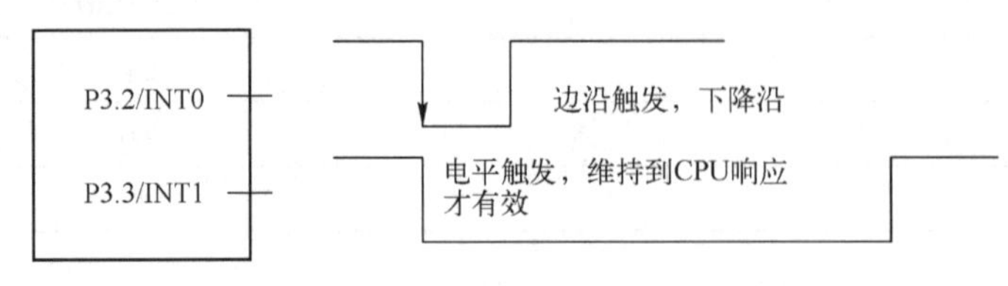

图 5-2 外中断触发示意图

（2）中断标志位

在图 5-1 的左侧第二列，是各中断源的中断标志位，除串口外的各标志位说明见表 5-4。

表 5-4　TCON 的结构和位名称及功能

位　号	TCON.7	TCON.6	TCON.5	TCON.4	TCON.3	TCON.2	TCON.1	TCON.0
位名称	TF1	TR1	TF0	TR0	IE1	IT1	IE0	IT0
功能	T1 中断标志	T1 启动控制位	T0 中断标志	T0 启动控制位	外中断 1 中断标志位	外中断 1 触发方式控制位	外中断 0 中断标志位	外中断 0 触发方式控制位

各中断标志位置 1 表示有中断请求；各中断标志位置 0 则无中断请求。

中断标志位的意义：CPU 将不断查询这些中断请求标志，一旦查询到某个中断请求标志位，CPU 就根据中断响应条件响应中断请求。

4．SCON（串口控制寄存器）

串口有发送结束 TI 和接收结束 RI 两个标志位，在 SCON 寄存器中，见表 5-5。

表 5-5　SCON 的结构和各位名称及功能

位　号	SCON.7	SCON.6	SCON.5	SCON.4	SCON.3	SCON.2	SCON.1	SCON.0
位名称	SM0	SM1	SM2	REN	TB8	RB8	TI	RI
功　能	有关串口通信的相关控制位在 7.2.3 节中详述						发送中断标志	接收中断标志

5.1.4　中断过程

中断处理过程大致可分为四步：中断请求、中断响应、中断处理和中断返回。大部分操作是 CPU 自动完成的，用户只需完成中断初始化（设置堆栈，定义外中断触发方式，定义中断优先级，开放中断等）、编写中断服务程序等工作。

1．中断请求

5 个中断源发出中断信号，各中断标志位置 1，等待 CPU 定时查询。

2．中断响应（系统自动完成）

（1）中断响应操作

CPU 中断响应的过程图如图 5-3 所示。

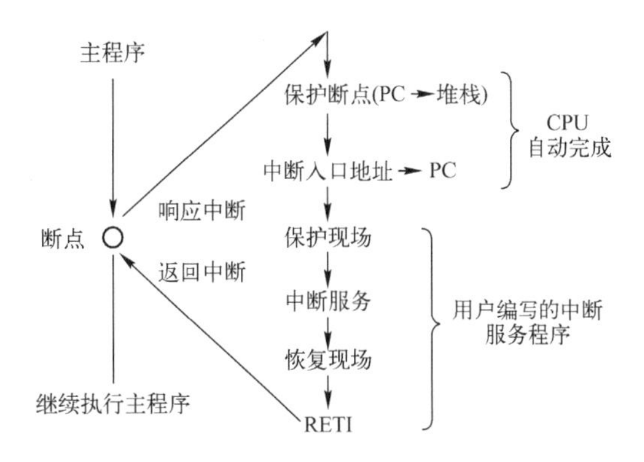

图 5-3　CPU 中断响应的过程图

① 保护断点地址，以便正确返回。CPU 响应中断后，首先将中断点的 PC 值压入堆栈保护起来，然后 PC 装入相应的中断入口地址，接着按此入口地址执行中断服务程序。

② 撤销该中断源的中断请求标志。响应中断是因为查询到中断标志位置位，响应中断后，必须将其撤除，否则中断返回后将再次响应该中断而出错。

③ 一种中断响应后，同一优先级的中断被暂时屏蔽，待中断返回时再重新自动开启。

（2）中断响应条件

中断源发出中断请求后，CPU 响应中断必须满足一定的条件：

① 该中断已被允许（开中断）：EA 和相应的中断允许位已置 1。

② CPU 没有响应同级或更高级的中断。

③ 已发出中断请求信号，并使其中断标志位置位，以供 CPU 查询。**CPU 在执行每一条指令的最后一个机器周期去查询所有的标志位，查询到中断标志位就可响应中断。** 在其他时间，CPU 不查询，也就不会响应中断。

④ 正在执行的不是 RETI 或是访问 IE、IP 的指令，否则必须再另外执行一条指令后才能响应。若正在执行 RETI 指令，则牵涉前一中断点地址问题，必须等待前一中断返回后，才能响应新的中断。访问 IE、IP 指令有可能改变中断允许开关状态和中断优先级，所以必须等其确定后，按照新的 IE、IP 控制执行中断响应。

3．中断处理（执行中断服务程序）

一般来说中断服务程序应包含以下几部分：

（1）从中断入口地址跳转：相邻中断源的入口地址只差 8 个单元，而中断程序往往超过了 8 字节，为避免 ROM 分配冲突，通常在中断入口地址处放一条无条件转移指令，中断程序的内容安排在从跳转地址开始的 ROM 空间。

（2）保护现场：把与断点处有关寄存器如 ACC、PSW、DPTR 等的内容压入堆栈保护，以便中断返回时恢复。

（3）中断服务：CPU 完成中断处理操作的核心和主体。

（4）恢复现场：与保护现场相对应，中断返回前，从保护的现场中取回中断前的各寄存器的内容，以便返回断点后，维持主程序正常运行。

4．中断返回

在中断服务程序的最后，应安排一条中断返回指令 RETI（汇编指令），其作用如下。

（1）恢复断点地址。将原来压入堆栈中的 PC 断点地址出栈，送回 PC。这样 CPU 就返回到原断点处，继续执行被中断的原程序。

（2）开放同级中断，以便允许同级中断源请求中断。

该操作是在 CPU 执行中断返回指令时自动完成的。而 C51 不需要 RETI 指令，在中断函数执行完毕后自动返回。

5.1.5 清除中断请求的补充

对于已响应的中断请求，若其中断请求标志没撤除，则此中断响应返回后，可能再次查到这一中断请求标志而又一次进入中断，引起中断死循环。有关中断请求的撤除，具体分析如下。

1．硬件自动清除

CPU 响应中断时就用硬件自动清除了相应的中断请求标志位，如下：

（1）TF0、TF1。定时器/计数器T0、T1中断请求标志。

（2）边沿触发方式下的IE0、IE1。

2．人工清除

（1）串行中断 RI、TI。对串行中断，CPU 响应中断后并不自动清除相应的中断请求标志，用户应在串行中断服务程序中用软件清除TI、RI。

（2）电平触发方式下的 IE0、IE1。CPU 响应中断时，虽也用硬件自动清除了 IE0、IE1，但相应引脚 P3.3、P3.4 的低电平信号若继续保持下去，中断请求标志就无法清除了，会发生重复响应中断的情况。对于这种情况，可采取软硬件相结合的方法。

5.1.6 中断函数的编写

1．对中断系统进行初始化

中断系统要工作，必须对中断系统进行初始化，见表5-6。

表5-6 各中断的初始化

相关的初始设置	外中断0	外中断1	T0	T1	串　口
开中断 EA=1，各中断允许根据需要设置	EX0	EX1	ET0	ET1	ES
中断优先级，根据需要设置	PX0	PX1	PT0	PT1	PS
外中触发方式	IT0	IT1			
定时、计数器工作方式			TMOD		TMOD（有关波特率）
定时、计数初值			TH0、TL0	TH1、TL1	TH1、TL1（有关波特率）
定时、计数器启动			TR0	TR1	TR1
串口工作方式					SCON、PCON

2．编写中断

格式：void　函数名()　interrupt　n　[using m]

n：中断号。51系列单片机常用中断源的中断号和中断向量见表5-1。

m：用于指定中断函数所使用的寄存器组，using m是一个可选项。指定工作寄存器组的优点是，中断响应时，默认的工作寄存器组就不会被推入堆栈，这将节省很多时间；缺点是，所有被中断调用的函数都必须使用同一个寄存器组，否则参数传递会发生错误。

编写C51中断函数时应遵循以下规则：

（1）中断函数不能进行参数传递。

（2）中断函数没有返回值。

（3）在任何情况下，都不能调用中断函数，否则会产生编译错误。

（4）如果中断函数中用到浮点运算，必须保存浮点寄存器的状态，当没有其他程序执行浮点运算时可以不保存。

（5）由于中断产生的随机性，中断函数对其他函数的调用可能形成违规调用，需要时可将被中断函数所调用的其他函数定义为“可重入函数”。

5.1.7 算法设计

电路参考图 3-1。K1，代表外中断 0 引脚 P3.2 外接的触发按键。在外中断 0 允许的情况下，第 1 次单击触发进入中断，再等待第 2 次单击，此时不是为了再次触发中断，而是为了退出第 1 次单击触发的中断。但只要单击 K1 键，必然 IE0=1，会使退出中断后再次进入中断。所以为了避免这种情况，在退出外中断 0 前，IE0=0。经以上分析，此处外中断 0 的触发方式为边沿方式较合理。第 1 次单击是触发中断，而第 2 次单击通过查询普通 I/O 口的电平来判断，也说明了 P3.2 引脚双功能的特点。中断函数设计如下：

```
void  INT0sev( )  interrupt  0
{   while(K1==0);              //进行中断后等待按键松开，为第 2 次按键判断做准备
    while(K1==1);              //等待第 2 次按键
    IE0=0;                     //退出中断前，IE0=0，清除中断请求
}
```

5.1.8 程序设计

1. 程序框架

程序框架如图 5-4 所示。

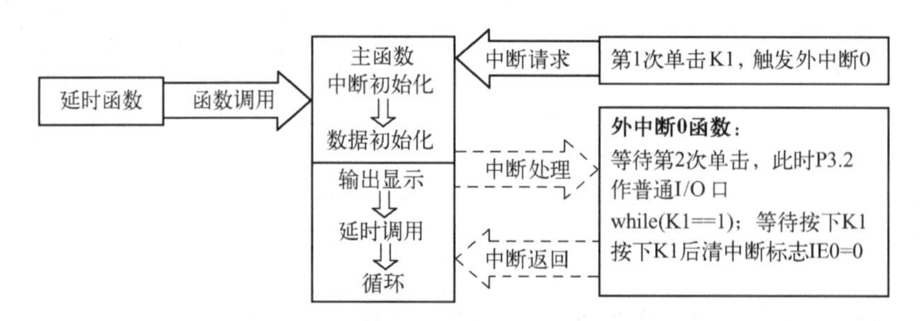

图 5-4　任务 1 的程序框架

2. 程序设计

自行完成流程图设计。

程序保存为 51.c。工程保存为 51.uv2。将 2.3.4 节的 Dly05s.h 复制到本工程中。

```
#include<reg51.h>                    //包含硬件资源定义头文件
#include<intrins.h>                  //包含调用_crol_()所在的头文件;
#include"Dly05s.h"                   //包含延时函数所在的头，文件参见 2.3.4 节
typedef  unsigned  char  Uchar;      //数据类型重命名
sbit  K1= P3^2;                      //按键所接的引脚定义
/*   外中断 0 的函数，函数名：INT0sev        */
无入口参数，无返回值*/
void  INT0sev( )  interrupt  0       //外中断 0 的函数
```

```
{     while(K1==0);                      //等待按键释放
      while(K1==1);                      //等待再次按下
         IE0=0;                          //清中断标志
}

void   main()                                         //主函数，有且只有一个
{  Uchar   Outdata=0xfc, cnt;                         //变量定义
         EA=1;EX0=1;IT0=1;                            //外中断 0 初始化，见表 5-6
         for(cnt=0;   cnt<7; cnt++)                   //流水灯循环显示
         {        P1=Outdata;                         //显示的数据输出
                  Outdata=_crol_(Outdata , 1);        //数据更新
                  Dly05s( );                          //延时
         }
}                                                     //主函数结束
```

5.1.9　编译、代码下载、仿真、测判

按项目 1 所述方法，先在 Keil 中新建工程，然后添加源程序、设置工程选项并编译，生成代码文件 51.HEX、51.omf。参考 2.1.7 节下载代码 51.omf，设置振荡频率为 12MHz，进行仿真调试，填写表 5-7，测试并总结。

表 5-7　任务 1 的仿真调试记录

操　作	LED 的 现 象
上电仿真运行	
第一次单击 K1	
第二次单击 K1	
第三次单击 K1	
第四次单击 K1	
总结外中断生效的软硬件条件	
改为外中断 1 实现本任务。注意中断允许及中断源编号	写出函数头：______________________________。 单击 K2 进行测试判断
可通过在中断函数中设置断点调试来帮助分析	
是否成功？ __________。	自评分：_______________

将代码下载到实物板进行测试。

5.2　任务 2：两个外中断干扰流水灯

5.2.1　任务要求与分析

1．任务要求

电路如图 3-1 所示。在任务 1 的基础上，再增加 K2，接外中断 1 引脚 P3.3。设外中断 1 为高优先级，并为电平触发，使 LED 闪亮 3 次。

2. 任务目标

（1）对比理解外中断的边沿与电平触发方式。
（2）理解中断优先级。
（3）掌握中断函数编程，正确进行中断初始化（开中断、中断触发方式、优先级设置）。

3. 任务分析

对于两个中断，独立编写中断函数，注意它们的中断编号。

5.2.2 中断嵌套

有多个中断源，就存在多个中断源同时提出中断请求的情况，CPU 先响应哪个请求呢？

由中断系统可以看出，由中断优先级（priority）把中断源分成高优先级、低优先级两个队列，队列中的先后次序由系统定义的优先权（见表 5-1 右侧所示）决定。当几个中断源同时请求时，CPU 先服务高优先级的中断，后服务低优先级的中断。

（1）当发出新的中断申请的中断优先级与当前中断的优先级相同或更低时，CPU 不受理，直到当前中断服务程序执行完以后才去响应这个新的中断请求，如图 5-5 所示。

（2）当 CPU 正在处理某一低优先级中断时，出现高级中断请求，则 CPU 暂停当前中断处理，转而执行后来的高级中断。高级中断处理完后，再继续处理被中断的低级中断。这就形成两级的**中断嵌套**，如图 5-6 所示。

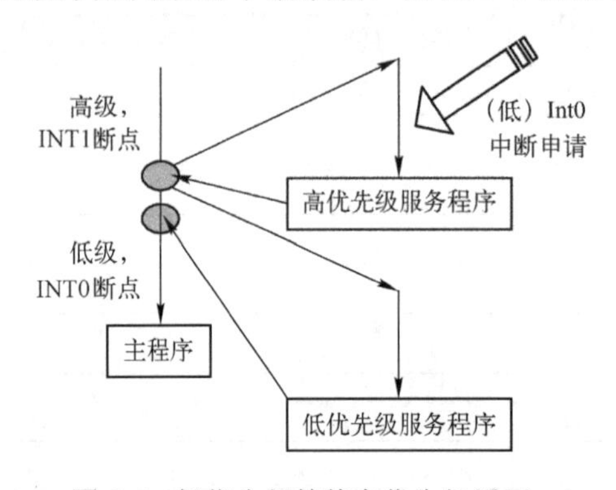

图 5-5 低优先级等待高优先级返回

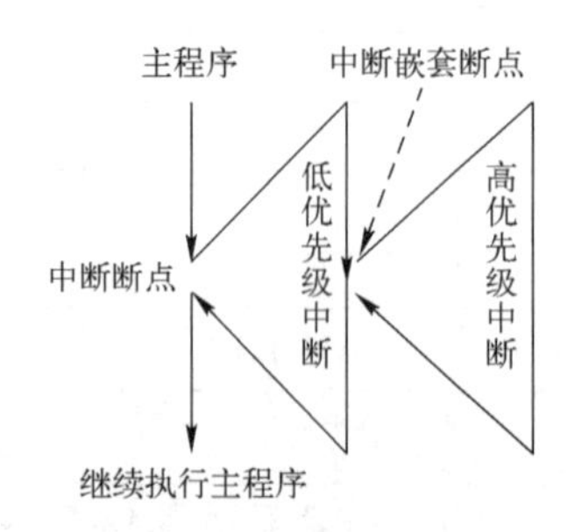

图 5-6 中断嵌套

中断嵌套结构类似于调用子程序嵌套，不同的是子程序嵌套是在程序中事先安排好的，中断嵌套是随机发生的；子程序嵌套无次序限制，中断嵌套只允许高优先级“中断”低优先级。

5.2.3 程序设计

1. 程序框架

程序框架如图 5-7 所示。

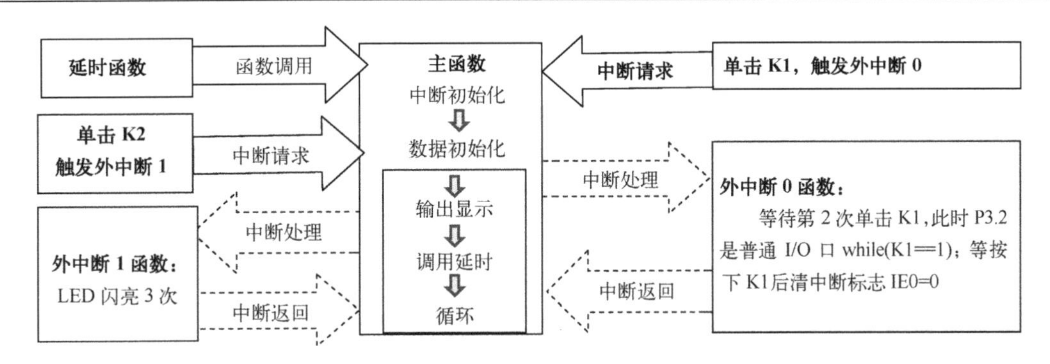

图 5-7　任务 2 的程序框架

2．程序设计

自行完成流程图设计。

程序保存为 52.c。工程保存为 52.uv2。将 2.3.4 节的 Dly05s.h 复制到本工程中。

```
#include<reg51.h>                              //包含硬件资源定义头文件
#include<intrins.h>                            //包含调用_crol_()所在的头文件
#include"Dly05s.h"                             //包含延时函数所在的头，文件参见 2.3.4 节
typedef   unsigned   char   Uchar;             //数据类型重命名
sbit   K1= P3^2;                               //按键所接的引脚定义
sbit   K2= P3^3;
Uchar   Outdata;                               //全局变量，为维持暂停时的 LED 状态
/*   外中断 0 的函数，函数名为 INT0sev，无入口参数，无返回值   */
Void   INT0sev( )   interrupt   0              //外中断 0 的函数
{   while(K1==0)
          { ; }                                //等待按键释放
    while(K1==1)
  {   P1=Outdata;   }                          //等待再次按下 K1
          IE0=0;                               //清中断标志
}                                              //中断返回
/*   外中断 1 的函数，函数名为 INT1sev，高优先级，无入口参数，无返回值   */
void   INT1sev( )   interrupt   2              //外中断 1 的函数
{          P1=0x00; Dly05s( );    P1=0xff; Dly05s( );
           P1=0x00; Dly05s( );    P1=0xff; Dly05s( );
           P1=0x00; Dly05s( );    P1=0xff; Dly05s( );
}
void   main( )                                 //主函数，有且只有一个
{   Uchar   cnt;                               //变量定义
    Outdata=0xfc;
    EA=1; EX0=1; IT0=1;                        //外中断 0 初始化，见表 5-6
    EX1=1; IT1=0;                              //开外中断 1，电平触发
    PX1=1;                                     //外中断 1，高优先级
    for(cnt=0;   cnt<7;   cnt++)               //流水灯循环显示
       {   P1=Outdata;                         //显示的数据输出
           Outdata=_crol_(Outdata , 1);        //数据更新
           Dly05s( );                          //延时
```

```
        }
    }
```

5.2.4 编译、代码下载、仿真、测判

按项目 1 所述方法，先在 Keil 中新建工程，然后添加源程序、设置工程选项并编译，生成代码文件 52.HEX、52.omf。参考 2.1.7 节下载代码 52.omf，设置振荡频率为 12MHz，进行仿真调试，填写表 5-8。

表 5-8 任务 2 的仿真调试记录

操　作	LED 的 现 象
上电仿真运行 9s	
第一次单击 K1，等 1s	
第二次单击 K1，等 1s	
单击 K2，等 4s，看单独中断的效果	
按下 K2，维持 2s	
按下 K2，维持 4s，理解电平触发	
单击 K2，马上在 2s 内多次单击 K1，低级中断等高级中断结束	
单击 K1	解释以上现象：________________
单击 K1 使 LED 静止，马上在 2s 内多次单击 K2，注意 LED 闪了几次（电平触发的条件）？	高级中断打断低级中断
单击 K1 使 LED 静止，按下 K2 维持 4s，注意 LED 闪了几次？	解释以上现象：（注意充分理解电平触发外中断）________
总结外中断边沿触发与电平触发的特点：________________	
是否成功？________。 自评分：________	

将代码下载到实物板进行测试。

5.2.5 进阶设计 1

把外中断 1 的触发方式改为边沿触发，现象会怎样？试分析原因，并说明在本例中，外中断 1 选哪种触发方式更合理？

____

____

____

5.3 任务 3：多少个小球——计数器应用

5.3.1 任务要求与分析

某工厂有一条图 5-8 所示的装小球生产线，小球被传送带运送并掉入下方的纸箱中，纸箱在另一条传送带上被运送，每个纸箱装满 10 个小球后就换下一个纸箱装球。试设计

一个单片机控制系统，实现以上的小球装箱要求，并实时显示当前装球的纸箱序号和其中的小球数。

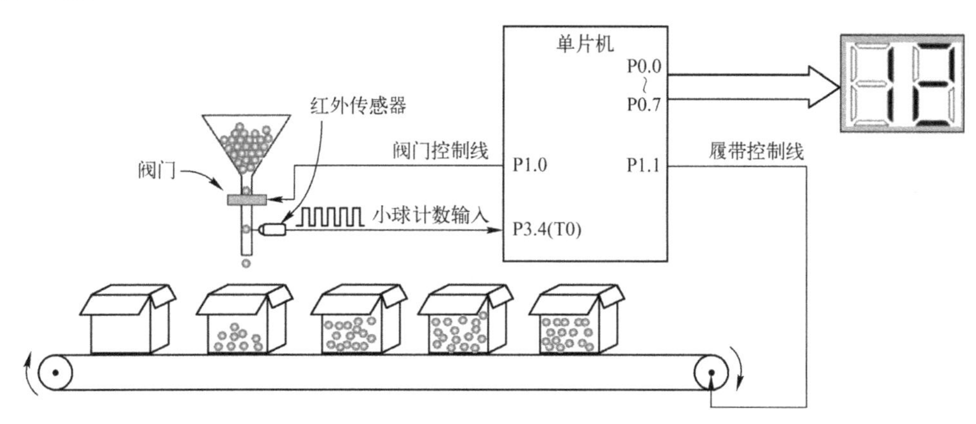

图 5-8 小球装箱计数控制系统示意图

1．任务要求

对小球计数问题进行提炼，只进行计数，并用两个独立的七段数码管显示，假设小球数量不超过 100。

2．任务目标

（1）掌握用定时器/计数器的计数功能实现便捷计数。
（2）掌握独立数码管的显示。
（3）掌握一维数组应用。

3．任务分析

计数信号输入：以按键来代替小球遮挡红外线而触发计数。

计数的实现：每一个有效的计数信号（数字）对引脚来说就是两个状态（高电平、低电平）的切换。可以想象要通过引脚电平的变化来判别计数信号，为了不漏掉一个信号，CPU 必须实时监测引脚。显然 CPU 的工作单调，效率又低。启用其内部的计数器，可实现自动计数，其间 CPU 可进行其他工作，从而提高 CPU 的利用率。

计数值显示：两个独立的数码管分别显示当前箱号和箱中小球数。因 10 个小球一箱，箱号 1、2、3……依次编号，故箱号=计数/10+1；当前箱中小球数=计数%10。

5.3.2 定时器/计数器 T0、T1

定时器/计数器是单片机的重要功能部件。可用来实现定时控制、延时、频率测量、脉冲宽度测量、信号发生、信号检测等。定时器/计数器用作定时器时，还可作为串行通信中的波特率发生器。

51 单片机有两个定时器/计数器 T0、T1，可分时作为定时器或计数器。其核心是一个“加 1 计数器”，当加到计数器全为“1”时，再输入一个脉冲，就使计数器回零，且计数器的溢出使 TCON 中的标志位 TF0 或 TF1 置 1，向 CPU 发出中断请求（定时器/计数器中断允许时）。定时器/计数器的工作原理示意图如图 5-9 所示。

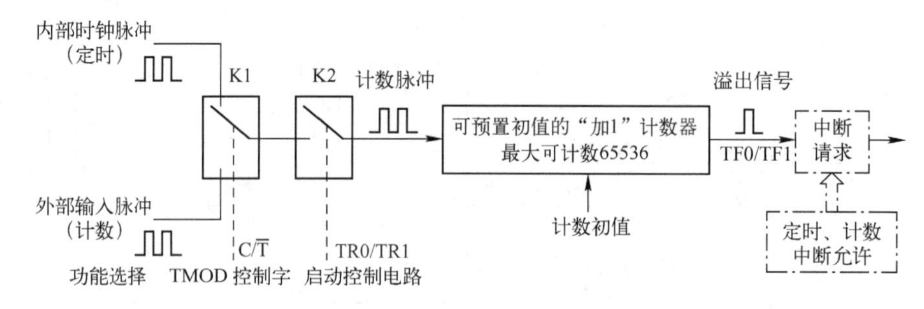

图 5-9 定时器/计数器的工作原理示意图

1．计数器——对片外下降沿信号计数

当定时器/计数器用作“计数器”时，可对接到 14 引脚（T0/P3.4）或 15 引脚（T1/P3.5）的脉冲信号数进行计数。每当引脚上发生从“1”到“0”的负跳变时，计数器加 1，如图 5-10 所示。单片机内部操作是：在一个机器周期内检测到该引脚为高电平“1”，在相邻的下一机器周期内检测到低电平“0”时，计数器确认加 1。所以，每检测一个外来脉冲信号，至少需要 2 个机器周期。

显然，所能检测的最高外部脉冲信号频率为晶振频率的 1/24。

若晶振频率为 12MHz，则所能检测的最高外部脉冲信号频率为 500kHz。还要注意：当用作“计数器”时，要求外部计数脉冲的高电平、低电平的持续时间至少各要 1 个机器周期，但占空比无特别要求。

2．定时器——对机器周期计数

当定时器/计数器用作“定时器”时，定时信号来自内部时钟发生电路，即对机器周期计数，如图 5-10 左上角所示。当晶振频率为 12MHz，则机器周期为 1μs；在此情况下，若计数器中的计数为 100，则“定时”=100×1μs=100μs。

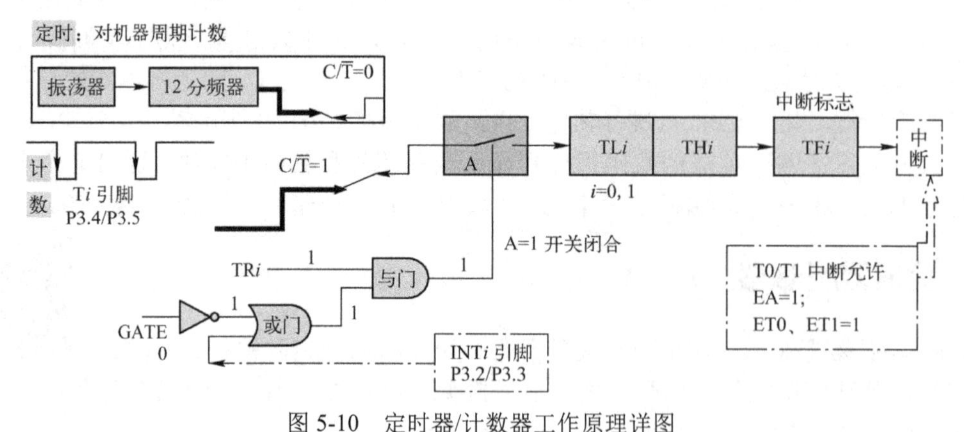

图 5-10 定时器/计数器工作原理详图

3．与定时器/计数器有关的特殊功能寄存器

为实现定时器/计数器的各种功能还用到几个特殊功能寄存器，见表 5-9。

表 5-9　与定时器/计数器有关的特殊功能寄存器

定时器/计数器的 SFR	用　　途	地　　址	有无位寻址
TCON	控制寄存器	88H	有
TMOD	**方式寄存器**	**89H**	无
TL0	定时器 T0 低字节	8AH	无
TL1	定时器 T1 低字节	8BH	无
TH0	定时器 T0 高字节	8CH	无
TH1	定时器 T1 高字节	8DH	无

5.3.3　定时器/计数器的控制及工作方式

AT89C51 单片机定时器/计数器的工作由两个特殊功能寄存器 TMOD 和 TCON 的相关位来控制。TMOD 用于设置定时器/计数器的工作方式。TCON 用于控制的启动和中断请求。

1. 工作方式寄存器 TMOD

TMOD 用于设置定时器/计数器的工作方式，只可字节操作，不支持单独位操作。低 4 位用于 T0，高 4 位用于 T1。TMOD 中各位结构及名称见表 5-10。

表 5-10　TMOD 中各位结构及名称

TMOD	T1				T0			
名称	GATE	$C/\overline{T}$	M1	M0	GATE	$C/\overline{T}$	M1	M0

（1）$C/\overline{T}$：计数/定时方式选择位

$C/\overline{T}=1$，为计数工作方式，对输入到单片机 T0、T1 引脚的外部信号脉冲计数，负跳变脉冲有效；$C/\overline{T}=0$，为定时工作方式，对机器周期计数。

（2）GATE：门控位

GATE=0，定时器/计数器的运行只受 TCON 中的运行控制位 TR0/TR1 的控制。

GATE=1，定时器/计数器的运行同时受 TR0/TR1 和外中断输入信号（$\overline{INT0}$ 和 $\overline{INT1}$）的双重控制，见表 5-11，同时可参看图 5-10、图 5-11。

表 5-11　GATE 对 T0/T1 的制约

GATE	$\overline{INT0}$，$\overline{INT1}$	TR0/TR1	功　　能
0	无关	0/0	T0/T1 停止
0	无关	1/1	T0/T1 运行
1	**1/1**	**1/1**	**T0/T1 运行**
1	1/1	0/0	T0/T1 不运行
1	0/**1**	1/**1**	T0 不运行，**T1 运行**
1	**1**/0	**1**/1	**T0 运行**，T1 不运行

（3）M1、M0：工作方式选择位

M1、M0 为二位二进制数可表示四种工作方式，见表 5-12。

表 5-12 定时器/计数器工作方式说明表

M1M0	工作方式	功能	容量
00	0	13 位计数器，N=13	2^{13}=8192
01	1	16 位计数器，N=16	2^{16}=65536
10	2	两个 8 位计数器，初值自动装入，N=8	2^{8}=256
11	3	两个 8 位计数器，仅适用于 T0，N=8	2^{8}=256

根据 TMOD 中 M1M0 的设置，定时器/计数器 T0 和 T1 可工作在 4 种方式下，而前三种 0～2 工作方式的操作是完全相同的，只是寄存器的容量不同。以 T0 为例，如图 5-11 所示。在方式 0 下，T0 构成一个 13 位的计数器，由 TH0 的 8 位和 TL0 的低 5 位组成，TL0 的高 3 位未用，满计数值为 2^{13}。T0 启动后立即加 1 计数，当 TL0 的低 5 位计数溢出时向 TH0 进位，TH0 计数溢出则对相应的溢出标志位 TF0 置位，以此作为定时器溢出中断标志。当单片机进入中断服务程序时，由内部硬件自动清除该标志。

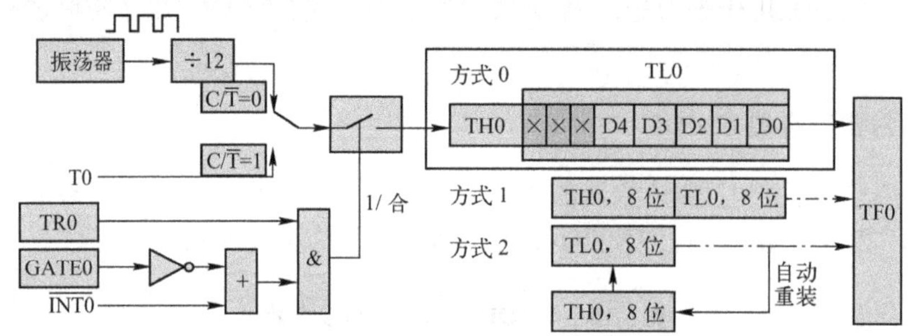

图 5-11 定时器/计数器 T0 在 0～2 工作方式下的寄存器示意图

但在方式 3 下，T0 与 T1 的功能相差很大。当将 T0 设置为方式 3 时，T0 的两个寄存器 TH0 和 TL0 被分成两个互相独立的 8 位计数器。TL0 可作为定时和计数器使用，占用了 T0 的控制位 $C/\overline{T}$、GATE、TR0、TF0 和 $\overline{\text{INT0}}$，而 TH0 只能作为定时器使用，且借用了 T1 的控制位 TR1、TF1，因而 T1 不能工作在方式 3 下。

2．控制寄存器 TCON

TCON 是可位寻址的特殊功能寄存器，对其中的各位可进行位操作。TCON 的低四位只与外中断有关，见表 5-4。TCON 的高四位与定时器/计数器有关。

（1）TF1（TF0）：定时器/计数器的溢出标志

若 T1（T0）被允许计数后，T1（T0）从初值开始加 1 计数，至最高位产生溢出时，TF1（TF0）被自动置 1，即表示计数溢出，同时提出中断请求。若允许中断，CPU 响应中断后，由硬件自动对 TF1（TF0）清 0，也可在程序中用指令查询 TF1（TF0）。

（2）TR1（TR0）：定时器/计数器 T1（T0）的启动控制位

由软件置位/清 0 来开启/关闭。

5.3.4 定时器/计数器的计数容量及初值

1．定时器/计数器的最大计数容量

定时器/计数器本质上是个加 1 计数器，每来 1 个脉冲，计数器计数加 1。计数值存

储在寄存器中，寄存器的二进制位数就决定了它能记录的最大计数值，即“最大计数容量”。若用 N 表示计数的位数，则

$$最大计数容量=2^N$$

若定时器/计数器工作在方式 1，则 N=16，为 16 位加 1 计数器。由上式知计数容量为 65536。若从 0 开始计数，当计到第 65536 个计数时，计数器内容由 FFFFH 变为 10000H，因 16 位加 1 计数器只能容纳 16 位数，所以计数产生“溢出”，定时器/计数器的中断标志位（TF0 或 TF1）被置 1，请求中断。与此同时计数器溢出为 0。显然，定时器/计数器分别工作在方式 0 和 2 的情况下，其最大计数容量分别为 2^8（=256）、2^{13}（=8192）。

2．定时器/计数器的计数初值

定时器/计数器计数起点不一定要从 0 开始。计数起点可根据需要预先设定为 0 或任何小于计数容量的值。这个预先设定的计数起点值被称为“计数初值”（以下简称“初值”）。显然，从该初值开始计数，直到计数溢出，计数容量为（2^N–初值）。所以，当定时器/计数器的工作方式确定后，其所能累计的计数容量（2^N–初值）就由初值决定。初值与计数长度的关系图如图 5-12 所示。

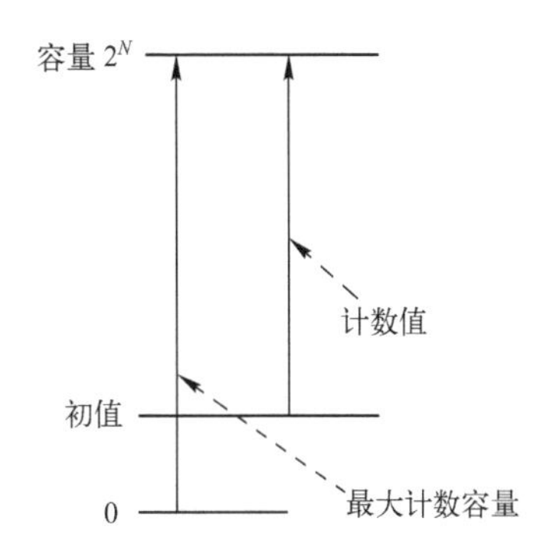

图 5-12　初值与计数长度的关系图

3．定时器/计数器作定时器用时的初值计算

（1）定时初值计算公式

定时器/计数器作定时器用时，单片机内部提供由晶振决定频率的脉冲源，它为晶振频率的十二分之一，其周期就是机器周期，即每一个脉冲的周期都相等且等于机器周期。显然，计数容量就代表了时间的流逝。只要对定时器/计数器设置不同的计数初值，就能得到不同的定时时间；反之，若给出定时时间，便可得到定时初值。当工作方式确定后，N 便确定。当晶振确定，机器周期就确定。于是定时时间与计数初值间有下面关系式：

$$\textbf{定时时间} = (2^N - \textbf{初值}) \times \textbf{机器周期}$$

$$\textbf{初值} = 2^N - \textbf{定时时间} / \textbf{机器周期}$$

式中，机器周期=($12 / f_{osc}$)，所以又有

$$\textbf{初值} = 2^N - (\textbf{定时时间} \times f_{osc})/12$$

显然，初值为 0 时的定时时间最大，称最大定时时间。

（2）初值计算举例

【例 1】 ①若晶振频率为 12MHz，当定时器/计数器分别工作在工作方式为 1、2 的情况下的最大定时时间为多少？②求工作方式为 1 时，定时时间为 50ms 的初值。③求工作方式为 2 时定时时间为 100μs 时的初值。

解：因晶振频率为 12MHz，所以，机器周期，即定时脉冲的周期就是 1μs，即 10^{-6}s。方式 1、2 的 N 分别为 16、8。

① 由公式：定时时间=(2^N–初值)×机器周期，分别求得

方式 1 时，最大定时时间=2^N=2^{16}=65536(μs)=65.536(ms)；

方式 2 时，最大定时时间=2^N=2^8=256(μs)。

② 当定时间为 50ms，即 50×10^{-3}s=50000μs，代入公式：

初值=2^N–定时时间/机器周期=2^{16}–50000μs/1μs，求得初值=15536。

③ 当定时间为 100μs，即 100×10^{-6}s，代入公式：

初值=2^N–定时时间/机器周期=2^8–100μs/1μs，求得初值=156。

【例 2】 若晶振频率为 24MHz，当定时器/计数器工作方式为 2 时，求初值为 106 的定时时间。

解： 因晶振频率为 24MHz，所以，机器周期，即定时脉冲的周期就是 0.5μs。因工作方式为 2，所以，N=8。将它们和初值 106 代入公式：

$$定时时间=(2^N-初值)\times机器周期$$

求得

$$定时时间=(256-106)\times 0.5\mu s=75\times 10^{-6}s=75\mu s$$

可见，定时初值与单片机所选的晶振、定时器/计数器的工作方式和所要求的定时时间有关。在其他条件相同时，初值越大，定时时间越短。

5.3.5 定时器/计数器应用的基本步骤

1. 合理选择定时器工作方式

根据所要求的定时时间、定时的重复性，合理选择定时器工作方式，确定实现方法。一般定时时间长，宜用方式 1；定时时间短（≤255 机器周期）且需自动恢复定时初值，宜用方式 2。

2. 计算定时器的定时初值

$$初值=2^N-定时时间/机器周期$$

3. 编制应用程序

（1）定时器/计数器的初始化，包括定义 TMOD，写入定时初值（THi,TLi），启动定时器（TR1,TR0）运行，若使用中断，则要设置中断系统等。

（2）注意是否需要重装定时初值。若需要连续反复使用原定时时间，且未工作在方式 2 时，则应重装定时初值。若使用中断，要正确编写定时器/计数器中断服务程序。

（3）若将定时器/计数器用于计数方式，则外部事件脉冲必须从 P3.4（T0）或 P3.5（T1）引脚输入。

5.3.6 认识数码管、设计电路

1. 电路设计

小球计数电路所用元器件列表及原理图如图 5-13 所示。为方便仿真，以按键替代红

外触发计数信号。

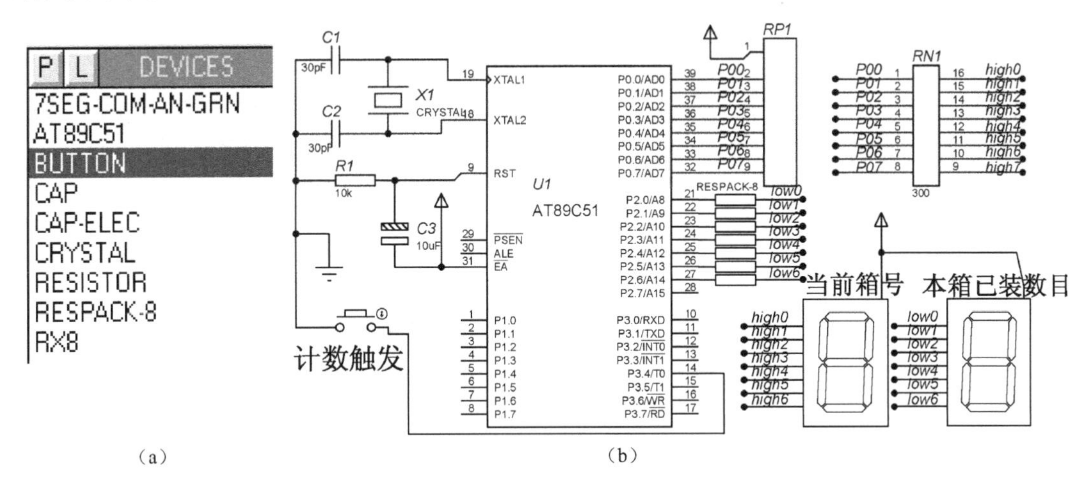

图 5-13　小球计数电路所用元器件列表及原理图

2. 认识数码管

数码管是 LED 显示块的一种，是由 LED 作为显示字段的数码型显示器件。数码管的外形和引脚如图 5-14 所示。其中七只 LED 分别对应 a、b、c、d、e、f、g 笔段构成“8”字形，另一只 LED dp 作为小数点。控制某几段发光，就能显示出某个数码或字符。如要显示数字“1”，则只要使 b、c 两段二极管点亮即可。数码管的结构有共阳极、共阴极两种，如图 5-14 所示。共阴极数码管中的各段二极管的负极连在一起，作为公共端 COM，使用时接低电平。当其中某段二极管的正极为高电平时，此段二极管点亮。共阳极数码管中的各二极管正极并接在一起作为公共端 COM，使用时接高电平。当其中某段二极管的负极为低电平时，此段二极管点亮。所以，在两种极型数码管上显示同一个字符，虽点亮相同的段，但送入各段点亮信号组成的二进制码（简称段码，dp 熄灭）正好相反。

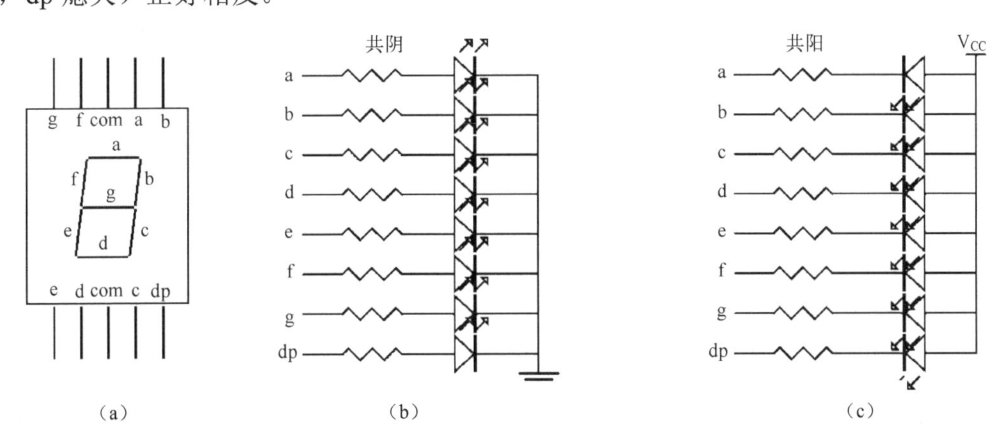

图 5-14　单个数码管外形及内部结构示意图

数码管的使用与 LED 相同，根据其材料不同，正向压降一般为 1.5～2V，额定电流一般为 10mA，最大电流一般为 40mA。静态显示时取 10mA 为宜。动态扫描显示时，可加大脉冲电流，但一般不要超过 40mA。

3. LED 数码管的编码方式

数码管与单片机的接口方法一般是 a、b、c、d、e、f、g、dp 各段依次（有的要通过驱动元件）与单片机某一并行口 PX.0～PX.7 顺序相连接，a 段对应 PX.0 端，……，dp 对应 PX.7 端。如在数码管上要显示数字 8，那么 a、b、c、d、e、f、g 都要点亮（小数点不亮），则送入并行口的段码为 7FH（共阴极）或 80H（共阳极）。表 5-13 是 LED 数码管的七段显示码（小数点不亮）。

表 5-13 LED 数码管段码（七段码）

显示字符	共阳极段码	共阴极段码	显示字符	共阳极段码	共阴极段码	显示字符	共阳极段码	共阴极段码
0	**C0**	3F	5	**92**	6D	A	**88**	77
1	**F9**	6	6	**82**	7D	B	**83**	7C
2	**A4**	5B	7	**F8**	7	C	**C6**	39
3	**B0**	4F	8	**80**	7F	D	**A1**	5E
4	**99**	66	9	**90**	6F	E	**86**	79
熄灭	**FF**	00	P	**8C**	73	F	**8E**	71

4. 在 Proteus 中测试数码管模型的引脚

单击 Proteus 中的 LOGICSTATE（见图 5-15（a）），其输出信号在 0、1 间切换，可方便提供数字逻辑电平 1、0，如图 5-15（b）所示。如用它来测试数码管的引脚，测试结果如图 5-15（c）所示。

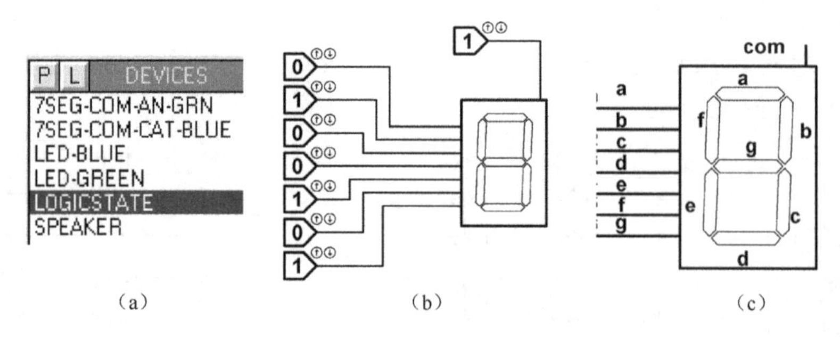

图 5-15 在 Proteus 中测试共阳极数码管的引脚

其他集成芯片，如数字芯片 74HC138、74HC595、AD0808 等都可通过此法来测试其功能。

5.3.7 子任务：用单个数码管循环显示手机短号

控制电路如图 5-13 所示。假设手机号的数字依次显示在 P0 口控制的数码管上。注意函数设计与调用。

1．程序流程

手机号显示的程序流程图如图 5-16 所示。

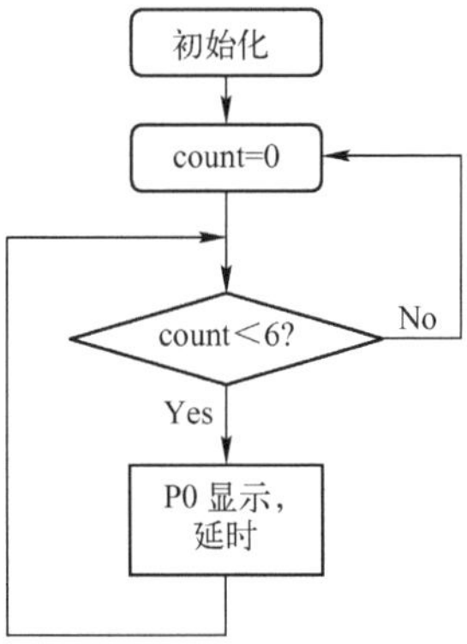

图 5-16　手机号显示的程序流程图

2．数据设置

（1）与显示相关的数据的类型设置

数码管的显示码、手机号为同一类型的一串数据，故以数组的形式组织；它们均在 255 以内，且是正数，故其数据类型设置为 Uchar。

（2）程序大结构的考虑

手机号显示是有限个数的循环显示，故宜采用 for() 循环结构，但需设置一个控制循环次数的变量 count，类型也为 Uchar。

3．程序设计

```
/*  单个数码管循环显示手机短号的程序保存为 537.c.。工程保存为 537.uv2。将 2.3.4 节的 Dly05s.h 复制到本工程中。   */
//P0：显示，共阳极，zlb
#include <reg51.h>                       //包含硬件资源定义头文件
#include "Dly05s."                       //包含延时函数所在的头，文件参见 2.3.4 节
#define  Dataout  P0                     //宏定义，便于修改 I/O 口
typedef  unsigned  char  Uchar;          //数据类型重命名
void  Segdisplay(void);                  //函数声明，句末加分号
void  main( )                            //主函数
{  while(1)
      {   Segdisplay( ); }
}                                        //主函数结束
void  Segdisplay(void)                   //显示函数，不传递参数
{  Uchar  count, N=6;                    //N 为手机号的位数
   Uchar  code  displaycode[]={0xC0,0xF9,0xA4,0xB0,0x99,0x92,
          0x82,0xF8,0x80,0x90,0x88,0x83,0xC6,0xA1,0x86,0x8E} ;   //共阳极显示码
   Uchar  code  TELnumb[ ]={8,9,6,5,1,3};                        //手机号数组
          for(count=0; count<N; count++)                         //计数，显示
          {     Dataout=displaycode[TELnumb[count]];             //数组可引用数组
                Dly05s( );                                       //延时
          }
}
```

4．编译、代码下载、仿真、测判

按项目 1 所述方法，先在 Keil 中新建工程，然后添加源程序、设置工程选项并编译，生成代码文件 537.HEX、537.omf。参考 2.1.7 节下载代码 537.omf，设置振荡频率为 12MHz，进行仿真调试，观察显示内容并测试判断，记录在表 5-14 中。

表 5-14　本节子任务的仿真调试记录

操　作	数码管显示内容
上电仿真运行	
测定每个数字显示时间	
显示自己的短号，应修改程序哪句？	Uchar code TELnumb[ ]={ , , , , , };
循环显示手机长号的程序该如何修改？	
总结数组的用途、使用方法：______	
是否成功？______。	自评分：______

如果相邻的两数一样，如 663901，如何处理能使连续两个 6 区别表示两个数？

5.3.8　算法与程序设计

1．算法与程序框架

根据参考电路图 5-13，要对传输带送来的小球不断计数，并实时显示计数，故程序结构为循环结构。具体结构与算法设计如图 5-17 所示。

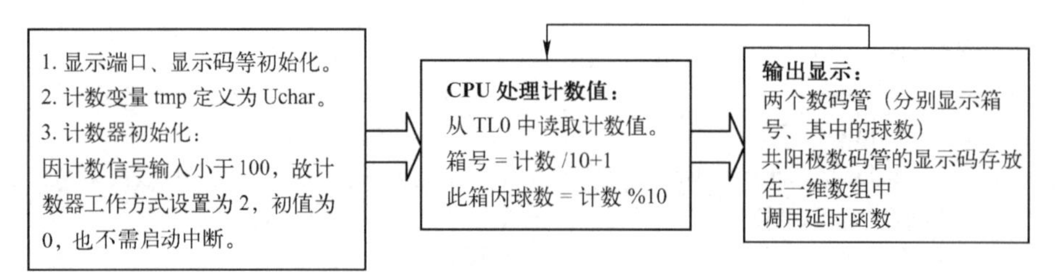

图 5-17　“多少个小球”的程序算法与结构图

2．程序设计

参考图 5-17，自行设计程序流程图。程序保存为 53.c。工程保存为 53.uv2。

```
//每箱 10 个，实时显示当前箱数及箱中的小球数
//P0：箱数；P2：当前箱中的小球数
//53.c。将 2.3.4 节的 Dly05s.h 复制到本工程中
#include<reg51.h>                    //包含硬件资源定义头文件
#include"Dly05s.h"                   //包含延时函数所在的头，文件参见 2.3.4 节
typedef  unsigned  char  Uchar;      //数据类型重命名
#define  BOXnumb  P0                 //宏定义，便于修改 I/O 口
#define  BALLnumb  P2
Uchar  code displaycode[]={0xC0,0xF9,0xA4,0xB0,0x99,0x92,
   0x82,0xF8,0x80,0x90,0x88,0x83,0xC6,0xA1,0x86,0x8E} ;//共阳极数码管显示码
void  main()                         //主函数
{  Uchar  tmp;                       //函数内局部变量定义
   TMOD=0x06;                        //T0 初始化，参见表 5-6，计数，方式 2
   TH0=0;                            //初值=0，寄存器中的值即为计数值
   TL0=0;
```

```
        TR0=1;                                  //T0 运行
        while(1)                                //计数，显示
        {       tmp=TL0;                        //读取计数器中的计数值
                BOXnumb=displaycode[tmp / 10+1]; //当前箱数
                BALLnumb=displaycode[tmp%10];   //当前箱中的小球数目
                Dly05s( );                      //延时，决定刷新显示频率
        }
    }                                           //主函数结束
```

5.3.9 编译、代码下载、仿真、测判

小球计数仿真测试

按项目 1 所述方法，先在 Keil 中新建工程，然后添加源程序、设置工程选项并编译，生成代码文件 53.HEX、53.omf。参考 2.1.7 节下载代码 53.omf，设置振荡频率为 12MHz，进行仿真调试。

单击按键，触发计数器，观测显示内容，总结、填写表 5-15。

表 5-15　任务 3 的仿真调试记录

操　作	数码管显示内容
上电仿真运行，未按键	
计数触发 10 次	
计数触发 18 次	
计数触发 99 次	
总结计数器生效的硬件、软件条件：________________	
是否成功？__________。	自评分：__________

5.3.10 进阶设计 2：如何显示 999 个小球

思路点拨——硬件扩展

因 999<1000，10 个球装一箱，故箱数<1000/10=100，所以箱号用两位数码管即可显示。硬件中再增加一个数码管，可由 P1 口控制。

思路点拨——软件设计

（1）小球计数值小于 1000，超过了 255，故计数器的工作方式设置为 1，为 16 位的计数寄存器。

（2）计数值暂存变量 tmp 的数据类型设置为 Uint。

（3）箱号值为 1～99，故箱号的显示处理上由一个数码管扩展到两个，箱号显示也分离为十位、个位。当前箱号中的球数=计数值%10。

将 5.3.7 节中的延时函数改用定时器实现。

5.3.11 虚拟数字时钟信号 应用

要测试计数到 999，按键要按 999 次，如此劳神的操作可用 Proteus 中提供的虚拟信

号来触发计数。如图 5-18（a）所示，单击工具按钮，对象选择框中列出 14 项虚拟信号，单击“DCLOCK”，放入电路中并与 T0 引脚 P3.4 相连。对其双击，参考图 5-18（b）进行设置。

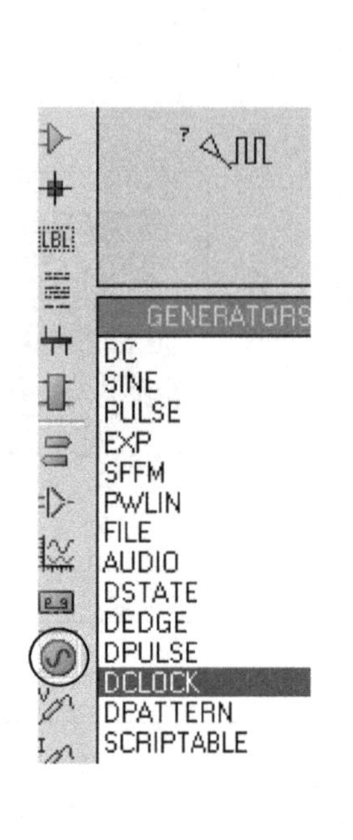

（a）选取虚拟数字时钟信号

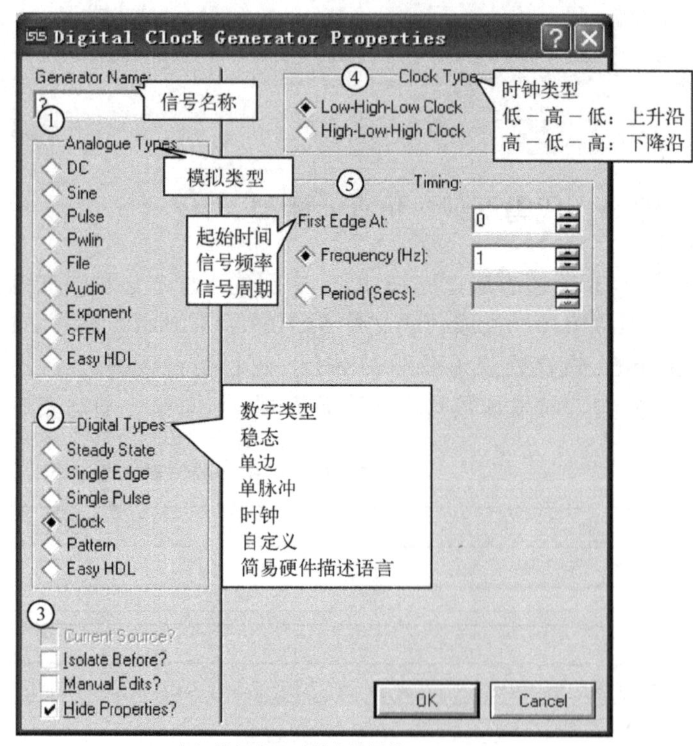

（b）编辑虚拟时钟信号属性

图 5-18　使用虚拟数字时钟信号

（1）信号名称：接入电路后自动生成，与线路连接结点同名。

（2）类型选择：模拟或数字，此处选数字类型下的 DCLOCK。

（3）Hide Properties?：取消勾选，可显示信号的属性。

（4）设置时钟类型：即信号起始状态，以上升沿或下降沿起始。

（5）设置时钟信号周期或频率：本任务中可设置为 1Hz、10Hz、20Hz 等频率进行测试。

（6）了解更多的信息：可单击属性框右上角的?，光标变成一问号，对疑问处单击，即可打开相关帮助文件查看。

对 5.3.10 节的进阶设计进行测试，分析、总结并记录。观测显示内容，填写表 5-16。

表 5-16　5.3.10 节进阶设计的仿真调试记录

操　　作	数码管显示内容
设置虚拟信号为 2Hz，100 计数以下	
设置虚拟信号为 10Hz，100～200 间计数	
设置虚拟信号为 20Hz，1000 以内的计数	
总结虚拟计数器的应用：____________	
是否成功？__________。	自评分：__________

5.4　任务 4：定时产生 2500Hz 方波

5.4.1　任务要求与分析

1．任务要求

应用定时器产生频率为 2500Hz 的方波。分别用查询方式、启用中断两种方式实现。

2．任务目标

理解定时器工作原理，掌握其初始化及中断函数的编写。

3．任务分析

频率为 2500Hz 的方波，其周期为 1/2500Hz=0.4ms=400μs，波形特点是高低电平各占半周期，如图 5-19 所示，故只要设计每 200μs 输出高/低交替的电平即可。假设信号输出引脚为 P1.0，对其信号取反 P1.0=~P1.0，即可实现高低电平交替的信号从 P1.0 输出。

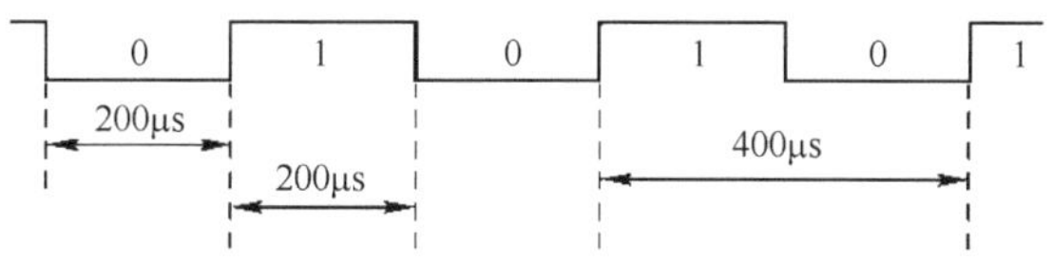

图 5-19　2500Hz 方波信号示意图

5.4.2　算法设计

1．关键设置

（1）使用定时器：200μs 时间的实现

① 定时器的工作方式选择。因只需要定时 200μs（假设晶振为 12MHz，机器周期为 1μs），故定时器工作方式设置为方式 2，其最大定时值为 2^8=256×1μs=256μs，且溢出后初值自动重装，为自动连续定时等长的时间段提供方便。设置 TMOD=2，见表 5-17。

表 5-17　TMOD 设置

TMOD	T1（无关位为 0）				T0（使用 T0，实现 2500Hz 的方波）			
位名称	GATE	C/$\overline{T}$	M1	M0	GATE	C/$\overline{T}$	M1	M0
	0	0	0	0	0（定时与外中断无关）	0（定时器）	（方式 2）	
							1	0

② 定时初值设置：初值=2^N – 定时时间/机器周期=2^8–200μs/1μs=56

（2）计数寄存器溢出后 TF0=1，据此判断定时时间到

只要启动定时器，其寄存器计数满，即达到 2^8 时，即为溢出，自动使溢出标志位 TF0 置 1，该标志位也是申请中断的标志位。故不启动中断功能时，要时刻监测标志位

TF0，一旦由“0”变为“1”，即为定时时间到，而后 TF0 也需手工清 0，以便等待下次定时溢出。若启用中断功能，则要开启定时中断使能 ET0=1，并要编写中断处理函数。

2．输出信号引脚定义

```
sbit   P1_0=P1^0;
```

3．程序框架（见图 5-20）

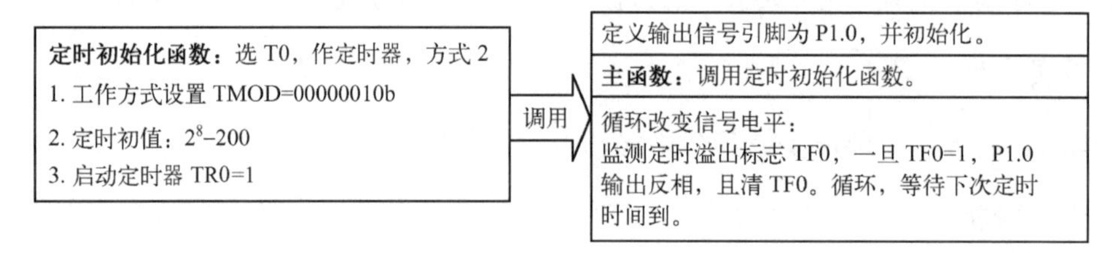

图 5-20　查询方式下输出方波程序框架

5.4.3　查询方式下程序流程及程序设计

参考图 5-20 程序框架图，完善图 5-21。程序保存为 541.c，建立工程为 541.uv2。

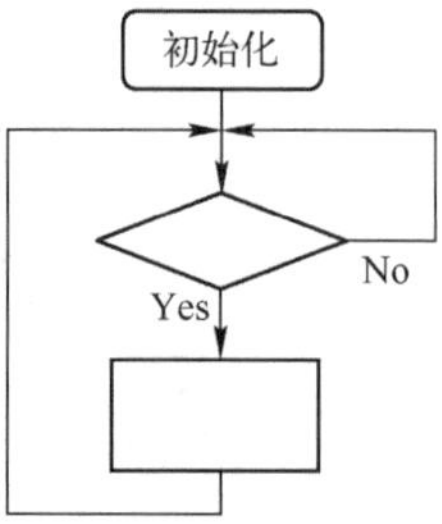

初始化

Yes

No

图 5-21　任务 4 主函数的程序流程图

```
//541.c：定时 200μs，2500Hz 方波
#include <reg51.h>
sbit  SquarWave =P1^0;   //输出方波信号引脚的位定义
void  T0init()           //定时器初始化，不开中断
{  TMOD = 0x02;          //T0，工作方式 2，自动重装
   TH0 = 256-200;        //初值初始化
   TL0 = 256-200;
   TR0 = 1;              //启动 T0
}
void  main()
{  T0init();
   While（1）                     //查询定时溢出标志位=1，判断定时时间到
   {     if( TF0==1)              //如果 TF0 等于 1
         {      TF0=0;            //清 TF0
                SquarWave = ~ SquarWave;        //输出电平状态切换，产生方波
         }
   }
}
```

5.4.4　用虚拟示波器观测信号周期

1．连接虚拟示波器

单击小工具栏  中的按钮  （虚拟仪器），在对象选择器列表中单击

OSCILLOSCOPE（示波器），再在 ISIS 编辑区中的适当位置左击，虚拟示波器就放置好了，如图 5-22（a）所示。它有 4 个信号通道，将其一连接到 P1.0 引脚，如图 5-22（b）所示。

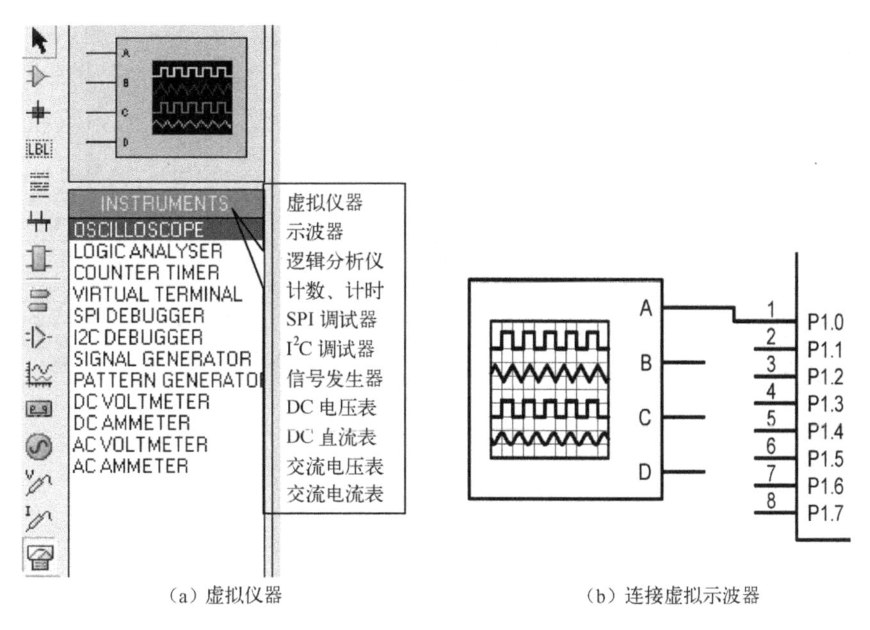

（a）虚拟仪器　　　　（b）连接虚拟示波器

图 5-22　连接虚拟示波器

2．编译、代码下载、仿真、测判

按项目 1 所述方法，先在 Keil 中新建工程 541，然后添加源程序 541.c、设置工程选项并编译，生成代码文件 541.HEX。参考 2.1.7 节下载代码，设置振荡频率为 12MHz，阅读下面文字启用虚拟示波器进行仿真调试。

自己测量的信号周期：＿＿＿＿＿（注意周期的单位）。是否成功？＿＿＿＿＿。自评分：＿＿＿＿＿。

将代码下载到实物板，接入示波器进行实际观测。

3．虚拟示波器面板介绍及操作应用

虚拟示波器有 4 个信道，如图 5-23 所示，即 Channel A、Channel B、Channel C 和 Channel D；各信道信号轨迹线默认为黄色、蓝色、红色、绿色。

一般情况下，放置了虚拟示波器后一启动仿真，会自动弹出图 5-23 所示界面。若没弹出，则在其上右击弹出快捷菜单，单击选择 Digital Oscilloscope 即可。

4 个信道操作基本一样，主要包括垂直位置、耦合方式、反向或叠加，以及垂直幅值/格。4 个信道共用一个触发信号、分辨率设置。对触发信号可进行触发源、垂直位置、耦合方式（AC、DC）、触发沿（上升、下降）、信号捕捉方式 Auto One-Shot、开/关测量 Cursors 设置。

（1）“信道操作”块

当前各信道选择的都是交流（AC）耦合。A 信道当前幅值为 2V/格。

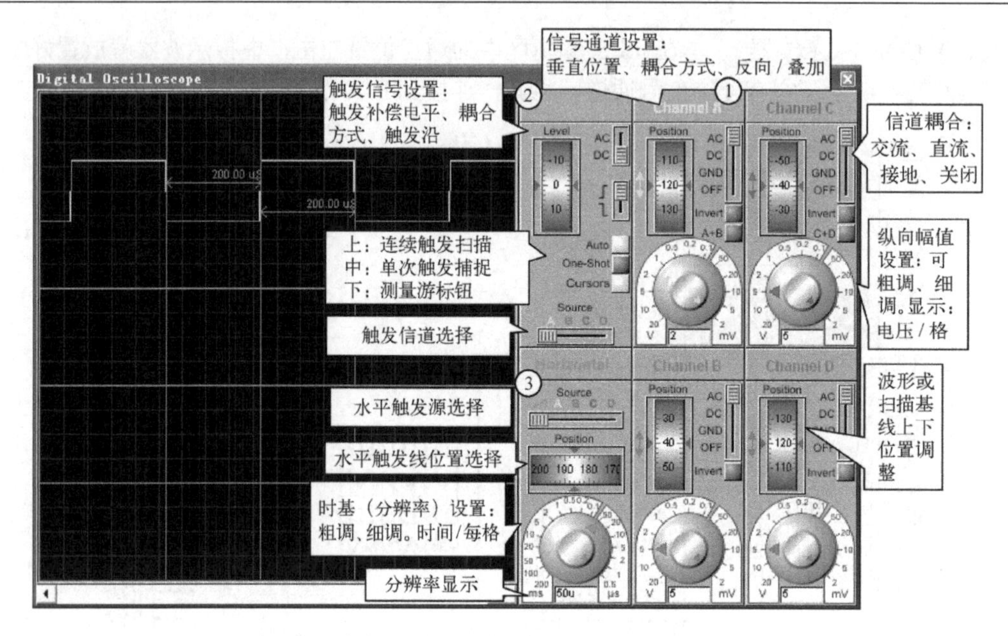

图 5-23　虚拟示波器仿真片段及各操作键功能说明

（2）“触发操作”块

标签为“Trigger”的块属触发部分。当前为上沿触发方式，触发补偿电平为 0，触发源为 A 信道。若要单次触发捕捉，左击“One-Shot”按钮，该按钮变为亮粉红色，触发结束后恢复为灰色。本例中是自动触发捕捉下的状态。

（3）“水平功能操作”块

标签为“Horizontal”的块属“水平功能操作”部分。当观察和测量波形时，“Source”钮一般选择最左边位置，即扫描位置。可根据被测波形的频率（周期）对面板左下角的大小转盘进行分辨率的粗细调整，当前是 50μs，观察左侧的显示屏，半个周期约 4 格，即 200μs。

4. 波形的观察与测量

根据被测信号情况（例如信道、频率、振幅、是否为周期性等）正确选择好各功能钮的位置，便可启动仿真并对虚拟示波器中显示的波形进行观测。仿真片段如图 5-23 所示。

（1）粗略估计

根据信号水平方向所占水平格数，粗略估算周期；根据信号垂直方向所占格数，粗略估算幅值。

（2）精确测量

单击“Cursors”（测量游标）钮使其变亮粉色，将鼠标移至示波器显示窗口，出现“十”字游标，以游标竖线对准测量起点按下鼠标左键不放，沿水平方向拖至测量终点再松开，则显示所测时间；或用游标横线垂直拖动测电压差。从图 5-23 看出，所测信号半周期为 200μs。将鼠标移至波形某点则显示该点电压和相对触发线的时间。

5.4.5　定时中断方式下程序设计

在 5.4.2 节的基础上，需要开启 T0 中断，并将信号每半周期的翻转移至中断函数中处理。电路参考图 5-22，程序框架如图 5-24 所示。

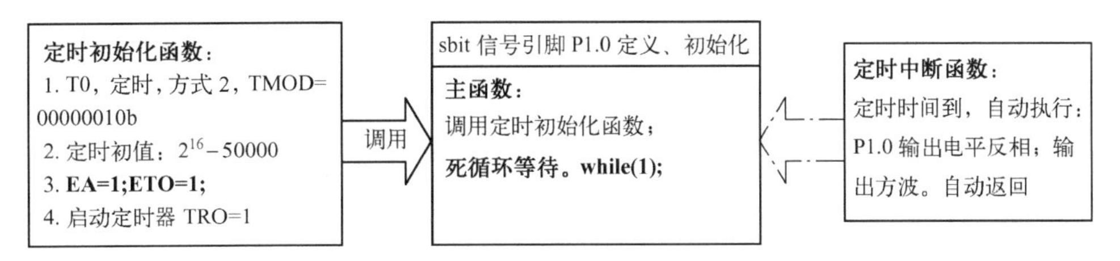

图 5-24　定时中断方式下输出方波程序框架

```
/* 542.c：定时中断，方波 2500Hz。建立工程为 542.uv2 */
//   .2 zlb
#include <reg51.h>                    //包含 51 硬件资源定义的头文件
sbit   SquarWave=P1^0;                //输出方波信号引脚的位定义
/* T0，中断函数，无参数传递，但有全局变量引用*/
void   Timer0( )   interrupt   1
{   SquarWave= ~ SquarWave;   }       //定时到，输入信号反相，形成高低电平交替的方波
/* T0，定时初始化，开中断，无参数传递   */
void   T0init(void )
{   TMOD=0x02;                        //T0，工作方式 2，自动重装
    TH0=256-200;                      //定时初值初始化
    TL0=256-200;
    EA=1;                             //开总中断允许
    ET0=1;                            //T0 中断允许
    TR0=1;                            //T0 开始运行
}
void   main()                         //主函数
{   T0init();                         //T0 初始化
    while(1)                          //死循环
        {;}                           //空语句
}
```

5.4.6　编译、代码下载、仿真、测判

按项目 1 所述方法，先在 Keil 中新建工程 542，然后添加源程序 542.c、设置工程选项并编译，生成代码文件 542.HEX。参考 2.1.7 节下载代码，设置振荡频率为 12MHz，按 5.4.4 节所讲启用虚拟示波器进行仿真调试。

将代码下载到实物板，接入示波器进行实际观测。

总结在使用定时器时，查询与启用中断方式下程序设计中的异同点：

初始化中的相同之处：＿＿＿＿＿＿＿＿＿＿＿＿＿＿＿＿＿＿＿＿＿＿＿＿＿＿＿＿＿＿。

初始化中的不同之处：＿＿＿＿＿＿＿＿＿＿＿＿＿＿＿＿＿＿＿＿＿＿＿＿＿＿＿＿＿＿。

定时方式下如何判断定时到？答：＿＿＿＿＿＿＿＿＿＿＿＿＿＿＿＿＿＿＿＿＿＿＿＿。

查询方式下如何判断定时到？答：____。
定时方式下定时到后要重新定时，该做什么？答：__________________________。
查询方式下定时到后要重新定时，该做什么？答：__________________________。
本任务是否成功？__________。自评分：___________。

5.4.7 听单片机发声

修改程序使信号从 P3.7 输出到喇叭（Proteus 中的仿真模型为 Speak，属性为 active），有什么新现象？____。

修改程序，改变信号频率，如 1kHz，再听听声音，与刚才的声音一样吗？试理解单片机发声原理。

5.5 任务 5：秒闪灯——长时间定时（应用 static）

5.5.1 任务要求与分析

1．任务要求

电路参考图 3-1，利用 T0，使高低 4 位的 LED 每秒交替亮/灭一次。

2．任务目标

掌握长时间定时方法，即

长时间=N 倍的短时间（定时器可直接实现的时长）

3．任务分析

每秒交替亮/灭一次，即前一秒高 4 位亮，低 4 位灭，后一秒高 4 位灭，低 4 位亮。只要定时 1s，I/O 口电平状态翻转即可，即实现周期为 2s 的方波。根据定时器的工作方式，在 12MHz 的振荡频率下，在工作方式 1，有 16 位的定时寄存器，它的最长定时时间为 2^{16}=65536μs=65.536ms，离定时 1s 的要求相差太远。故可将 1s 等分 20 份，即 50ms×20=1s。只要定时 50ms，累计 20 次，即实现 1s 定时。

5.5.2 算法设计

1．TMOD 设置

TMOD 设置见表 5-18。

表 5-18 任务 5 的 TMOD 设置

TMOD	T1（无关位为 0）				T0（使用 T0，实现秒闪灯）			
位名称	GATE	C/$\overline{\text{T}}$	M1	M0	GATE	C/$\overline{\text{T}}$	M1	M0
	0	0	0	0	**0**（定时与外中断无关）	**0**（定时器）	（方式 1）	
							1	**0**

2．定时初值设置

$$初值=2^N-定时时间/机器周期=2^{16}-50000\mu s/1\mu s$$

3．输出信号引脚定义

```
#define Dataout P1
```

4．程序框架

程序框架如图 5-25 所示。

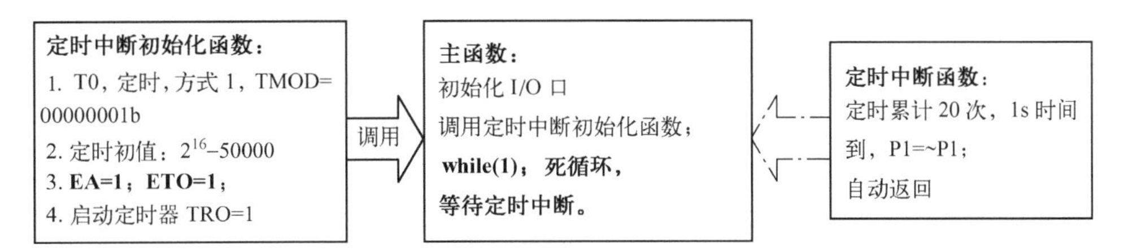

图 5-25　任务 5 的程序框架

5.5.3　程序设计

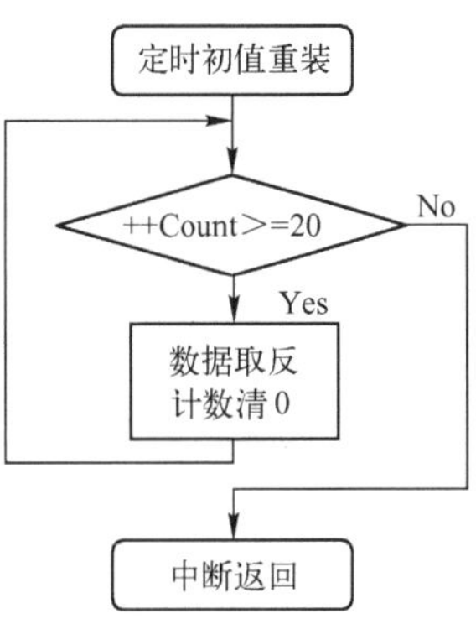

图 5-26　任务 5 定时中断函数的程序流程图

```
/* -- 551.c：定时中断，高低 4 的 LED 每秒交替亮/灭一次
电路参考图 3-1。中断函数的程序流程图如图 5-26 所示　---*/
#include<reg51.h>          //包含 51 硬件资源定义的头文件
typedef  unsigned  char  Uchar;      //数据类型重命名
//宏定义数据输出口，方便程序修改
#define  Dataout  P1
/* T0，中断函数，无参数传递，有静态局部变量 Count */
void  Timer0( )  interrupt  1
{  //定义静态的计数器变量
   static  Uchar  Count=0;   //定义静态变量 Count
   TH0=(65536-50000) / 256;
   TL0=(65536-50000) % 256;  //定时初值
   Count++;                  //每次中断计数器加 1
   if(Count>=20)             //如果计数器超过 20
   {       Dataout= ~Dataout;  //取反 P1
           Count=0;            //计数器清 0
   }
}
/* T0：定时初始化，开中断，无参数传递*/
void  T0init(void )
{  TMOD=0x01;                //T0，定时，方式 1
   TH0=(65536-50000) / 256;
   TL0=(65536-50000) % 256;  //定时初值
   EA=1;                     //开总中断允许
   ET0=1;                    //T0 中断允许
```

```
    TR0=1;                        //T0 开始运行
}
void  main()                      //整个工程中有且只有一个
{   Dataout=0xF0;                 //LED 的初始状态。高 4 位灭，低 4 位亮。
    T0init();                     //调用 T0 初始化函数
    while(1);                     //等待定时中断
}
```

5.5.4　C51 变量的存储类型

1．动态存储

动态（存储）变量：用 auto 定义变量的为动态变量，也叫自动变量。一般在书写时都将 auto 省略，故未写出存储类型的都被认为是动态变量。动态变量一般分配使用寄存器或堆栈。

作用范围：在定义它的函数内或复合语句内部。当定义它的函数或复合语句执行时，C51 才为变量分配存储空间，结束时释放所占用的存储空间。

2．静态存储

静态（存储）变量：用 static 定义的为静态变量。分为内部静态变量和外部静态变量。

（1）内部静态变量

在函数体内定义的为内部静态变量。在函数内可以任意使用和修改，函数运行结束后会一直存在，但在函数外不可见，即在函数体外得到保护。在任务 5.5 中，记录定时中断次数的计数器变量 Count，就是内部静态变量。在第一次进入中断时定义并初始化为 0，以后进入中断不再初始化，而在变量前一状态基础上进行累加：Count++。若该变量定义为动态变量，即

```
unsigned char     Count=0;
```

那么 Count 值永远都累加不到 20，因为每次执行都初始化为 0。

（2）外部静态变量

在函数体外部定义的变量为外部静态变量。在定义的文件内可以任意使用和修改，外部静态变量会一直存在，但在文件外不可见，即在文件外得到保护。

3．外部存储

外部（存储）变量：**用 extern 声明的变量为外部变量，是在其他文件定义过的全局变量**。用 extern 声明后，外部变量便可以在所声明的文件中使用。

在定义变量时，即使是全局变量，也不能使用 extern 定义。

4．寄存器存储

寄存器（存储）变量：用 register 定义的变量为寄存器变量，存放在 CPU 的寄存器中。这种变量处理速度快，但数目少。

C51 中的寄存器变量：C51 的编译器在编译时，能够自动识别程序中使用频率高的变量，并将其安排为寄存器变量，用户不用专门声明。

5.5.5　编译、代码下载、仿真、测判

按项目 1 所述方法，先在 Keil 中新建工程 55，然后添加源程序 55.c、设置工程选项并编译，生成代码文件 55.HEX。参考 2.1.7 节下载代码，设置振荡频率为 12MHz，按 5.4.4 节所讲启用虚拟示波器进行仿真调试。测量到的信号周期为____________（注意写上周期单位）。

总结长时间定时的方法，并思考定时 20s 如何设计：________________________________

____

____。

本任务是否成功______________？自评分：______________________________。

将代码下载到实物板进行测试，也可接入示波器观测信号周期。

5.5.6　进阶设计 3：看谁耳尖手快——反应时间测试

反应时间测试仪的原理如图 5-27 所示：单片机复位，红灯亮，几秒后输出信号 V_{out} 控制蜂鸣器发声，测试者听到这个信号后立即按下按钮开关，向单片机输入一个信号 V_{in} 让单片机关闭声音，单片机只要计算出输出信号 V_{out} 与输入信号 V_{in} 之间的时间差就得到反应时间（以 ms 为单位），最后输出到显示器上显示即可。一般人的反应时间在 200～500ms。

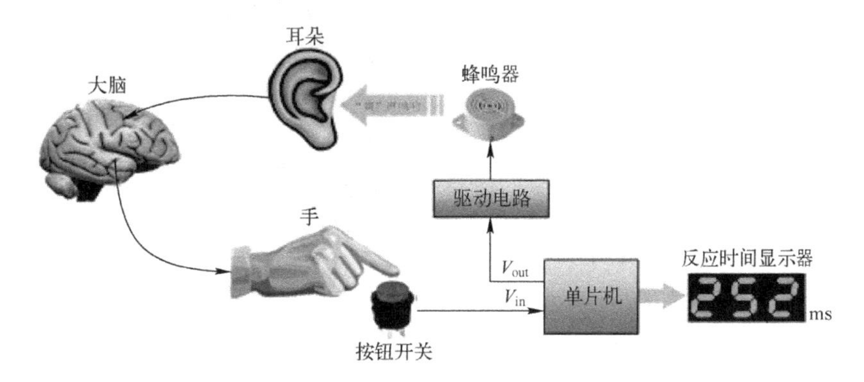

图 5-27　反应时间测试仪的原理

系统由 4 个模块（部分）组成：单片机、蜂鸣器及驱动电路、按钮开关、反应时间显示器（参考 5.3 节用 3 个数码管静态连接方式显示）。

思路点拨： 系统控制发声后即启动定时器，考虑到时间精度，故定时时间为 1ms，每定时中断一次即定时 1ms，设一变量在中断函数中累计中断次数，就是计时；当有人听到并单击按钮时终止定时。此时的计数值就是反应时间，单位为 ms。

5.5.7　进阶设计 4：可反复测试反应时间的设计

复位后红灯亮，延时 3s 后发声，同时启动 T0 定时，对 1ms 累计，当单击按钮即

为对“听到”声音做出的反应，关红灯开绿灯、关定时器，然后计算时间并延时 10s 后重新开始反应时间的测试。

5.6 任务 6：T0 定时产生不同频率的方波（推算公约数）

5.6.1 任务要求与分析

1. 任务要求

电路参考图 5-28，利用 T0，产生频率分别为 10Hz、4Hz 的两个信号。

2. 任务目标

（1）掌握长时间定时方法。

（2）掌握通过公约数的方法用一个定时器实现不同频率的信号。

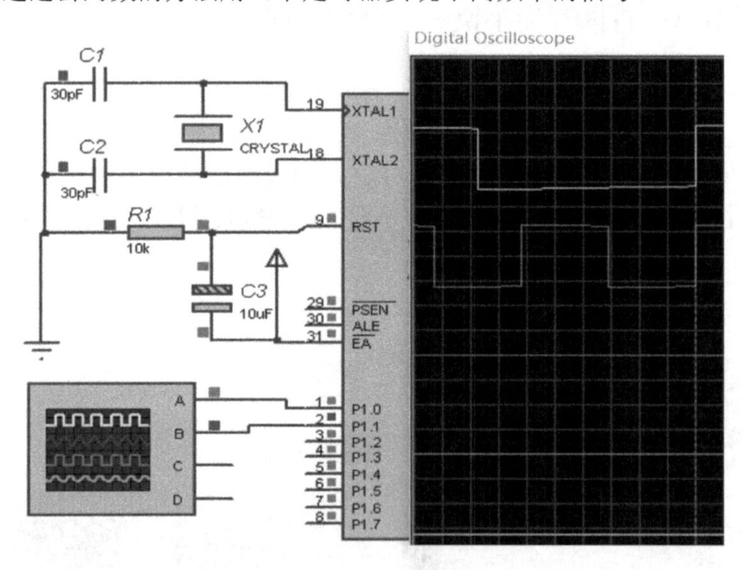

图 5-28 任务 6：T0 定时产生不同频率的方波的电路原理图

3. 任务分析

根据定时器的工作方式，在 12MHz 的振荡频率下，在工作方式 1，有 16 位的定时寄存器，它的最长定时时间为 2^{16}=65536μs=65.536ms。

频率为 10Hz 的方波，其周期为 1/10Hz=0.1s=100ms，半周期为 50ms。用 T0 可直接实现。

频率为 4Hz 的方波，其周期为 1/4Hz=0.25s=250ms，半周期为 125ms>>65.536ms，故用 T0 无法直接实现。可将 125ms 等分为 5 份，25ms×5=125ms，用 T0 定时 25ms，定时中断累计 5 次，即可实现 125ms 长时间的定时。

如只用一个定时器 T0，同时要实现 50ms、125ms 的定时，必须找到它们的公约数。

本任务中选 5ms 较合适。5ms×25=125ms；5ms×10=50ms。

假设信号输出引脚为 P1.0 和 P1.1，故只要设计定时 5ms，连续定时 25 次，P1.0=～P1.0，即可实现从 P1.0 输出 4Hz 的方波；连续定时 10 次，P1.1=～P1.1，即可实现从 P1.1 输出 10Hz 的方波。

注意：中断计数的变量应设置为静态变量或是全局变量。

5.6.2　算法设计

1．设置 TMOD

TMOD 的设置见表 5-18。

2．定时初值设置

$$初值=2^{N}-定时时间/机器周期=2^{16}-5000\mu s/1\mu s$$

3．输出信号引脚定义

```
sbit Sg4Hz=P1^0;
sbit Sg10Hz=P1^1;
```

4．程序框架

程序框架如图 5-29 所示。

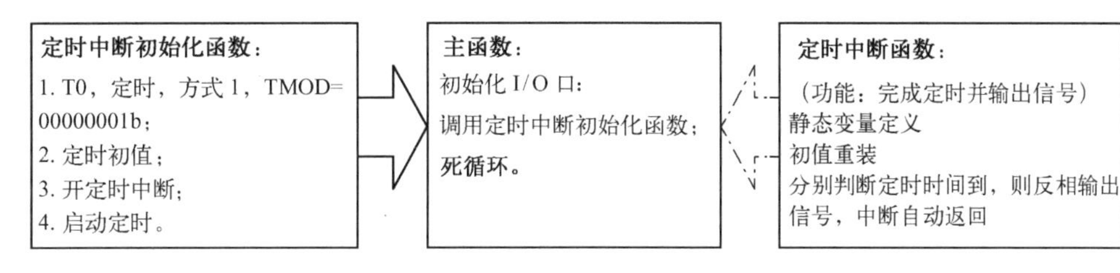

图 5-29　任务 6 的程序框架

5.6.3　程序流程及程序设计

根据以上分析，完善流程图 5-30。程序保存为 56.c。

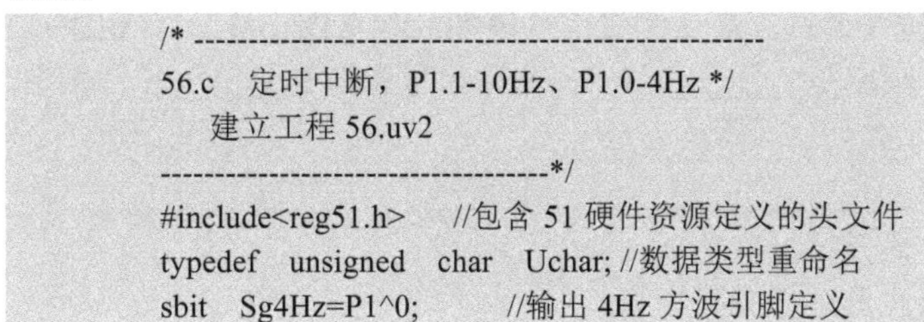

```
/* ---------------------------------------------------
56.c   定时中断，P1.1-10Hz、P1.0-4Hz */
    建立工程 56.uv2
-------------------------------------*/
#include<reg51.h>      //包含 51 硬件资源定义的头文件
typedef   unsigned   char   Uchar; //数据类型重命名
sbit   Sg4Hz=P1^0;          //输出 4Hz 方波引脚定义
```

请自行绘制

图 5-30　任务 6 中断函数的程序流程

```
sbit   Sg10Hz=P1^1;                          //输出 10Hz 方波引脚定义
void   T0init(void );                        //函数声明，后加分号
void   main()                                //主函数，有且只有一个
{  P1=0xff;
   T0init( );
   while(1);
}
/* T0 中断函数，无参数传递，计时，输出信号*/
void   Timer0( )   interrupt   1
{  static   Uchar   Count1=0;
   static   Uchar   Count2=0; /*静态变量计数器*/
   TH0=(65536-5000) / 256;/*重置定时初值*/
   TL0=(65536-5000) % 256;
   Count1++;                                 /*每次中断计数器加 1*/
   Count2++;
   if(Count1>=25)                            /*如果计数器超过 25*/
   {       Sg4Hz=~Sg4Hz;                     /*取反，4Hz 信号*/
           Count1=0;                         /*计数器清 0*/
   }
   if(Count2>=10)                            /*如果计数器超过 10*/
   {       Sg10Hz= ~Sg10Hz;                  /*取反，10Hz 信号*/
           Count2=0;                         /*计数器清 0*/
   }
}
/* T0,定时初始化，无参数传递，开中断 */
void   T0init(void )
{  TMOD=0x01;                                //T0，定时，方式 1
   TH0=(65536-5000) / 256;
   TL0=(65536-5000) % 256;                   //定时初值
   EA=1;                                     //开总中断
   ET0=1;                                    //T0 中断允许
   TR0=1;                                    //T0 开始运行
}
```

5.6.4 编译、代码下载、仿真、测判

按项目 1 所述方法，先在 Keil 中新建工程 56，然后添加源程序 56.c、设置工程选项并编译，生成代码文件 56.HEX。参考 2.1.7 节下载代码，设置振荡频率为 12MHz，按 5.4.4 节所讲启用虚拟示波器进行仿真调试。最后测量信号周期，参考图 5-31，并记录：P1.0 输出信号周期是__________，频率是__________，P1.1 输出信号周期是__________，频率是__________。

总结：____。

本任务是否成功__________？自评分：__________。

将代码下载到实物板，接入示波器进行实际观测。

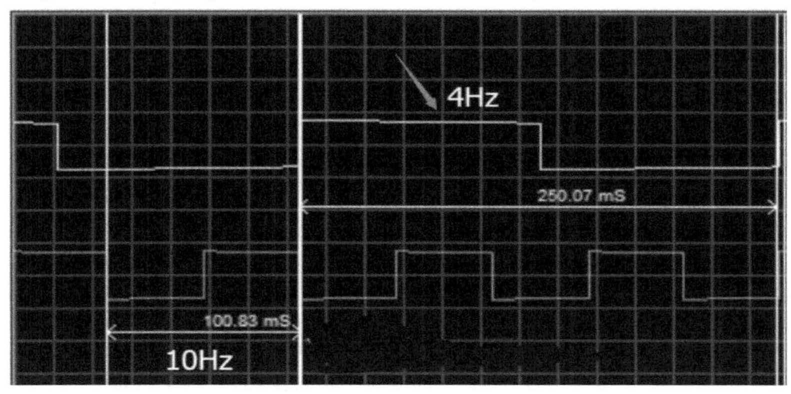

图 5-31　任务 6 的信号仿真测试情况

5.6.5　进阶设计 5：矩形波设计

试设计一个周期为 10ms 的矩形波，占空比为 1:3，即正脉宽为 2.5ms，负脉宽为 7.5ms。

思路点拨：公约数正好是 2.5ms，可设一引脚开始时输出高电平并启动定时器，定时中断后电平反相为 0，此后每定时 2.5ms 中断时就根据电平为 0 进行计数，累计三次后即输出了 7.5ms 的高电平，此后计数清 0，电平反相，重复以上操作即可实现要求的矩形波。

5.7　任务 7：测量正脉冲宽度（巧用 GATE 位）

5.7.1　任务要求与分析

1．任务要求

测量正脉冲宽度，脉宽范围 1～65536μs。

2．任务目标

（1）理解 TMOD 寄存器中 GATE 位的意义。

（2）掌握将外中断引脚电平与定时器/计数器联合使用来控制定时器/计数器的运行，如可以用来检测脉宽。详细可参考 5.3.3 节。

3．任务分析

检测正脉宽，即记录从检测到上升沿到相邻的下降沿之间的时间长度。问题的关键就是正脉冲的起止时刻点。若选用 T0 作定时器，并启用 GATE=1，再启动 T0，TR0=1，只要外中断 0 引脚 P3.2 为高电平，T0 就开始对机器周期计数，只要 P3.2 变为低电平，T0 就停止工作，此时 TH0、TL0 中的数据就是脉宽数据。当然本例中定时器的初值应该为 0。

5.7.2 算法设计

1. 设置 TMOD

TMOD 设置见表 5-19。

表 5-19 任务 7 的 TMOD 设置

<table>
<tr><td>TMOD</td><td colspan="4">T1（无关位为 0）</td><td colspan="4">T0（使用 T0，实现秒闪灯）</td></tr>
<tr><td>位名称</td><td>GATE</td><td>C/$\overline{T}$</td><td>M1</td><td>M0</td><td>GATE</td><td>C/$\overline{T}$</td><td>M1</td><td>M0</td></tr>
<tr><td rowspan="2"></td><td rowspan="2">0</td><td rowspan="2">0</td><td rowspan="2">0</td><td rowspan="2">0</td><td rowspan="2">1（定时与外中断关联）</td><td rowspan="2">0（定时器）</td><td colspan="2">（方式 1）</td></tr>
<tr><td>0</td><td>1</td></tr>
</table>

2. 定时初值设置

初值=0，对机器周期计数，即代表正脉冲时长，即正脉宽。

3. 程序框架

程序框架如图 5-32 所示。

信号及输出数据引脚定义
主函数：初始化 I/O 口、T0（TMOD，TH0、TL0、TR0、）
等待 P3.2 出现高电平：while(P_pluse= =0) { ;}
而后等待低电平出现 while(P_pluse= =1) { ;}
即可读数计算脉宽，以十六进制显示在 P0、P2 口

图 5-32 任务 7 的程序框架

5.7.3 程序流程及程序设计

测试电路参考图 5-33，脉冲信号采用虚拟信号，相关设置请参考 5.7.5。参考图 5-32 的程序框架图，自行绘制程序流程图 5-34。

```
//程序保存为 57.c。工程保存为 57.uv2
//57：定时器 T0 的模式 2 测量正脉冲宽度-gate=1
//记录的脉宽机器周期数由 P0P2 口显示，P0 为高 8 位，P2 为低 8 位。脉宽范围为 1～65536μs
#include<reg51.h>                 //包含硬件资源定义头文件
#define   Datahigh P0             //宏定义，便于修改 I/O 口
#define   Datalow P2              //宏定义，便于修改 I/O 口
sbit   P_pluse = P3^2;            //将 P_pluse 位定义为 P3.2（INT0）引脚，表示输入电压
void   main(void)

   {  P3=0xff;
    TMOD=0x09;
    //TMOD=0000 1001B，使用定时器 T0 的工作方式 1，GATE 置 1
    TH0=0;                              //计数器 T0 高 8 位赋初值
    TL0=0;                              //计数器 T0 低 8 位赋初值
    TR0=1;                              //启动 T0
```

```
        //无限循环，不停地将 T0 计数结果送 P0、P2 口
        while(1)
          {  //INT0 为高电平，启动 T0 计时，所以将 TH0、TL0 清 0，TL0=0;TH0=0;
             //INT0 为低电平，T0 不能启动
             while(P_pluse= =0)
                 { ;}
             while(P_pluse= =1)      //在 INT0 高电平期间 T0 自动启动，等待，计时
                 { ;}
              //将计时结果送 P0-高 8 位、P2-低 8 位显示
              Datahigh=TH0;
              Datalow=TL0;
          }
}
```

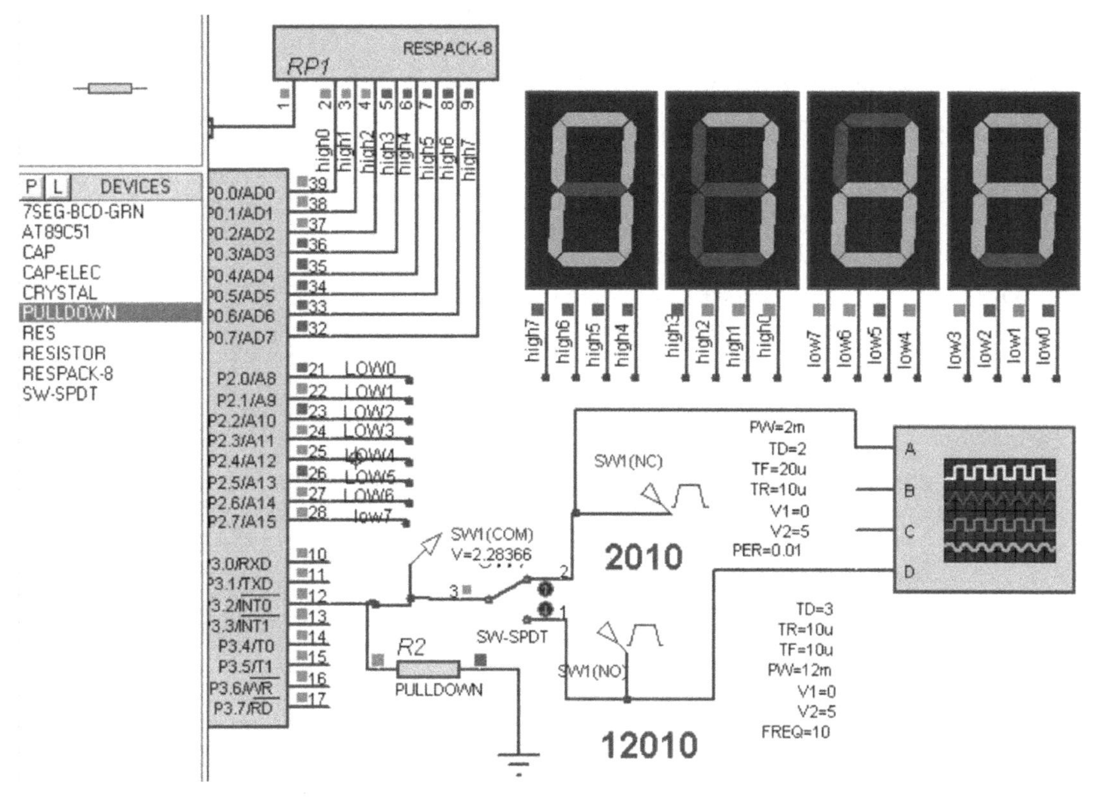

图 5-33　脉宽测量的测试电路所用元器件列表及原理图

5.7.4　编译、代码下载、仿真、测判

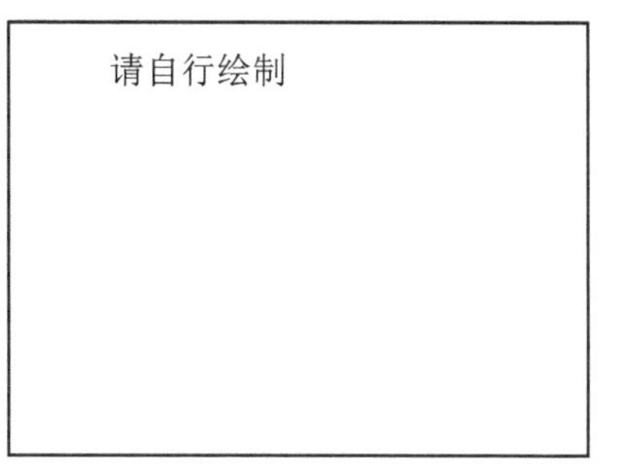

图 5-34　任务 7 的程序流程

测试电路参考图 5-33。

按项目 1 所述方法，先在 Keil 中新建工程 57，然后添加源程序 57.c、设置工程选项并编译，生成代码文件 57.HEX。参考 2.1.7 节下载代码，设置振荡频率为 12MHz，应用虚拟脉冲发生器进行仿真调试，启动

仿真 2s 后，即可看到数码管上显示的脉宽值为 7DA，即 2ms=2000μs=0x7d0μs。存在 10μs 的误差。

正脉冲测量结果实践记录：________________。

总结 GATE 位的应用：____。

本任务是否成功？______________。自评分：__________。

仿真测试时，也可连接虚拟示波器进行信号周期的粗略测量。

将代码下载到实物板，接入示波器进行实际观测。

5.7.5 虚拟脉冲发生器应用

正脉冲信号的产生，用 Proteus 中提供的虚拟信号发生器中的脉冲信号即可，操作如下。

单击工具按钮，对象选择框中列出 14 项虚拟信号，单击“PULSE”，放入电路中并与 T0 引脚 P3.2 相连。对其双击，参考图 5-35 进行设置。

（1）信号名称：接入电路后，自动生成，与线路连接结点同名，见图 5-33：sw1(NC)。

（2）类型选择：模拟类中的 Pulse。

（3）将左下角 Hide Properties? ，取消勾选，可显示信号的属性。

（4）设置脉冲电平为 0，起始时间为 2s，上升及下降沿的时间为 1μs。

（5）设置脉宽：2ms。

（6）设置脉冲信号的周期，本例中为 1Hz。

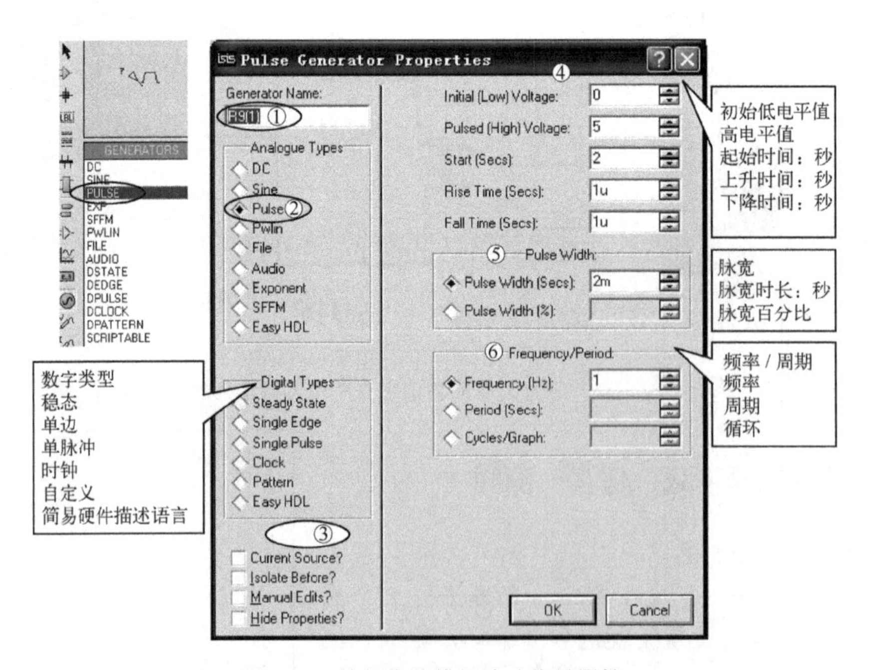

图 5-35 编辑虚拟模拟脉冲信号属性

5.7.6　进阶设计 6：测量负脉冲的宽度

测量负脉冲宽度，脉宽范围为 1～65536μs。

5.8　任务 8：键控 PWM 调光灯

5.8.1　任务要求与分析

1．任务要求

应用 PWM 波来控制灯的亮度，且用一个按键进行 10 级亮度可调。电路参考图 3-1。

2．任务目标

（1）掌握 PWM 的原理。
（2）用定时器来构造 PWM 波。
（3）巧妙应用外中断进行按键对控制亮度级别的判断。

3．任务分析

脉宽调制（Pulse Width Modulation，PWM）是利用微处理器的数字输出来对模拟电路进行控制的一种非常有效的技术，广泛应用在从测量、通信到功率控制与变换的许多领域中。随着电子技术的发展，出现了多种 PWM 技术，其中包括相电压控制 PWM、脉宽 PWM 法、随机 PWM、SPWM 法、线电压控制 PWM 等。

脉宽 PWM 法就是调节占空比，如图 5-36 所示。一个占空比 20%的波形，会有 20%的高电平时间和 80%的低电平时间，而一个占空比 60%的波形则具有 60%的高电平时间和 40%的低电平时间，占空比越大，高电平时间越长，则输出的脉冲幅度越高，即电压越高。如果占空比为 0%，则输出 0 电平；如果占空比为 100%，则输出全部电压。所以通过调节占空比，可以实现调节输出电压的目的，而且输出电压可以无级连续调节。

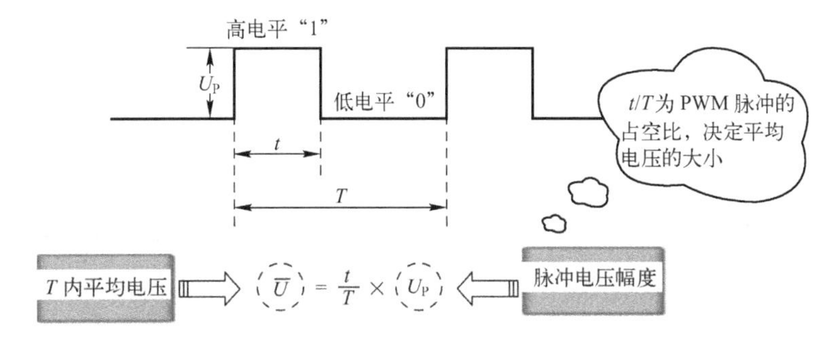

图 5-36　PWM 示意图（改变占空比来改变平均电压）

本书正是应用这一技术改变输出电平来改变 LED 的亮度。

应用单片机的定时器产生占空比可变的矩形波，那么一个周期内有一部分时间 LED

导通，一部分时间截止，从整体来看有一个平均电压，通过改变平均电压的方式来决定这个 LED 的亮度。随着波形占空比不断变化，LED 也会有明暗的变化。

5.8.2 算法设计

1. 用定时器产生 PWM 波

假设产生周期为 4.6ms 的 PWM 波，占空依次为 0%、10%、……、100%，那么该波 1%的时间就是 46μs。用定时器产生 46μs 的时长，再根据占空比决定高低电平的比例。故另设置一变量累计 1%的数量，当这一计数小于设置的占空比时，LED 亮，否则 LED 灭。

2. 亮度级别设置

充分应用外中断，每按键一次，触发一次中断，使亮度级别+1。亮度级别 0～9 即对应 0%～90%的占空比。故设置一亮度级别变量，类型为无符号字符型，初值为 0。

3. 程序框架

程序框架如图 5-37 所示。

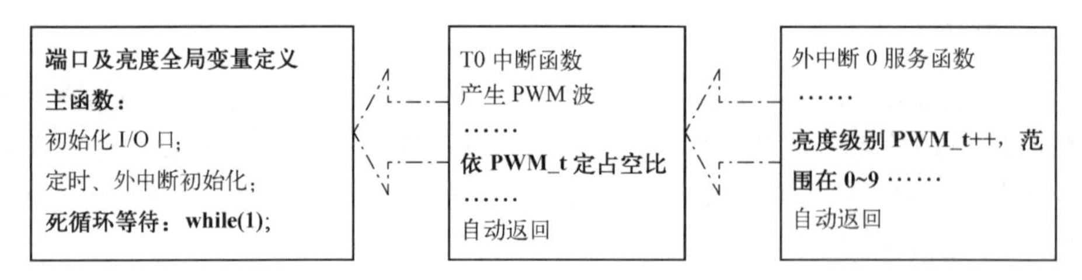

图 5-37 PWM 调光灯程序框架图

5.8.3 程序流程及程序设计

参考图 5-37，自行绘制流程图。

```
//程序保存为 58.c。工程保存为 58.uv2
/*      1 个按键决定 10 级亮度        占空比 ：(PWM_t*10/100)*100%， 越大越亮      */
#include <reg51.h>                    //引用 51 单片机硬件资源定义的头文件
typedef  unsigned  char  Uchar;       //数据类型重命名
typedef  unsigned  int  Uint;
Uchar  PWM_t = 0;                     //亮度级别全局变量，作用范围为自定义点后所有函数
#define  Outdata  P1                  //信号输出口宏定义
//主程序
void  main(void)                      //一个工程内有且只有一个，程序运行由此开始
{  TMOD=0x02;                         //定时器 0，工作模式 2，8 位定时模式
   TH0=210;                           //写入预置初值（取值 1～255，数越大，PWM 频率越高）
   TL0=210;                           //46μs*100=4.6ms，为 PWM 波的周期
   ET0=1;                             //允许定时器 0 中断
```

```
    IT0=1;                                  //外中断边沿触发
EA=1;                                       //允许总中断
    EX0=1;                                  //开外中断 0
    P1=0xff;                                //初始化 P1，输出端口
    TR0=1;                                  //启动定时器
while(1);                                   //死循环
}
/*    定时器 0 中断函数，模拟 PWM，无参数传递，但应用到全局变量 PWM_t   */
void   timer0( )   interrupt   1   using   2
{
 static   Uchar    count ;                  //PWM 计数
 count++;                                   //每次定时器溢出加 1
    if(count= =100)                         //PWM 周期  100 个单位
            {       count=0;       }        //使 count=0，开始新的 PWM 周期
    if(PWM_t*10<count)                      //按照当前占空比切换输出为高电平
            {       Outdata=0xff;    }      //PWM 中的高电平，LED 灭
     else Outdata=0;                        //PWM 中的低电平，LED 亮
}
/*    外中断 0，调光级别设置，无参数传递， 但应用到全局变量 PWM_t      */
void   int0F(void)   interrupt   0
{  PWM_t=PWM_t + 1;                         //10 级调光
    if  ( PWM_t= =10 )                      //若占空比达到 100%，第 10 级，则重新开始
            PWM_t=0;
}
```

5.8.4　编译、代码下载、仿真、测判

测试电路如图 3-1 所示。按项目 1 所述方法，先在 Keil 中新建工程 58，然后添加源程序 58.c、设置工程选项并编译，生成代码文件 58.HEX。参考 2.1.7 节下载代码，设置振荡频率为 12MHz，仿真测得 PWM 信号如图 5-38 所示，信号周期为 4.6ms，随着按键调解，一个周期中的低电平占比越来越多，LED 将越来越亮。但仿真时视觉上有点闪。缓慢单击 K1，10 次，LED 的状态变化规律为______________。应用虚拟示波器观测波形的变化规律，并记录______________________________________；测量的信号周期为____________。根据测量高低电平宽度分析第 1 次单击 K1 时的占空比________；第 2 次单击 K1 时的占空比______；第 5 次单击 K1 时的占空比______；第 9 次单击 K1 时的占空比__________；试分析仿真所测结果是否与程序设计一致？答____________。若不一致，试分析原因，检查程序、修改程序直到符合要求为止。

本任务是否成功？___________。自评分：___________。

将代码下载到实物板，接入示波器进行实际观测。

5.8.5　进阶设计 7：呼吸灯

（1）修改程序，使其现象为一开始亮，单击 K1，LED 渐暗。

（2）设两个键，一个控制渐亮，另一个控制渐暗。

（3）取消按键，设计为一个呼吸灯，即自动渐亮再渐灭，如此循环。

（4）修改程序，达到 10 级调光，最后一级为恒亮。

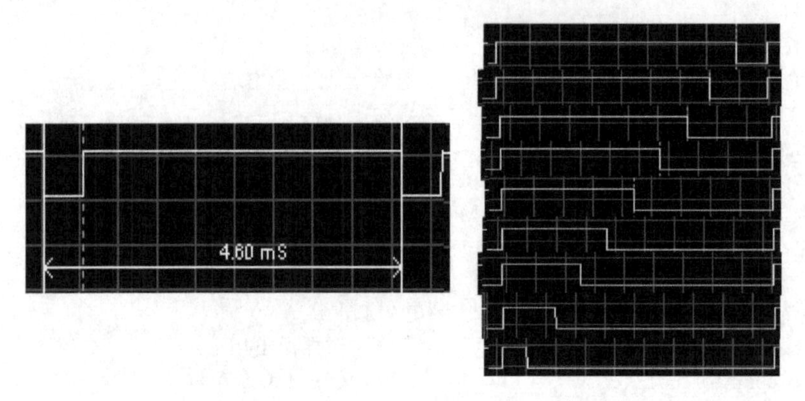

图 5-38　PWM 调光灯的控制信号仿真波形图

5.9　知识小结

项目 5 知识点总结思维导图如图 5-39 所示。

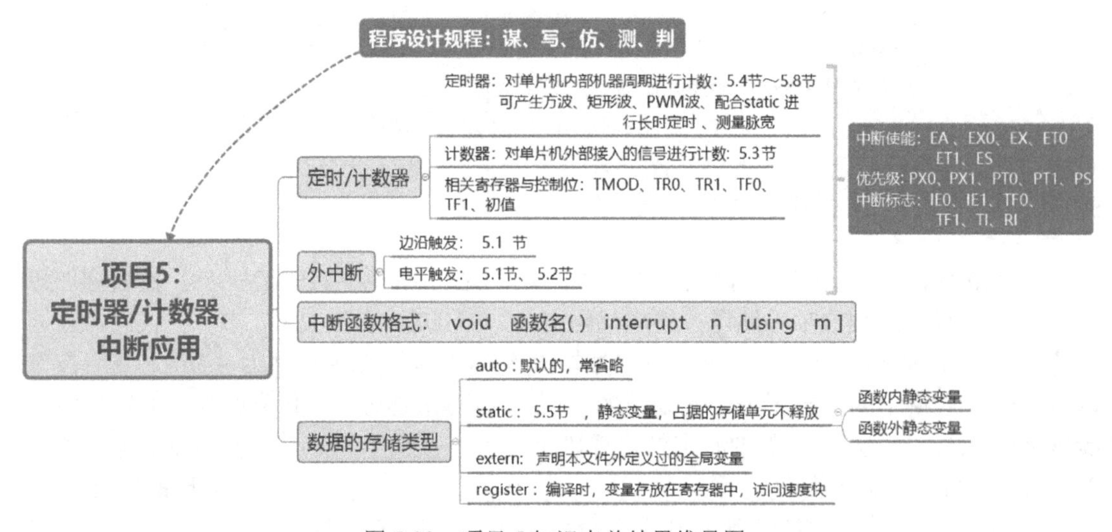

图 5-39　项目 5 知识点总结思维导图

51 单片机有 5 个中断源，其中两个外中断、两个定时器/计数器中断、一个串口中断。各中断源在各自控制寄存器的控制下工作。中断系统使因执行程序而发挥功能的单片机能及时对中断源的“意外”请求做出反应，使其效率与灵活性增强。

习题与思考 5

以下题目中的单片机均指 AT89C51 单片机。

一、填空题

（1）AT89C51 单片机有________个中断源，分别是________________________________。

（2）要打开 51 单片机的定时器 0 中断，应设置 IE 寄存器中的________位和________位为“1”；在使用 C51 编程语言进行编程时，定时器 0 的中断号是________。

（3）要求打开外部中断 0 的中断，需要将________位和________两位设置为“1”。

（4）51 单片机的 6 个中断标志中，不能被硬件自动清 0 而需要软件清 0 的是________和________。

（5）AT89C51 单片机 5 个中断源的默认优先权顺序为：________________。

（6）写出 AT89C51 单片机 C 语言中断函数的典型格式____________________。

（7）AT89C51 单片机有________个________位定时器/计数器，有________种工作方式。要使定时器 0 工作在定时模式、方式 1，应设置 TMOD=0x________。

（8）要求使用 51 单片机的定时器/计数器对外部 10000 个事件计数，应选择方式________。

（9）简述定时器初始化步骤：____。

（10）在非中断方式下编写程序时如何获知定时器已经溢出？________________。

二、单选题

（1）51 单片机计数初值的计算中，若设最大计数值为 M，对于方式 1 下的 M 值为（　　）。

A．$2^{13}=8192$　　B．$2^{8}=256$　　C．$2^{4}=16$　　D．$2^{16}=65536$

（2）51 单片机定时器 T0 的溢出标志 TF0，若计满数产生溢出时，其值为（　　）。

A．00　　B．0xFF　　C．1　　D．计数值

（3）AT89C51 单片机晶振频率 f_{osc}=12MHz，则一个机器周期为（　　）。

A．12μs　　B．1μs　　C．2μs　　D．1/12μs

（4）用 51 单片机的定时器 T0 定时，用工作方式 2，则应（　　）。

A．启动 T0 前向 TH0 置入计数初值，TL0 置 0，以后每次重新计数前要重新置入计数初值

B．启动 T0 前向 TH0、TL0 置入计数初值，以后每次重新计数前要重新置入计数初值

C．启动 T0 前向 TH0、TL0 置入不同的计数初值，以后不再置入

D．启动 T0 前向 TH0、TL0 置入相同的计数初值，以后不再置入

（5）用 51 单片机定时器 T1 方式 1 计数，要求每计满 10 次产生溢出标志，则 TH1、TL1 的初始值是（　　）。

A．0xFF、0xF6　　B．0xF6、0xF6　　C．0xF0、0xF0　　D．0xFF、F0

（6）启动定时器 0 开始计数的指令是使 TCON 的（　　）。

A．TF0 位置 1　　B．TR0 位置 1　　C．TR0 位置 0　　D．TR1 位置 0

（7）单片机晶振为 12MHz，要求 T0 产生 500μs 定时，计数初值 X 为（　　）。

A．0xFE00　　B．0xFE0C　　C．0xFF00　　D．0xEE00

（8）设 51 单片机 T0 为方式 2，计数方式工作时，对外来事件计数一次就产生中断请求，这个方法可以用在（　　）。

A．I/O 口的扩展　　B．定时器中断源的扩展

C．串口中断源的扩展　　　　　　　　D．外部中断源的扩展

（9）如果 51 单片机采用定时器 T0 实现定时 1s，采用较合理的方案是（　　）。

A．定时器 T0 采用方式 1，定时 5ms，每 200 次中断后实现 1s

B．定时器 T0 采用方式 2，定时 100μs，每 1000 次中断后实现 1s

C．定时器 T0 采用方式 0，定时 10ms，每 1000 次中断后实现 1s

D．定时器 T0 采用方式 3，定时 100μs，每 1000 次中断后实现 1s

（10）假设 51 单片机计数器最大计数值为 *M*，则工作方式 3 最大计数值 *M* 为（　　）。

A．8192　　B．65536　　C．256　　D．10000

（11）51 单片机的定时/计数器的寄存器是（　　）位，每个定时/计数器都有（　　）种工作方式。

A．4,5　　B．16,4　　C．5,2　　D．2,3

（12）51 单片机定时器溢出标志是（　　）。

A．TR1 和 TR0　　B．IE1 和 IE0　　C．IT1 和 IT0　　D．TF1 和 TF0

（13）AT89C51 单片机的机器周期为 2μs，则其晶振频率 f_{osc} 为（　　）MHz。

A．1　　B．2　　C．6　　D．12

（14）用定时器 T1 方式 2 计数，要求每计满 100 次，向 CPU 发出中断请求，TH1、TL1 的初值为（　　）。

A．0x9C　　B．0x20　　C．0x64　　D．0xA0

（15）51 单片机的定时器 T1 用作计数方式时计数脉冲是（　　）。

A．外部计数脉冲由 T1(P3.5)输入　　B．外部计数脉冲由内部时钟频率提供

C．外部计数脉冲由 T0(P3.4)输入　　D．外部计数脉冲计数

（16）定时/计数器有 4 种工作模式，它们由（　　）寄存器中的 M1、M0 状态决定。

A．TCON　　B．TMOD　　C．PCON　　D．SCON

（17）用 51 单片机的定时器 T1 方式 1 定时，则工作方式控制字 TMOD 为（　　）。

A．0x01　　B．0x05　　C．0x10　　D．0x50

（18）启动定时器 0 开始计数的指令是（　　）。

A．TF0 位置 1　　B．TR0 位置 1　　C．TR0 位清 0　　D．TR1 位清 0

（19）使 51 单片机的定时器 T1 停止计数的指令是（　　）。

A．TF0 位置 1　　B．TR0 位置 1　　C．TR0 位清 0　　D．TR1 位清 0

（20）用定时器 T1 方式 1 计数，要求每计满 10 次产生溢标志，则 TH1、TL1 的初始值是（　　）。

A．0xFF、0xF6　　B．0xF6、0xF6　　C．0xF0、0xF0　　D．0xFF、0xF0

（21）51 单片机的定时器 T1 用作定时方式时是（　　）。

A．由内部时钟频率定时，一个时钟周期加 1

B．由内部时钟频率定时，一个机器周期加 1

C．由外部时钟频率定时，一个时钟周期加 1

D．由外部时钟频率定时，一个机器周期加 1

（22）MCS-51 单片机的定时器 T0 用作计数方式时是（　　）。

A．由内部时钟频率定时，一个时钟周期加 1

B．由内部时钟频率定时，一个机器周期加 1

C．由外部计数脉冲计数，下降沿加 1

D．由外部计数脉冲计数，一个机器周期加 1

（23）51 单片机的定时器 T0 用作定时方式时是（　　）。

A．由内部时钟频率定时，一个时钟周期加 1

B．由外部计数脉冲计数，一个机器周期加 1

C．外部定时脉冲由 T0（P3.4）输入定时

D．由内部时钟频率计数，一个机器周期加 1

（24）51 单片机在同一优先级的中断源同时申请中断时，CPU 首先响应（　　）。

A．外部中断 0　　B．外部中断 1

C．定时器 0 中断　　D．定时器 1 中断

（25）51 单片机在工作方式 1 时，计数寄存器的计数值达到（　　）。

A．500　　B．65536

C．255　　D．1024

（26）51 单片机定时器/计数器溢出时，寄存器 THi、FHi 中的值为（　　）。

A．0x00　　B．0xFF　　C．0x01　　D．计数值

（27）若 AT89C51 单片机的振荡频率为 6MHz，设定时器工作在方式 1 需要定时 1ms，则定时器初值应为（　　）。

A．500　　B．1000　　C．2^{16}-500　　D．2^{16}-1000

（28）用 51 单片机的定时器 T1 作定时方式，用方式 1，则工作方式控制字为（　　）。

A．0x01　　B．0x05　　C．0x10　　D．0x50

（29）用 51 单片机的定时器 T0 作计数方式，用方式 1（16 位），则工作方式控制字为（　　）。

A．0x01　　B．0x02　　C．0x04　　D．0x05

（30）当传统 51 系列单片机的振荡频率为 12MHz 时，则定时器每计一个内部机器周期的时间为（　　）。

A．1μs　　B．2μs　　C．3μs　　D．4μs

（31）51 单片机外部中断 1 中断优先级控制位为（　　）。

A．PX0　　B．PX1　　C．PT1　　D．PS

（32）51 单片机的两个定时器/计数器是（　　）。

A．14 位加 1 计数器

B．14 位减 1 计数器

C．16 位加 1 计数器

D．16 位减 1 计数器

（33）用 AT89C51 的定时器 T0 定时，用方式 1，定时时间 5ms，晶振频率为 11.0592MHz，以下中断服务程序的功能是（　　）。

```
void  time0( )  interrupt  1
{  static char time;
   static  unsigned  char  period=200;
```

```
        static   unsigned   char   high=50;
        TH0=0xee;
        TL0=0x00;
        if(++time==high) p1_0=0 ;
        else if (time==period )
         {      time=0; P1^0=1;         }
    }
```

A．P1.0 输出周期为 2s、占空比为 25%的脉冲信号

B．P1.0 输出周期为 1s、占空比为 25%的脉冲信号

C．P1.0 输出周期为 1s、占空比为 20%的脉冲信号

D．P1.0 输出周期为 2s、占空比为 50%的脉冲信号

（34）根据以下程序，判断 51 单片机定时器 T0 的工作方式是（　　）。

```
    void   timer0_ISR(void) interrupt   1
    {   led0=!led0;   }
```

A．方式 0　　B．方式 1　　C．方式 2　　D．方式 3

（35）51 单片机初始化程序段如下：

```
    TMOD=0x06;
    TL0=0xFF;
    TH0=0xFF;
    IE=0x82;
    TR0=1;
```

程序中 T0 工作于（　　）方式。

A．方式 2、计数方式　　B．方式 2、定时方式

C．方式 1、计数方式　　D．方式 1、定时方式

三、程序设计与分析

（1）假设要定时 500ms 将 LED 取反一次，请阐述使用 51 单片机定时器 T0 来解决的方法（具体到寄存器的设置、初值的计算）。

（2）51 单片机的控制寄存器 TMOD 和 TCON 各位的定义是什么？怎样确定各定时器/计数器的工作方式？

（3）已知 51 单片机时钟频率 f_{osc}=6MHz，当要求定时时间为 2ms 或 5ms，定时器分别工作在方式 0、方式 1 和方式 2 时，定时器计数初值各是多少？

（4）已知 AT89C51 时钟频率 f_{osc}=6MHz，试利用定时器编写程序，使 P1.0 输出如图 5-40 所示的连续矩形脉冲。

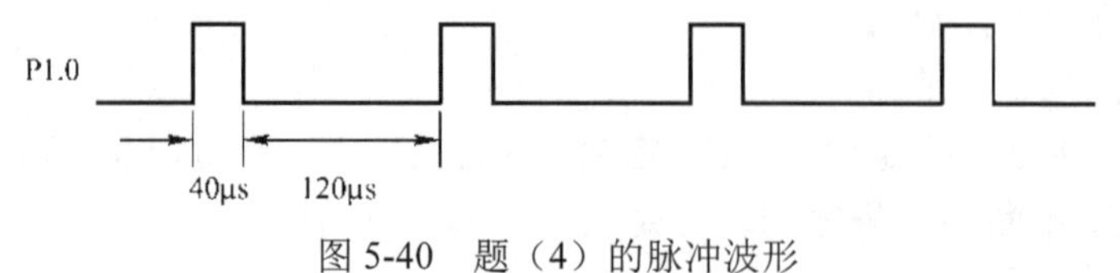

图 5-40　题（4）的脉冲波形

（5）AT89C51 单片机的 P3.4、P3.5、P3.6、P3.7 口分别接 LED1、LED2、LED3、LED4，输出低电平点亮 LED，读下列程序。

```
#include<reg51.h>
unsigned   char   count=0, num=0;
void   main( )
{
    TMOD|=0x01;            // 11.0592MHz
    TL0=0xCD;              //设置定时初值  2ms
    TH0=0xF8;              //设置定时初值
    TR0=1;
    ET0=1;
    EA=1;
    while(1);
}
void timer0_ISR(void) interrupt 1
{
TL0=0xCD;                  //设置定时初值
TH0=0xF8;                  //设置定时初值
    if(++count>=250)
    {
            count=0;
            P3=~(num<<4);
            num++;
            if(num>=16)
            num=0;
    }
}
```

程序运行结果：____。

（6）AT89C51 单片机的 P2.0、2.1 口分别接 LED1、LED2，读下列程序。

```
#include<reg51.h>
sbit   LED1=P2^0;
sbit   LED2=P2^1;
unsigned   char   Countor1=0, Countor2=0;
void   main(void)
{
    TMOD|=0x10;
    TL1 = 0x00; //设置定时初值，定时 50ms
    TH1 = 0x4C; //设置定时初值
    TR1=1;
    ET1=1;
    EA=1;
    while(1) ;
}
void   Time1(void)   interrupt   3
{
    TL1 = 0x00; //设置定时初值，定时 50ms
    TH1 = 0x4C; //设置定时初值
    Countor1++;
```

```
        Countor2++;
        if(Countor1==2)
        {   LED1=~LED1; Countor1=0;   }
        if(Countor2==8)
        {   LED2=~LED2; Countor2=0;   }
    }
```

程序运行结果：______________________________。

项目 6　动态扫描技术的应用

项目目标

（1）掌握动态扫描技术，能正确应用于并联数码管的显示、LED 点阵等的显示。

（2）掌握独立按键、多功能键、矩阵键盘的识别技术。

项目知识与技能要求

（1）理解动态扫描的工作原理。

（2）合理应用数组，并合理对常数分配数据的存储类型为 code，变量的存储类型为 data 等。

（3）理解并掌握一键多功能的识别技术与程序设计。

（4）掌握反转法识别矩阵键盘技术与程序设计。

6.1　任务 1：并联数码管显示生日

6.1.1　任务要求与分析

并联数码管接口电路及所用元器件如图 6-1 所示。

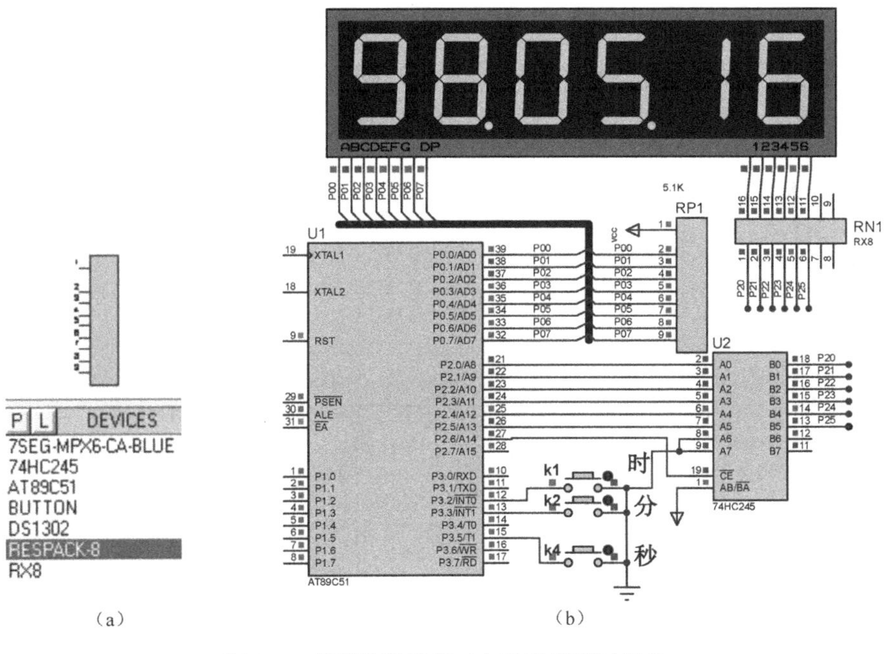

（a）　　（b）

图 6-1　并联数码管接口电路及所用元器件

1．任务要求

在 6 个数码管上从左到右依次显示自己的生日，年、月、日，各占两位。

2．任务目标

理解视觉暂留现象，掌握扫描显示的原理与编程方法，理解函数间参数传递。

3．任务分析

根据动画原理及控制电路，并联数码管的显示实际就是快速控制单个数码管的依次显示。只要依次扫描一趟的时间小于视觉暂留时间（约 1/24s），并重复多次，便可看到多个数码管在稳定地显示不同的内容。假设扫描一趟的时间为 40ms，6 个数码管每个显示时间约 6.7ms。在本设计中采用 4ms。

6.1.2　算法设计

（1）每个数码管显示的数码范围是 0～9，它们的显示码可存储在一个数组中，显示某个数码只要读取数组元素即可。因显示码都是正数且小于 255，故为无符号字符型数据，且是常量可存储在 code 空间，所以显示码的数组设置为

```
Uchar  code  dis_code[]={ 0xC0,0xF9,0xA4,0xB0,0x99,0x92,0x82,
0xF8,0x80,0x90,0x88,0x83,0xC6,0xA1,0x86,0x8E,0xff,0xbf } ;
```

（2）6 个数码管的段码端并联，可由一组 I/O 口控制，如 P0。6 个数码管的位选择端独立，用 P2.0～P2.5 来控制某个管显示，位选择的 6 个数据也可设为一个数组：

```
Uchar  code  bit_select[]={ 1,2,4,8,0x10,0x20,0x40,0x80 } ;
```

（3）扫描过程为：输出第 1 个位码、段码，并延时 4ms；……；输出第 6 个位码、段码，并延时 4ms，再重新从第 1 个开始。故在程序结构上设计为一循环结构，显示一趟要控制 6 个管的显示，设置变量对显示的位数进行计数。

6.1.3　程序结构设计

1．程序框架

程序框架如图 6-2 所示。

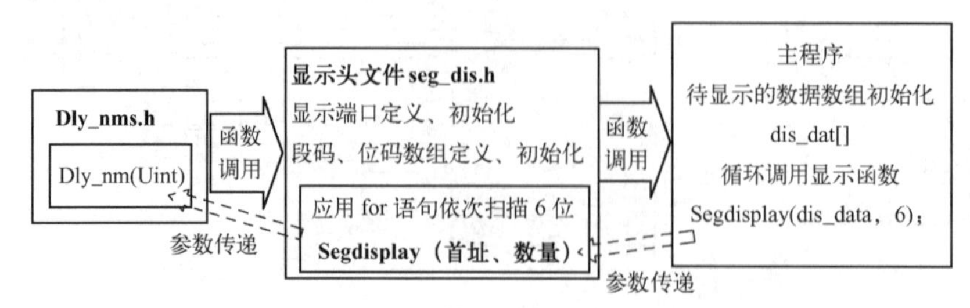

图 6-2　任务 1 的程序框架（函数调用，参数传递）

2．程序工程框架

程序工程框架如图 6-3 所示。

```
Project
Project: seg_dis
  Target 1
    Source Group 1
      seg_dis.c
        dly_nms.h
        intrins.h
        reg51.h
        seg_dis.h

seg_dis.c*
1  //数码管动态扫描显示  61.c
2  //自定义动态扫描显示头文件
3  #include<seg_dis.h>
4  Uchar code dis_data[6]={9,8,0,5,1,6};//生日数据
5  void main()
6  {  P2=0xC0;
7     while(1)
8   //调用seg_dis.h中的显示函数，传给待显数据的首址及数量
9        Segdisplay(dis_data,6);
10 }
```

图 6-3　任务 1 的工程架构

6.1.4　流程与程序设计

根据 6.1.3 节自行绘制程序流程图。

扫描显示程序的流程参考图 6-4。

程序保存为 61.c，如图 6-3 右侧所示。工程保存为 61.uv2。为方便结构化的设计使程序代码更具通用性，把并联数码管的显示程序独立设计为一个头文件 seg_dis.h，在需要的工程中直接通过#include“ ”语句包含即可调用其中的函数。以下是数码管显示头文件 seg_dis.h。有关数组做函数参数详见 6.6 节。

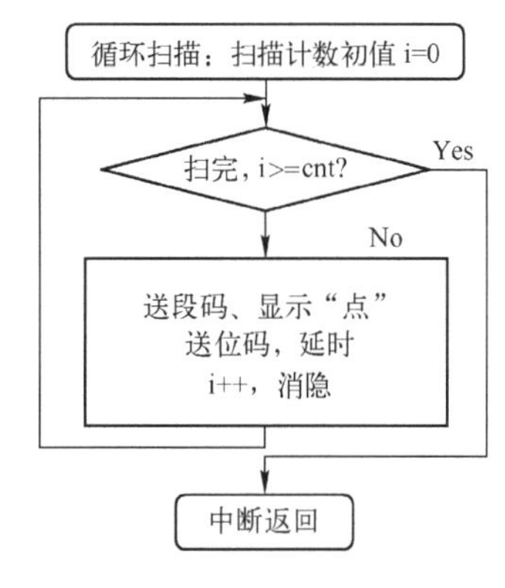

图 6-4　数码长管扫描函数的程序流程图

```
//seg_dis.h      数码管动态扫描显示生日**年**月**日
    #ifndef   _seg_dis_h__                //与头文件名保持一致
    #define   _seg_dis_h__
    #include<reg51.h>//单片机硬件资源定义头文件
    #include   "dly_nms.h"                //参考 2.7.5 节，将它复制到该工程文件夹中
    typedef   unsigned   char   Uchar; //数据类型重命名
    #define   Segport P0                  //段码控制口 P0
    #define   Bitport P2                  //位码控制口 P2
    sbit   CE74245=P2^6;
    //共阳极数码管显示码 0～F,灭，-
    Uchar   code   dis_code[]={0xC0,0xF9,0xA4,0xB0,0x99,0x92,0x82,
                0xF8,0x80,0x90,0x88,0x83,0xC6,0xA1,0x86,0x8E,0xff,0xbf} ;
//共阳极数码管位码，从左到右的扫描位码
    Uchar   code   bit_select[]={1,2,4,8,0x10,0x20,0x40,0x80} ;
    /*     并联数码管显示函数，从左到右扫描显示一次
    入口参数：待显示的数据首址，数据个数。无出口参数      */
void   Segdisplay(Uchar   *dis_data , Uchar   cnt)
{  Uchar   i;                                        //循环次数
   CE74245=0;
   for(i=0; i<cnt; i++)                              //各位依次扫描显示
        {      Segport=dis_code[*dis_data++];         //送段码
```

```
                if((i%2==1)&&(i!=5))              //显示时钟需要，非时钟显示就去掉
                        Segport=Segport&0x7f;     //显示时钟需要，非时钟显示就去掉
                Bitport=Bitport|bit_select[i];    //送位码
                Dly_nms(2);                       //延时
                Segport=0xff;                     //消隐
                Bitport=Bitport&0xC0;
        }
}
#endif
```

6.1.5 编译、代码下载、仿真、测判

按项目 1 所述方法，先在 Keil 中新建工程，然后添加源程序、设置工程选项并编译，生成代码文件 61.HEX、61.omf。参考 2.1.7 节下载代码 61.omf，设置振荡频率为 12MHz，进行仿真调试，观测现象，应该看到如图 6-1（b）所示的效果。

修改程序，显示自己的生日信息。

将代码下载到实物板观测。

实践结果：是否成功？___________。自评分___________。

6.1.6 进阶设计 1：轮流显示生日与手机短号

设计提示 1：手机号定义

先扫描显示生日 50 次，再扫描显示手机号 50 次，循环。将手机号也如生日一样定义为一个数组，按手机号次序把号码数字初始化为数组元素，如

```
Uchar  code  TelNmb[6]= {    ,    ,    ,    ,    ,    };
```

设计提示 2：程序组织结构

```
while(1)
{//生日循环显示 50 次
Uchar  time;
for( time=0; time<50 ; time++ )
    Segdisplay(dis_data,6);
//手机号循环显示 50 次
    ……
}
```

6.2 任务 2：可调时钟

6.2.1 任务要求与分析

1．任务要求

可调时钟电路所用元器件列表、原理图及仿真片段如图 6-5 所示。设计一个可调时

钟，分别通过 K1、K2、K4 调整时、分、秒。

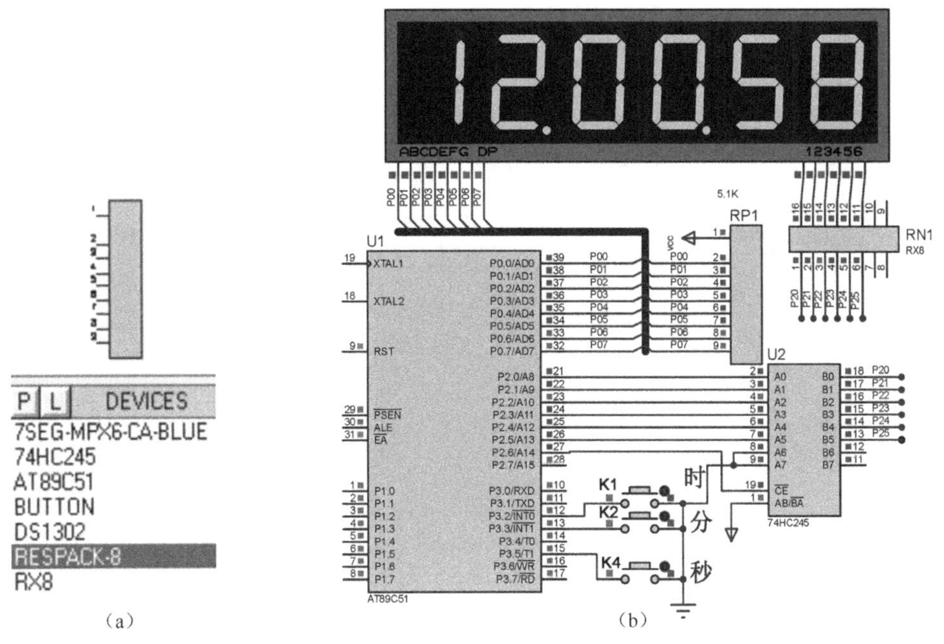

（a）　　　　　　　　　　（b）

图 6-5　任务 2 可调时钟电路所用元器件列表、原理图及仿真片段

2．任务目标

掌握时钟的算法，学习将计数器作外中断使用。

3．任务分析

根据电路，开通外中断就可对时、分进行递增的调整；应用 T1，设置其计数量为 1 就溢出触发中断，可当一个外中断使用。

6.2.2　算法设计

（1）首先设置时、分、秒三个变量，thour、tmin、tsecond；其次明确三个变量的变化规律及它们之间的逻辑关系。秒、分从 0 递增到 60 复位到 0；小时从 0 递增到 24 复位到 0；每计时到 60s，分加 1；每计时到 60min，时加 1。

（2）秒的定时设计：采用定时器方式 1，定时 50ms，累加 20 次为 1s。

（3）时间数据转化为适合并联数码管显示的数据，它们的十位、个位独立出来，如小时变量为 thour，其十位为 thour/10，个位为 thour%10，并由此形成显示的数组 char data dis_data[6]={0,0,0,0,0,0}。此数组依次存放时、分、秒的十位和个位数值。时间显示时将此数组的首址及长度传递给显示函数 Segdisplay(x,y)。

6.2.3　程序结构设计

1．程序框架

程序框架如图 6-6 所示。

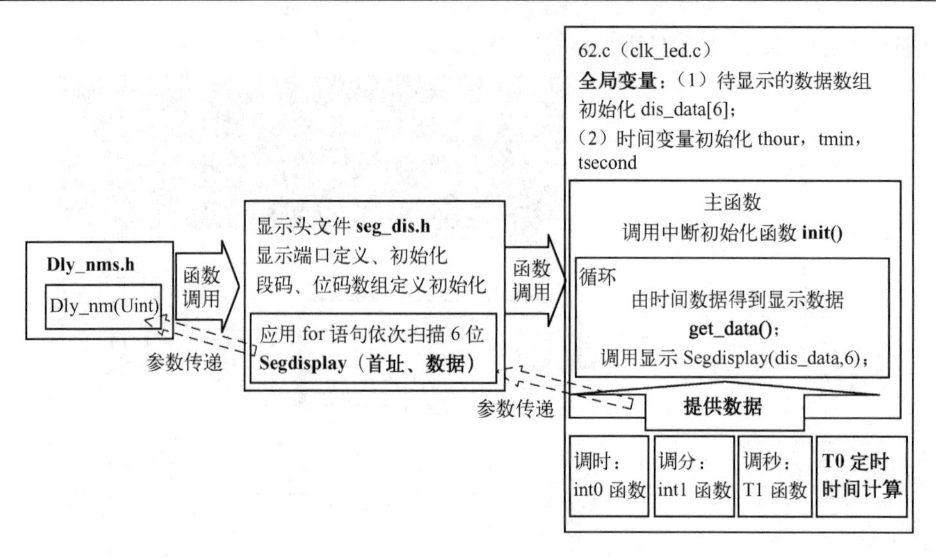

图 6-6　任务 2 可调时钟的程序框架

2．程序工程框架

程序工程框架，即程序文件组织结构如图 6-7 所示。

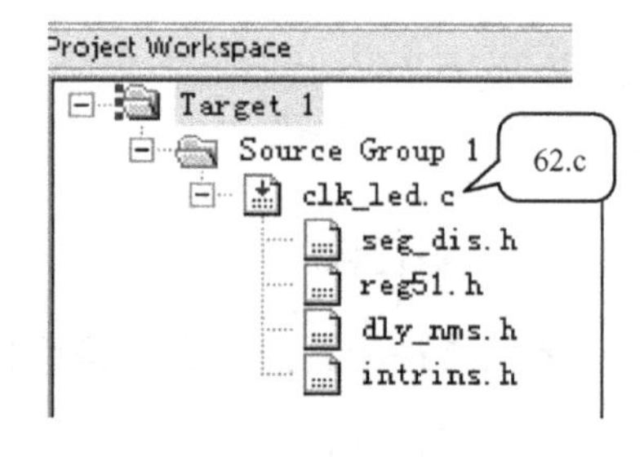

图 6-7　任务 2 的程序文件组织结构

6.2.4　流程与程序设计

1．定时中断函数流程设计

定时 50ms 中断服务函数的流程图如图 6-8 所示。

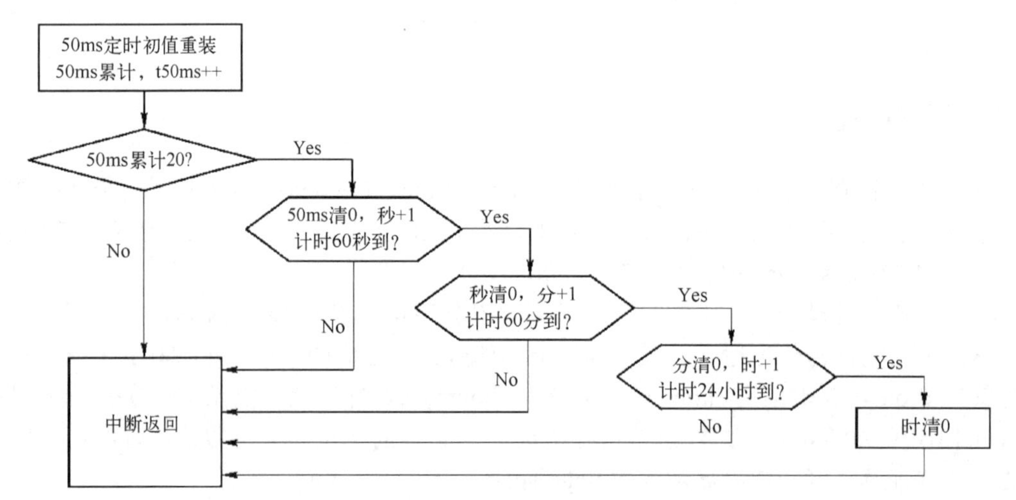

图 6-8　定时 50ms 中断服务函数的流程图

2．其他函数的流程设计

请自行绘制其他函数的流程图。

3．程序设计

程序保存为 62.c（clk_led.c）。工程保存为 62.uv2。

```
//6 个数码管扫描显示时钟，初始为 12：00：00   zlb
//将 6.1 节的 seg_dis.h、2.7.5 节的 dly_nms.h 复制到该工程文件夹中
#include“seg_dis.h”                          //包含显示头文件
/* 全局变量，自定义点之后的函数中都有效显示缓冲数据定义，初始化为 0      */
Uchar   data   dis_data[6]= { 0,0,0,0,0,0 } ;
//时分秒初始化为 12:00:00
Uchar   thour=12 , tmin=00 , tsecond=00;
//函数声明，后加分号
void   init( );                                          //中断、定时等初始化
void   get_data( );                                      //取得显示数据
void   main( )                                           //一个工程，有且只有一个
{   P2=0xC0;
    init( );                                             //调用初始化函数
    while(1)                                             //无限循环执行以下内容
    {   get_data( );                                     //调用取数函数
        Segdisplay(dis_data,6);                          //调用显示函数
    }
}
//中断初始化 T0 定时、T1 计数，INT0、INT1
void   init( )
{   TMOD=0x61;                                           //T1 计数方式 2，T0 定时方式 1
    TH0=(65536-50000)/256;                               //T0 定时 50ms 初值
    TL0=(65536-50000)%256;
    EA=1;ET0=1;TR0=1;                                    //T0，开中断，启动
    IT0=1;EX0=1;                                         //外中断 0 边沿触发
    IT1=1; EX1=1;                                        //外中断 1 边沿触发
    TH1=0xFF; TL1=0xFF;                                  //T1，计数初值为 FF，当一外中断用
    ET1=1; TR1=1;                                        //开 T1 中断，启动 T1,
}
//T0  定时中断函数，同时进行时、分、秒的计算，无参数传递、返回，但有全局变量
void   t0_50ms( )   interrupt   1   using   1
{   static   Uchar   t50ms;                              //50ms 中断次数累计变量
    TH0=(65536-50000)/256;                               //定时 50ms 初值重装
    TL0=(65536-50000)%256;
    t50ms++;                                             //50ms 中断次数累计
    if(t50ms= =20)                                       //50ms 累计 20 次
    {       t50ms=0;tsecond++;                           //定时 1s，秒+1
            if(tsecond= =60)                             //计时 60s
            {       tsecond=0;tmin++;                    //秒清 0，分+1
                    if(tmin= =60)                        //计时 60min
                    {       tmin=0;thour++;              //分清 0，时+1
                            if(thour= =24)     thour=0;  //时累计到 24 时清 0
                    }
            }
    }
```

```
}
//用外中断 0 调小时，无参数传递、返回，但有全局变量 thour
void   hour_adj(void)   interrupt   0
{   thour++;                                          //按调时键，时+1
    if(thour= =24)                                    //时累计到 24
          thour=0;                                    //时，清 0
}
//用外中断 1 调分钟，无参数传递、返回，但有全局变量 tmin
void   min_adj(void)   interrupt   2
{   tmin++;                                           //按调分键，分+1
    if(tmin= =60)                                     //分累计到 60
          tmin=0;                                     //分，清 0
}
//用 T1 的计数溢出中断调秒，无参数传递、返回，但有全局变量 tsecond
void   sec_adj( )   interrupt   3
{   tsecond++;                                        //按调秒键，秒+1
    if(tsecond= =60)                                  //秒累计到 60
          tsecond=0;                                  //秒，清 0
}
//时、分、秒数据分离为十位和个位，存在显示数组中，无参数传递返回但有全局变量
void   get_data( )
{   dis_data[0]=thour/10;                             //时的十位数
    dis_data[1]=thour%10;                             //时的个位数
    dis_data[2]=tmin/10;                              //分的十位数
    dis_data[3]=tmin%10;                              //分的个位数
    dis_data[4]=tsecond/10;                           //秒的十位数
    dis_data[5]=tsecond%10;                           //秒的个位数
}
```

6.2.5　编译、代码下载、仿真、测判

按项目 1 所述方法，先在 Keil 中新建工程，然后添加源程序、设置工程选项并编译，生成代码文件 62.HEX、62.omf。参考 2.1.7 节下载代码 62.omf，设置振荡频率为 12MHz，进行仿真调试，填写表 6-1。

表 6-1　任务 2 的仿真调试记录

操　作	显示的现象
单击 K1，5 次	
单击 K1，24 次	
单击 K2，5 次	
单击 K2，60 次	
单击 K4，60 次	
实践记录与分析：（1）是否完整显示 6 位数？________。（2）两个间隔点显示正确？________。 （3）时间是否准确？主要测量 1s 的准确度__________。（4）时钟是否可调？______________________________	
是否成功？______________________________。　　自评分：____________	

将代码下载到实物板进行观测。

6.2.6　进阶设计 2：设计 12 小时制的时钟

（1）可增加一按钮进行 12 或 24 小时制的切换。

（2）若是 12 小时制，还可区别上午、下午 12 小时。

6.3　任务 3：多功能秒表——一键多功能

6.3.1　任务要求与分析

电路参考图 6-7。

1．任务要求

秒表计时范围为 0～99，且精确到 1%。（1）正计时秒表，从 0 起，最大到 99s；（2）倒计时，起点可预置，小于 100；（3）设一按键，控制秒表启动/暂停/继续/复位（正计时复位到 0，倒计时复位到预置值，即倒计时起点）。

2．任务目标

（1）熟练应用定时器编程。

（2）掌握一键多功能的识别技术与程序设计。

（3）正确读入十六进制数据，并转化为十进制数。

3．任务分析

（1）倒计时的起点置数，如图 6-9 所示，由拨码盘置数从 P1 口输入，输入的数据为十六进制的。

（2）正、倒计时设置与识别。

（3）一键多功能的识别，启动/暂停/继续/复位，通过外中断 0 对一变量的累计来区别。

（4）1% s 的精确定时，应用定时器 T0 实现。

6.3.2　算法设计

（1）读入倒计时起点的十六进制数据，并转换为十进制数，则

十位=读数/10

个位=读数%10

（2）通过一引脚输入高、低电平决定是正计时、倒计时，故选择一引脚并对其设置一位变量，sbit　Up_Down=P3^4。位变量的值即表示引脚的高低电平，Up_Down=1，进行正计数，否则进行倒计数。

（3）一键多功能的识别，通过一变量 tmp 计按键次数，当 tmp=1，表示第 1 次按键，tmp=2，表示第 2 次按键……。例如，第 1、2、3、4 次按键分别代表启动/暂停/继续/复位等功能。

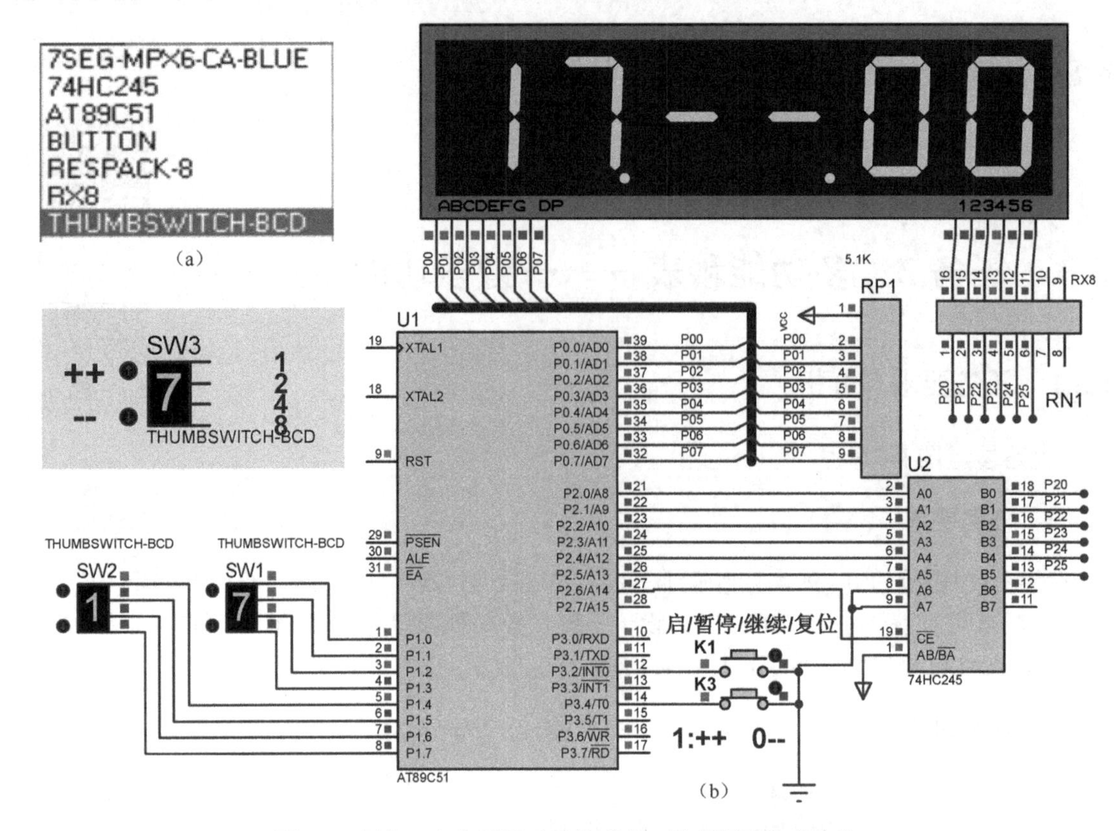

图 6-9 任务 3 电路所用元器件列表、原理图及仿真片段

（4）计时精确到 1%s，应用定时器 T0 定时 10ms。

（5）具体显示方式为：左边两位数码管显示秒的计时，中间两位数码管显示“–”，右边两位数码管显示 1%s 的整数倍。

6.3.3 程序结构设计

（1）程序框架如图 6-10 右侧所示。

（2）工程文件组织如图 6-10 左下角所示。

6.3.4 流程与程序设计

参考图 6-10，自行设计程序流程图。程序保存为 63.c（mb.c）。工程保存为 63.uvproj（mb.uvproj）。

```
//将 6.1 节的 seg_dis.h、2.7.5 节的 dly_nms.h 复制到该工程文件夹中
#include"seg_dis.h"                          //包含显示头文件
#define  Inputport  P1                       //输入数据端口宏定义
Uchar  data  dis_data[6]= {0,0,0,0,0,0} ;//时分秒显示数据暂存数组定义及初始化
Uchar  tsecond, t10ms;                       //全局变量：代表秒和 10ms 的变量
//Up_Down ：1 为正计时，0 为倒计时。此处 P3.4 做一般 I/O 口使用
sbit  Up_Down=P3^4;                          //正、倒计时的设置引脚定义
void  T0_init(void);                         //定时初始化函数声明
```

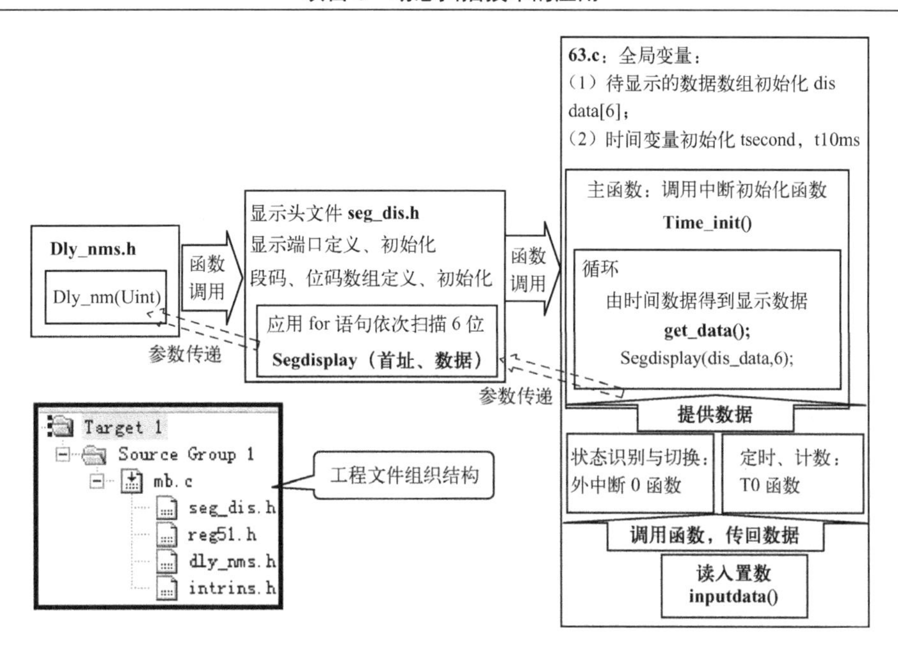

图 6-10　任务 3 多功能秒表的程序框架、工程文件组织部结构

```
Uchar  inputdata();                        //预置数据读入函数声明
void  main()                               //主函数，有且只有一个
{  P2=0xC0;
   Time_init();                            //定时初始化函数
   dis_data[2]=17;                         //显示数码管的中间一横
   dis_data[3]=17;
   if(Up_Down==0)                          //正倒计时标志=0，为倒计时
         {tsecond=inputdata();t10ms=99;}   //读入预置值，
   while(1)                                //死循环，显示倒计时
   {     dis_data[0]=tsecond/10;           //取倒计时的十位数
         dis_data[1]=tsecond%10;           //取倒计时的个位数
         Segdisplay(dis_data,6);           //调用显示
   }
}
//inputdata()读入倒计时预置数，无入口参数，有出口参数
Uchar  inputdata()
{  Uchar  Datainput;                             //函数内局部变量
   Inputport=0xff;                               //置为输入口
   Datainput=Inputport;                          //从端口读入数据到 Datainput 变量中
   Datainput=(Datainput>>4)*10+(Datainput&0x0F);       //处理读入的数据
   return Datainput;                             //返回处理后的读入数据
}
//定时、中断初始化函数，无参数传递
void  T0_init(void)
{  TMOD=0x01;                                    //T0，方式 1，定时器
   TH0=(65536-10000)/256;                        //T0，10ms 定时初值
   TL0=(65536-10000)%256;
   IT0=1;                                        //外中断 0 边沿触发
   EA=1;ET0=1;EX0=1;                             //T0，外中断 0 开中断
```

```
}
//定时 T0 中断函数，计数 1/100s，秒数，无参数传递
void  T0_sever()  interrupt  1  using  1
{  TH0=(65536-10000)/256;                                  //定时 10ms 初值重装
   TL0=(65536-10000)%256;
   if(Up_Down==1)                                          //正计时，递增
   {      t10ms++;                                         //10ms 定时累计
          if(t10ms==100)                                   //定时 1s 时间到
            {     t10ms=0;                                 //10ms 定时累计变量清 0
                  tsecond++;                               //秒+1
                  if(tsecond==100) tsecond=0;              //秒计时不超 100
            }
   }
   else                                                    //倒计时，递减
   {      t10ms--;                                         //10ms 定时倒计
          if(t10ms==0)                                     //倒计 1s 时间到
            {     t10ms=100;                               //10ms 定时倒计初值为 100
                  tsecond--;                               //1s-1
                  if(tsecond==0) tsecond=inputdata();     //秒倒计到 0，则从预置值再开始
            }
   }
   dis_data[4]=t10ms/10;                      //1%s 的计数值的十位到显示缓冲数组 4 号位
   dis_data[5]=t10ms%10;                      //1%s 的计数值的个位到显示缓冲数组 5 号位
}
//外中断 0 函数，无参数传递，启、暂停、继续、复位功能的判断，无参数传递
void  int0_sever()  interrupt  0  using  2
{  static Uchar tmp=0;
   tmp=tmp+1;
   if(tmp==5)tmp=1;                                        //1、2、3、4 循环判断
   switch (tmp)
   {case 1:                                                //计时启动、暂停、继续、复位
         {        TR0=1;
                  if(Up_Down==1)                           //正计时从 0 开始
                        tsecond=0;
                  else                                     //倒计时，从预置数开始
                        {tsecond=inputdata();t10ms=100;}
                  break;
         }
    case 2: TR0=0;break;                                   //计时暂停
    case 3: TR0=1;break;                                   //计时继续
    case 4:                                                //计时复位
         {        TR0=0;t10ms=0;
                  dis_data[4]=0;dis_data[5]=0;             //1%s 的计数复位到 0
                  if(Up_Down==1)                           //正计时，秒复位到 0
                        {tsecond=0;   }
                  else
                  {tsecond=inputdata();t10ms=100;}         //倒计时，复位到预置数
         }
```

```
                TH0=(65536-10000)/256;                  //定时初值重装
                TL0=(65536-10000)%256;
                break;                                  //退出 switch 语句
        default: break;
        }
    }
```

6.3.5　编译、代码下载、仿真、测判

按项目 1 所述方法，先在 Keil 中新建工程，然后添加源程序、设置工程选项并编译，生成代码文件 63.HEX、63.omf。参考 2.1.7 节下载代码 63.omf，设置振荡频率为 12MHz，进行仿真调试，填写表 6-2。

表 6-2　任务 3 的仿真调试记录

K2 弹起，正计时	数码管显示现象
第 1 次单击 K1	
第 2 次单击 K1	
第 3 次单击 K1	
第 4 次单击 K1	
按下 K2，倒计时	数码管显示内容
第 1 次单击 K1	
第 2 次单击 K1	
第 3 次单击 K1	
第 4 次单击 K1	
实践分析记录与总结：（1）K1 的切换功能是否实现？______（2）正计数的终点正确吗？_________（3）倒计数的初值正确吗？________（4）测试 1%s 的计时是否准确？___________1s 的计时是否准确？________	
是否成功？______________________________。　自评分：____________________	

将代码下载到实物板进行观测。

6.4　任务 4：矩阵键盘识别

6.4.1　任务要求与分析

1．任务要求

单击 4×4 的矩阵键盘，能实时显示键值。

2．任务目标

理解矩阵键盘的识别技术及程序设计的方法。

3．任务分析

（1）矩阵键盘的识别有扫描法和反转法，本任务中采用反转法。

（2）键盘值通过一组 I/O 口输出，仿真时直接看引脚色点识别其代表的 BCD 码。

6.4.2 电路设计

任务 4 打地鼠电路所用元器件列表、原理图及仿真片段如图 6-11 所示。

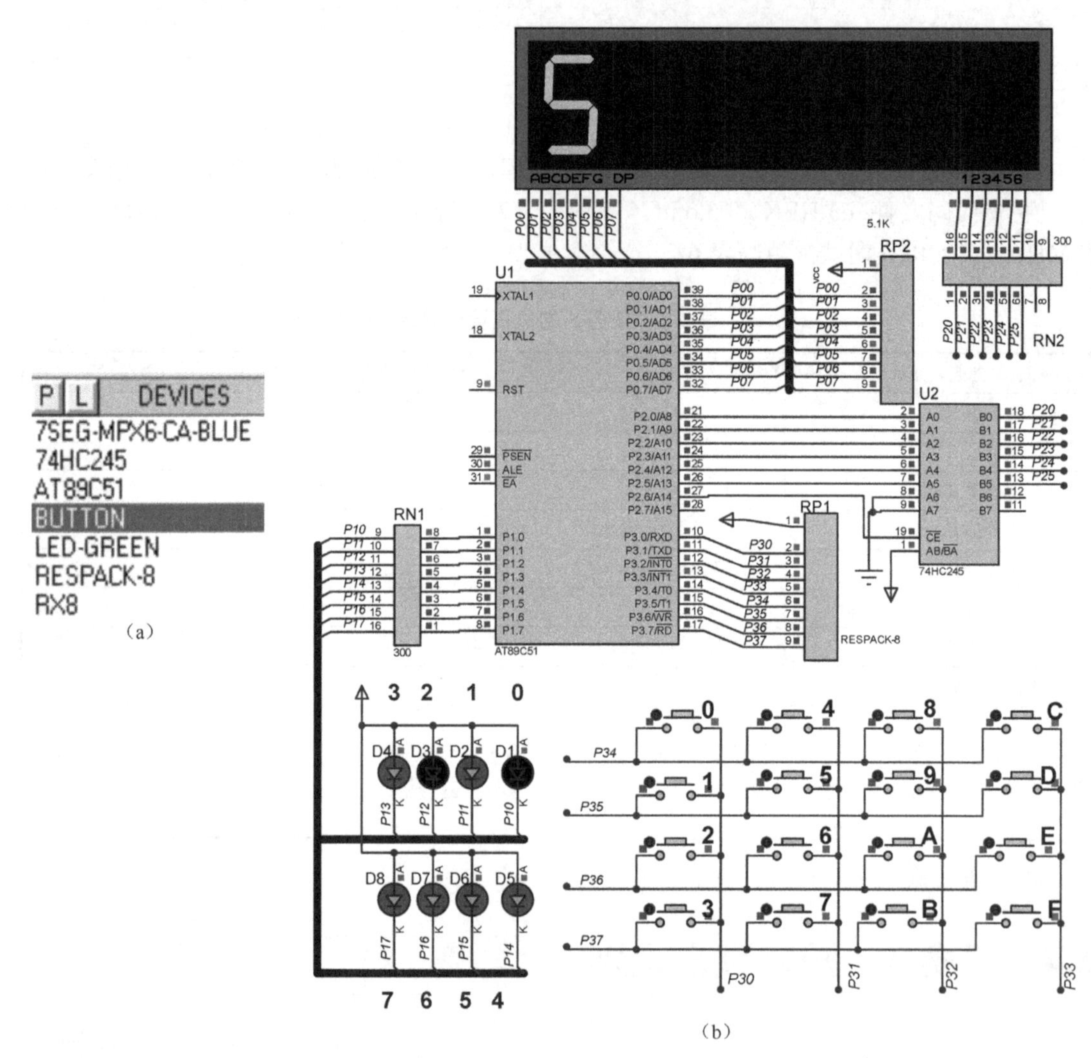

图 6-11　任务 4 打地鼠电路所用元器件列表、原理图及仿真片段

6.4.3 算法设计

为了程序代码的通用性，并方便结构化的设计，把矩阵键盘识别独立设计为一个头文件 key16.h。在需要的工程中直接通过#include 语句包含，即可调用其中的函数。

（1）采用反转法进行矩阵键盘的识别，参考图 6-12 先判断是否有键按下（第①、②步），确认有键按下（第③步）分别置高、低 4 位为输入口，读入输入状态；再相或，得到 8 位按键数据；再消除按键的弹起抖动（第④、⑤步）。事先把 16 个按键的数据设置为一个数组，每次得到的按键数据与数组元素一一比较直到找到有相等的，便找到键值。无效按键或是干扰抖动时，键值为 FF。

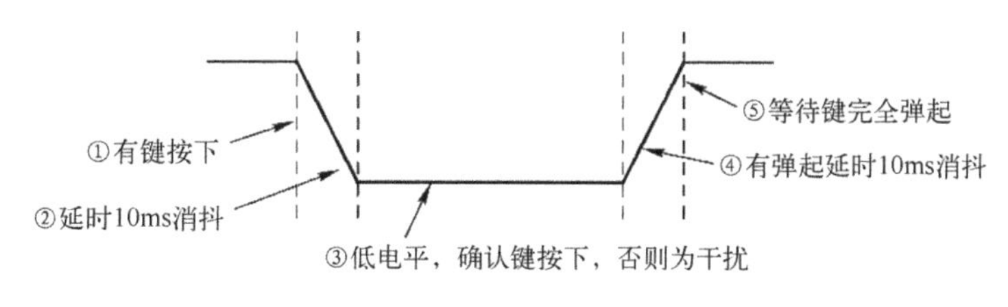

图 6-12　按键判断过程

（2）主程序中检测到有效键值时再送到 P1 口显示。以 LED 的亮、灭表示键值，LED 亮表示 0，LED 灭表示 1。

6.4.4　程序结构设计

程序结构如 6-13 所示。

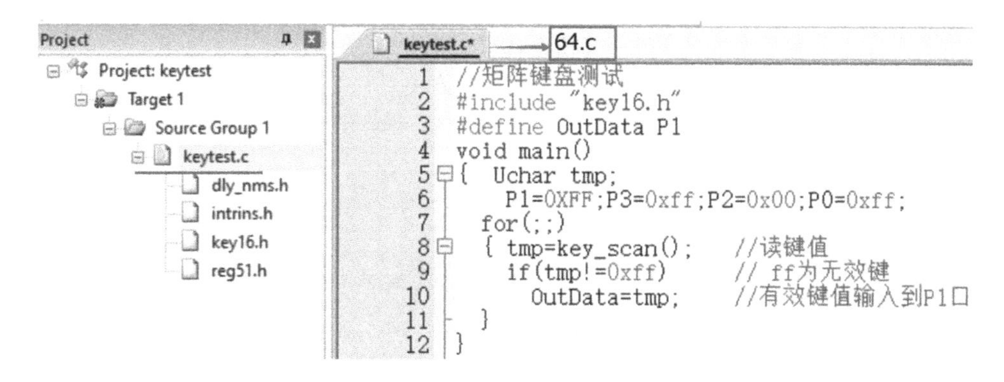

图 6-13　任务 4 矩阵键盘识别的程序结构

6.4.5　程序设计：key16.h

主程序如图 6-13 右侧所示，保存为 64.c（keytest.c）。其中包含的矩阵键盘头文件 key16.h 如下，保存在该工程文件夹下。

```
#ifndef   _key16_h__                          //头文件中的条件编译
#define   _key16_h__
#include<reg51.h>
#include"dly_nms.h"                           //参见 2.7.5 节，并保存在该工程文件夹下
typedef  unsigned  char  Uchar;               //数据类型重命名
#define  keyport  P3                          //键盘接口在 P3
//16 个按键的读入数据
Uchar  code  key_tab[]={0x11,0x21,0x41,0x81,0x12,0x22,0x42,0x82,0x14
                   ,0x24,0x44,0x84,0x18,0x28,0x48,0x88 } ;
Uchar  key_scan(void)                         //扫描函数，列入口参数、出口参数为键值
{  Uchar i, j , k;                            //设计局部变量
//先判断是否有键按下
    keyport=0xFF;
```

```
keyport=0x0F;                              //置低 4 位输入
    Dly_nms(10);                           //延时消抖
    i=keyport;                             //读数
    if(i==0x0F)     return 0xff;           //抖动，返回 FF
//读低 4 位的按键数据
    i=(~i)&0x0F ;                          //i 为低 4 位读键数据
//读高 4 位的按键数据
    keyport=0xFF ;
keyport=0xF0 ;                             //置高 4 位输入
    Dly_nms(2) ;
j=keyport;                                 //读数
    if(j==0xf0)     return 0xff;           //抖动，返回 FF
    j=(~j)&0xF0;                           //j 为高 4 位读键数据
    do                                     //等待按键松开
        {  k=keyport ;  }
    while((~k)&0xF0);
    Dly_nms(1);                            //按键松开后再稍延时
    i = i | j ;                            //按键数据
    k=0;                                   //键值初值=0
    while( key_tab[k++]!=i )               //计算键值，键值在 k 中
          { ; }
    return(--k);                           //返回键值
}
#endif                                     //头文件结束
```

6.4.6 编译、代码下载、仿真、测判

按项目 1 所述方法，先在 Keil 中新建工程 64，然后添加源程序 64.c（keytest.c）、设置工程选项并编译，生成代码文件 64.HEX。参考 2.1.7 节下载代码，设置振荡频率为 12MHz，进行仿真调试，并填写表 6-3。

表 6-3 任务 4 的仿真调试记录

单击某键	P1 口显示内容	单击某键	P1 口显示内容	单击某键	P1 口显示内容
0		4		8	
1		5		9	
2		6		A	
3		7		B	
C		D		E	
F					
实践点滴记录与总结：________					
是否成功？________。 自评分：________					

将代码下载到实物板进行观测。

6.4.7　进阶设计 3：以七段数码管显示键值

将键值显示在七段数码管的第一位上面，效果参考图 6-11（b）。

6.5　任务 5：打地鼠游戏设计

6.5.1　任务要求与分析

电路参考图 6-11（b）。

1．任务要求

设计一个打地鼠的游戏装置，要求 8 个 LED 代表 8 个地鼠，并有 8 个按键与之对应。地鼠随机冒出，该地鼠 LED 亮，敲对应的键表示打到地鼠。游戏时间预设为 15s，游戏开始就倒计时，并将打到的地鼠数量实时显示。游戏时间到，LED 全亮表示结束，此后再按键无效。

2．任务目标

（1）掌握随机函数的应用，熟练掌握并联数码管动态扫描显示的程序设计。

（2）熟练掌握应用定时器倒计时的程序设计。

3．任务分析

（1）随机点亮 1 个地鼠指示 LED：由随机函数得到一位随机数，范围是 0～7，分别对应 P1.0～P1.7 上的 8 个地鼠 LED。

（2）敲击的键值与随机数的比较判断，若相等，则对打到的地鼠数量加 1。

（3）应用定时器倒计时 15s，时间到则停止游戏。

6.5.2　算法设计

（1）取 0～7 一位随机数。

① 包含随机函数 rand()所在库的头文件"stdlib.h"。

② 取 0～7 之间的随机数，且只保留一位数，并小于 8，可通过与 8 求余：rand()%8 得到。

③ 根据 0～7 的随机数显示 P1.0～P1.7 上的 8 个地鼠 LED 之一：

```
Ledport=_crol_(0xFE , data_radm);
```

（2）反转法读键值：参考 6.4 节。

（3）输出信号引脚定义： #define　Ledport　P1。

（4）倒计时、打到的地鼠计数值均显示在并联数码管的第 1、2 位及第 5、6 位，中间 2、3 位不显示。

6.5.3 程序结构设计

程序框架如图 6-14 所示。

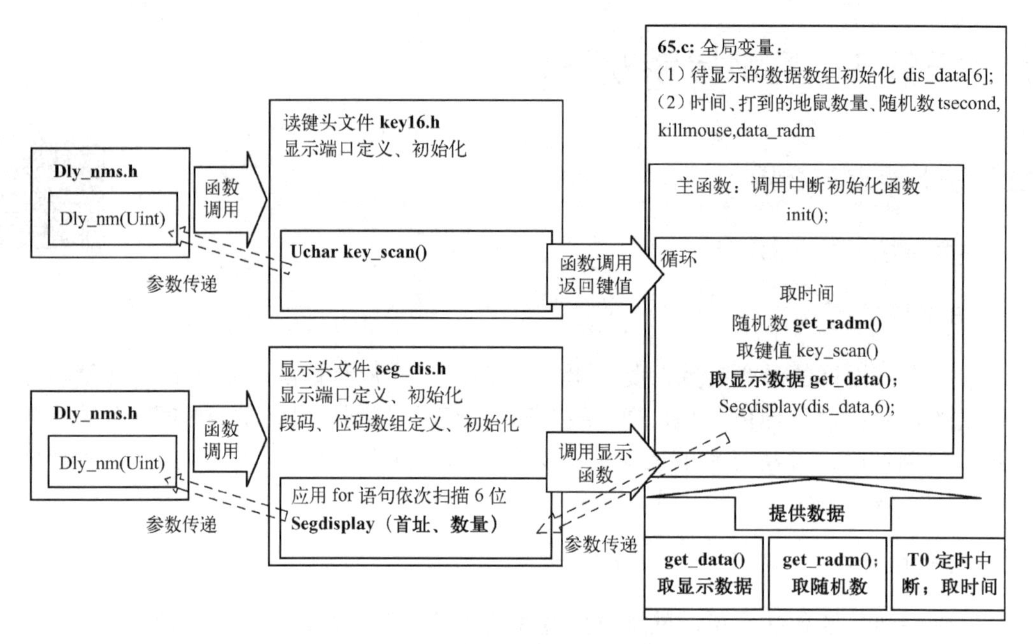

图 6-14　任务 5 打地鼠的程序框架

工程文件组织图如图 6-15 所示。

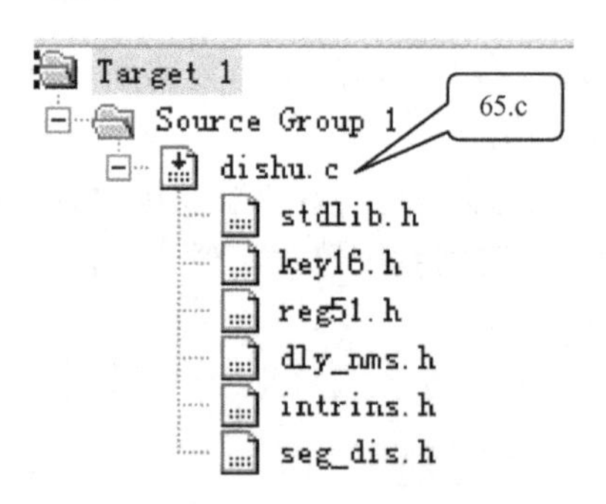

图 6-15　任务 5 的工程文件组织图

6.5.4 流程与程序设计

1. 设计流程图

参考程序框架图 6-14，自行设计程序流程图。

2. 程序设计

将 6.1 节、6.4 节中的 key16.h 和 seg_dis.h 复制到本工程中。

```
//65.c,打地鼠 dishu.c        zlb
#include<stdlib.h>                    //调用系统库中的随机函数
#include"key16.h"                     //矩阵键盘识别
#include"seg_dis.h"                   //并联数码管动态扫描显示
#define  Ledport  P1                  //代表地鼠的 LED 由 P1 口控制
Uchar  killmouse=0;                   //打到的地鼠初值=0
Uchar  Timeorg=15;                    //时间初值，共 15s
Uchar  data_radm;                     //随机数
Uchar  data dis_data[6]={0,0,0,0,0,0}; //待显示的数据数组，格式为“时间.  .计数”
void  get_radm();                     //取随机数函数声明，句末加分号
void  T0_init()  ;                    //初始化函数声明
void  get_data();                     //取显示数据函数声明
void  main()                          //主函数
{  Uchar  keyvalue;
   P2=0xC0;
   dis_data[2]=16;                    //中间两个数码管不显示
   dis_data[3]=16;                    //中间两个数码管不显示
   T0_init();                         //调用初始化
   while(1)
   {      keyvalue=key_scan();        //判键值
          if(TR0==1)
                {if(keyvalue==data_radm)
                      {killmouse++;}
                      get_data();     //调用更新显示数据
                }
          Segdisplay(dis_data,6);     //调用显示函数
   }
}
/*  取随机数的函数，无参数传递与返回     */
void  get_radm()
{  data_radm=rand()%8;                //保证随机数为 0～7
   Ledport=_crol_(0xFE,data_radm);    //随机数 0～7 分别以第 0～7 的 LED 点亮表示
}
/*  定时器、中断等初始化，无参数传递与返回     */
void  T0_init()                                  //T0 定时初始化
{  TMOD=0x01;
   TH0=(65536-50000)/256;             //定时 50ms 的初值
   TL0=(65536-50000)%256;
   EA=1;ET0=1;TR0=1;                  //T0，中断开启，启动 T0 运行
}
/*  分离出秒的十位和个位，无参数传递与返回，数据更新在全局变量数组中    */
void  get_data()                      //更新显示数据
{  dis_data[0]=Timeorg/10;            //秒更新，十位
   dis_data[1]=Timeorg%10;            //秒更新，个位
   dis_data[4]=killmouse/10;          //打到的地鼠计数更新，十位
   dis_data[5]=killmouse%10;          //打到的地鼠的个位
}
```

```
/*   T0 中断服务函数，无参数传递与返回，每一秒随机数更新，全局变量倒计秒-1      */
Void   T0f()   interrupt   1   using   1
{  static   Uchar   t50ms;                              //50ms 累计变量
   TH0=(65536-50000)/256;                               //定时 50ms 的初值重装
   TL0=(65536-50000)%256;
   t50ms++;                                             //50ms 定时中断次数累计
   if(t50ms==20)                                        //若累计到 20 次，1s 时间到
   {     t50ms=0;                                       //计数变量 t50ms 清 0
         get_radm();                                    //取随机数
         Timeorg=Timeorg-1;                             //倒计秒-1
         if(Timeorg==0)                                 //倒计到 0
            {        TR0=0; Ledport=0; get_data();      //关定时器
            }
   }
}
```

6.5.5 编译、代码下载、仿真、测判

按项目 1 所述方法，先在 Keil 中新建工程 65，然后添加源程序 65.c、设置工程选项并编译，生成代码文件 65.HEX。参考 2.1.7 节下载代码，设置振荡频率为 12MHz，进行仿真调试，并填写表 6-4。

因该工程中包含 key16.h、seg_dis.h，它们中都通过“typedef unsigned char Uchar;”定义了 Uchar，直接组合后编译会提示重复定义，可把 **seg_dis.h 中的该句去掉即可。**

表 6-4　任务 5 的仿真调试记录

1．倒计时测试 未按键，观测倒计时 15～0。 2．打地鼠测试：看地鼠 LED，按键灭鼠 （1）记录地鼠 LED，依次是____________________________________ ____________________________________。 （2）记录按键：____________________________________ ____________________________________。 （3）比较以上（1）、（2），计算灭鼠数量：______________；显示的灭鼠值是________
实践点滴记录与总结：____________________________________ ____________________________________。
是否成功？________________________。　　　　自评分：____________

将代码下载到实物板进行观测。

6.5.6 进阶设计 4：竞级打地鼠游戏设计

仔细阅读程序，分析地鼠冒出的频率。在 15s 内完全消灭地鼠，则进入第二级，加快地鼠出现的频率。游戏级别也可利用空闲的数码管显示出来。

6.6 指针及其应用

指针是 C 语言中的重要概念，也是 C 语言的重要特色。

6.6.1　为什么要设置指针

数据都是要存储的，程序代码存储在 ROM 中，程序运行中的临时变量存储在 RAM 中。对某个数据读或写的访问操作都是通过其所在的地址实现的，在汇编中找地址就是寻址，每个存储单元就是以其地址编号来区别。汇编语言系统中除了工作寄存器 Rn、专用寄存器 A、B 等有符号名，其他的地址的操作都是直接对地址编号的读或写。而 C 语言是高级语言，不直接操作硬件的地址，大都是对数据所在的变量名进行操作，变量地址也是编译系统分配的，程序设计者并不知道。为了能灵活地像汇编语言那样对某个地址进行操作，故设置了专门存储其他变量地址的变量，称为指针变量。

所以要明确这几个概念：

（1）内存地址

内存地址是内存中存储单元的编号。

① 计算机硬件系统的内存储器中，拥有大量的存储单元（容量为 1 字节），为了方便管理为其一一编号，这个编号就是存储单元的“地址”。每个存储单元都有一个唯一的地址。

② 在地址所标识的存储单元中存放数据。

内存单元的地址就像个容器，而其中的数据就是容器中的内容。

（2）变量地址

变量地址是编译系统分配给变量的内存单元的起始地址。

（3）变量值的存取

通过变量在内存中的地址进行变量值的存取。

① 直接访问：直接利用变量的地址进行存取，如“i=j;”。

② 间接访问：通过另一变量访问该变量的值，如“i=*p;”类似于汇编的“mov a, @Ri”。

使用指针，可以使程序更加简洁、紧凑、高效，有效地表示复杂的数据结构，动态分配内存，得到多于一个的函数返回值。

6.6.2　指针的运算符、定义

1. 指针的两个运行符

- &：取变量的地址，单目运算符，自右向左。
- *运算符：取指针所指向变量的内容，单目运算符，自右向左。

2. 指针的定义

指针定义的格式：

```
数据类型  [存储器类型 1]  * [存储器类型 2]  标识符;
```

[存储器类型 1] 表示被定义为基于存储器（idata、data、bdata、xdata、pdata、Code）的指针。无此选项时，被定义为一般指针。

[存储类型 2]用于指定指针本身的存储器空间。

```
char  *p;                    //普通指针变量 p 指向一个 char 变量
char  data  *p;              //表示 p 指向的是 data 区中的 char 型变量，p 在片内存储区中
char  data  *idata  p;       //表示 p 指向的是 data 区中的 char 型变量，p 在 idata 内存储区中
```

指针变量只能存放指针（地址），且只能是相同类型变量的地址。如图 6-16 所示，i_pointer 只能指向整型变量。指针变量也必须先赋值后再使用。

i：整型变量，假设其地址是 0x50，其中的内容是 10。

i_pointer：指向 i 的指针变量，它的内容是地址量 0x50。

*i_pointer：指针的目标变量，它的内容是数据 10。

&i_pointer：指针变量占用内存的地址。

指针在定义时也可初始化，如图 6-16 所示，可改为“int *i_pointer=&i;”。

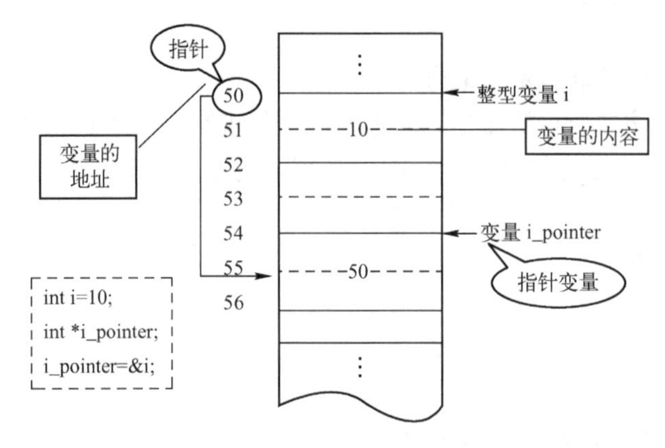

图 6-16　指针说明

6.6.3　应用指针作为参数实现“传址”

例 1：在 2.7.2 节中要通过调用函数实现主程序中两个数据交互，即被调函数中的数据变化要反馈到主调函数中，应该用指针实现传地址，程序执行过程分析如图 6-17 所示。

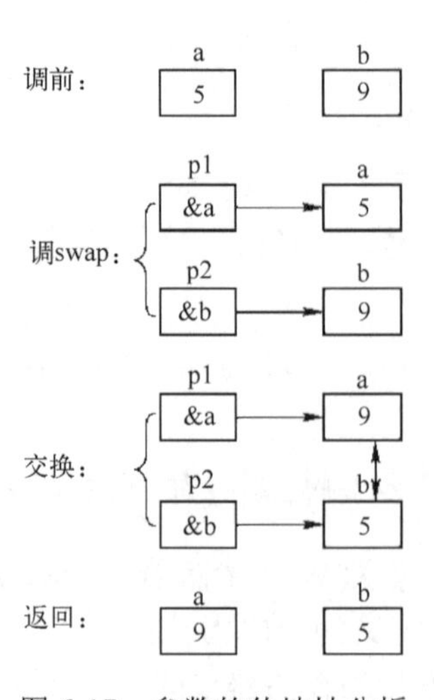

图 6-17　参数的传地址分析

```
    swap(int  *p1, *p2)         //参数为指针变量，p1 指向 a 的地址，p2 指向 b 的地址
    {     int  p;               //普通变量，用来暂存指针变量的数值
          p=*p1;                //指针变量 p1、p2 中的数据互换
          *p1=*p2;
          *p2=p;
    }
main()
    {     int  a, b;
          a=5;b=9;
          swap(&a,&b);          //把 a、b 的地址传递给指针变量 p1、p2
   }
```

总结：为了利用被调用函数改变的变量值，应该使用指针（或指针变量）作函数实参。其机制为：在执行被调用函数时，使形参指针变量所指向的变量的值发生变化；函数调用结束后，通过不变的实参指针（或实参指针变量）将变化的值保留下来。

6.6.4　指针与数组

1．指向数组的指针

数组的指针是数组在内存中的起始地址，数组元素的指针是数组元素在内存中的起始地址。因**数组名代表数组在内存中的起始地址（是个地址常量，与第 0 个元素的地址相同）**，所以可以用数组名给指针变量赋值。

```
int   array[10];
int   *p;       p=&array[0];          //⇔ p=array;   p 指向数组 array 的首址
```

或

```
int   *p=&array[0];
```

或

```
int   *p=array;
```

数组元素的引用，既可用下标法，也可用指针法。使用下标法，直观；而使用指针法，能使目标程序占用内存少、运行速度快。

例 2：将一数组中元素复制到另一数组中。

```
unsigned  char  a[5]={2,4,5,7,10};
unsigned  char  b[5];
unsigned  char  *p=a;
unsigned  char  i;
for(i=0;  i<5;  i++)
   b[i]=*p++;
```

2．指向数组的指针运算

（1）可以进行的算术运算，只有以下几种（假设有指针变量 px、py 都指向数组 a 某

元素首址)：

px±n，　px++/++px，　px--/--px，　px-py，(*px)++，*px++，*(px+n)

- px±n：将指针从当前位置向前（+n）或回退（-n）n 个数据单位，而不是 n 字节。显然，px++/++px 和 px--/--px 是 px±n 的特例（n=1）。
- px-py：两指针之间的数据个数，而不是指针的地址之差。
- （*px）++：表示 px 所指向的地址中的数据+1；等价于*px++，因为取值运算符*优先于加法运算+。
- *(px+n): 将指针所指当前地址+n 后的地址中取数。

（2）关系运算

表示两个指针所指地址之间、位置的前后关系：前者为小，后者为大。如果指针 px 所指地址在指针 py 所指地址之前，则 px<py 的值为 1。

3．以数组名作函数参数，实现传址

例 3：将数组 a 中的 n 个整数按相反顺序存放。

```
void  inv(int  x[],  int  n)              //实参与形参都是数组，或如 6.1.3 节，形参采用指针
{    int t, i,   j,   m=(n-1)/2 ;          //对半交换的算法
     for(i=0;   i<=m;   i++)
     {    j=n-1-i;
          t=x[i];   x[i]=x[j];   x[j]=t;
     }
}
main( )
{    int   i,   a[10]= {3,7,9,11,0,6,7,5,4,2} ;
      inv(a, 10);                          //数组首址作为参数
     for(i=0;   i<10;   i++)
          printf("%d," , a[i]) ;           //在 Keil 中运行测试的话，要增加串口设置内容
     printf(" \n ");
     while(1);
}
```

6.6.5　指针与函数

函数指针：函数在编译时被分配的入口地址，用函数名表示。指向函数的指针变量的定义形式：

```
数据类型    (*指针变量名)();
```

如

```
int    (*p)();
```

int 为函数返回值的数据类型；p 为专门存放函数入口地址，可指向返回相同类型的不同函数。

函数指针变量赋值，如

```
p=max;    //假设有 max(a,b)函数存在
```

函数调用形式，如

```
c=max(a, b); ⇔ c=(*p)(a, b);
```

1．用函数指针变量调用函数

例 4：用函数指针变量来调函数，求最大值、最小值和两数之和。

```
int  max(int ,int);                        //函数声明
int  min(int, int);
int  add(int, int);
int  (*fp_process) (int, int);             //函数指针定义
void main( )
{  int  a, b, c;
   a=23;b=45;
   fp_process=max;c=fp_process(a,b);       //通过函数指针调用 max ()函数，c=45
   fp_process=min;c=fp_process(a,b);       //通过函数指针调用 min ()函数，c=23
   fp_process=add;c=fp_process(a,b);       //通过函数指针调用 add ()函数，c=68
   while(1);
}
int max(int x, int y)
{   return(x>y ? x:y) ; }
int min(int x, int y)
{   return(x<y ? x:y) ; }
int add(int x, int y)
{   return(x+y);   }
```

2．返回指针值的函数

返回指针值的函数定义形式：

```
类型标识符    *函数名(参数表);
```

如：

```
int  *f(int  x, int y)
```

例 5：求两个 int 型变量中居于较大值的变量的地址。

```
int *f1(int *x, int *y)
{   if(*x>*y)   return  x;    //若 a 大，返回 a 的地址
    else        return  y;    //若 b 大，返回 b 的地址
}
main( )
{   int  a=2, b=3;
    int *p;
    //将 a、b 的地址作为函数 f1 的参数，返回的地址数据赋值给指针 p
    p=f1(&a,  &b);
```

```
        printf("%d\n", *p);
    }
```

6.7 知识小结

项目 6 知识点总结思维导图如图 6-18 所示。

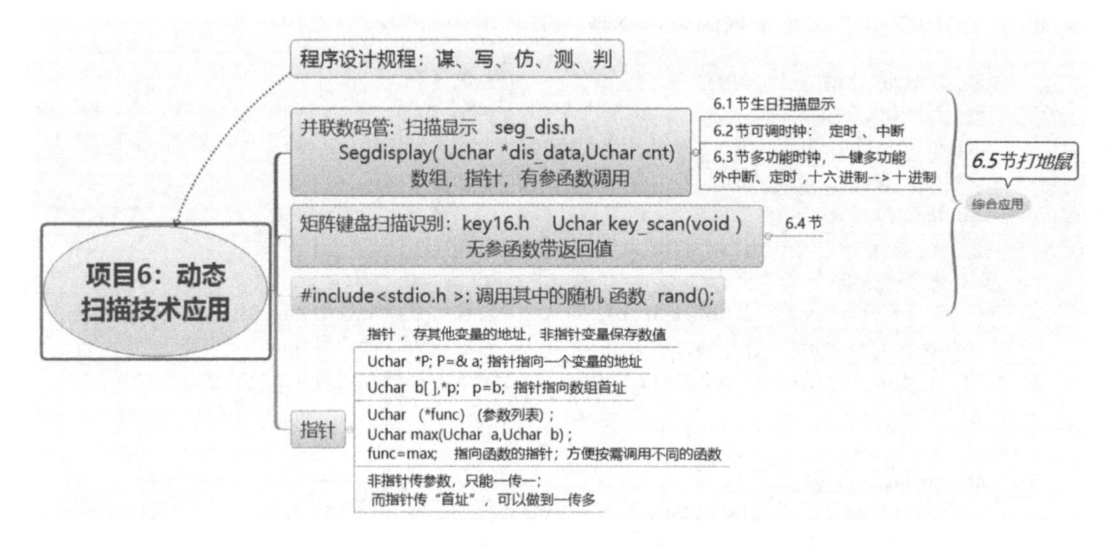

图 6-18 项目 6 知识点总结思维导图

动态扫描技术是并联数码管、LED 点阵等显示原理的基础，关键是把握好扫描频率小于 1/24s，其次是重复一定的扫描次数可得到稳定的显示。

按键是控制系统交互的手段，一般有独立按键、矩阵键盘。独立按键的识别有根据单个引脚电平来判断的，如在秒表任务中正计时、倒计时的识别；也有将整个一组 I/O 口数据作为一特定的值，用来判断某个键按下，如 3.5 节。当某个键以单击的次数来区别不同的功能时，该键就是多功能键，可通过 switch 语句来实现不同功能，如 6.3 节。矩阵键盘的识别，以反转法较为简捷。

数组用来存放较多的同类型的数据。当数据固定不变时，可在定义时加 code 存储类型保存在 ROM 中，以节省 RAM；当数据为变量时，可加 data 修饰以明确存储在 RAM 中。

正确设置局部变量与全局变量。在函数内定义的变量均为局部变量，只有在该函数执行时系统才为其分配存储地址而生效，函数执行结束因系统收回地址而失效。当多个函数共用到某些数据时，可把承载这些数据的变量设为全局变量，全局变量在程序运行期间一直占据存储地址而生效。

为方便结构化程序设计，某些特定功能的程序段可独立设计为头文件，在需要的工程中包含头文件即可调用其中的函数，如 dly_nms.h、seg_dis.h、key16.h 等，或按需稍做修改即可。

指针就是一个地址，用来存放指针的变量被称为指针变量，类似于汇编中的@Rn、@dptr 间接寻址的原理。指针的设置为程序数据多以变量方式操作为特点的 C51 提供了访问地址的便捷方法。

习题与思考 6

（1）简述按键判断的过程。

① 判断是否有键按下；②去抖动；③确定所按下键的键值，即确定是何键按下；④对按键功能进行解释。

（2）如果用 P2 口设计一个 4×4 键的矩阵式键盘，如图 6-19 所示，用扫描法读键并进行程序设计。

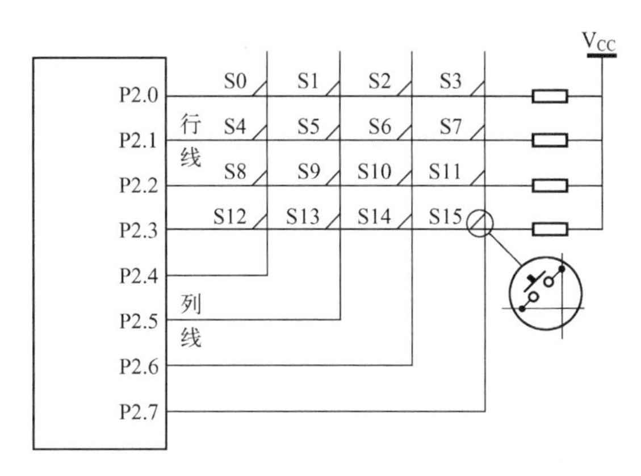

图 6-19　用 P2 口设计的 4×4 键的矩阵式键盘

（3）将 5.5.7 节的进阶设计 4 中显示部分采用并联数码管，试修改电路、程序。

（4）设计一个三名学员的抢答器，有一裁判员，并显示抢答时间和抢答者的编号。系统运行过程如图 6-20 所示，也可扩展为 5 位、6 位或 8 位学员抢答。

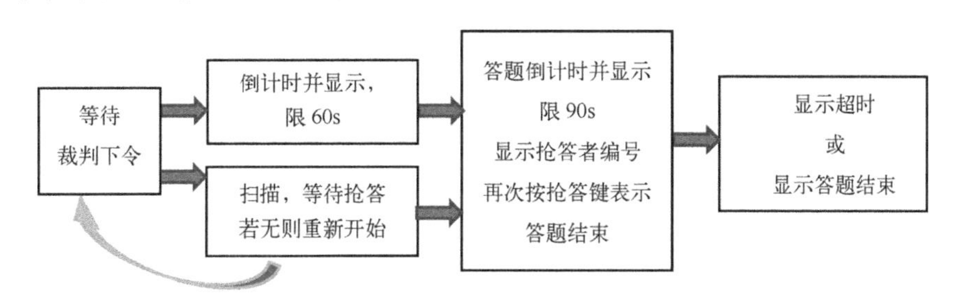

图 6-20　抢答器控制系统工作过程示意图

（5）设计一个密码锁控制系统，可用独立按钮或是矩阵键盘来输入密码。应该有 0～9 十个数字的按键，另有确认和更改按键。密码输入时用 6 位并联数码管来显示，输入正确时，绿 LED 亮，或是控制继电器开锁；输入错误时，红 LED 亮。另外，还可进一步设置试错次数，超过试错次数后由 8 位超级密码开锁。

项目 7　音乐门铃及串行数据传输

项目目标

（1）理解发声原理，能根据歌谱设计出单片机唱歌所需要音符与音长数据，会编写音乐播放程序。

（2）掌握串口方式 0 的数据传输特点，应用串入并出芯片可扩展 I/O 口。

（3）掌握双单片机间的通信程序设计，了解一线制接口元件的数据传输时序及编程。

项目知识与技能要求

（1）单片机音符与音长数据准备。

（2）用定时器设计音乐程序。

（3）应用 74HC595 级联可扩展 I/O 口，实现多个数码管的静态显示。

（4）设计双机通信协议，并正确传输数据。

（5）掌握一线制接口元件 18B20 的时序及编程。

（6）熟练应用串口虚拟终端、串口虚拟助手实时监测数据。

7.1　任务 1：生日快乐歌

7.1.1　任务要求与分析

单片机唱歌电路所用元器件列表及原理图如图 7-1 所示。

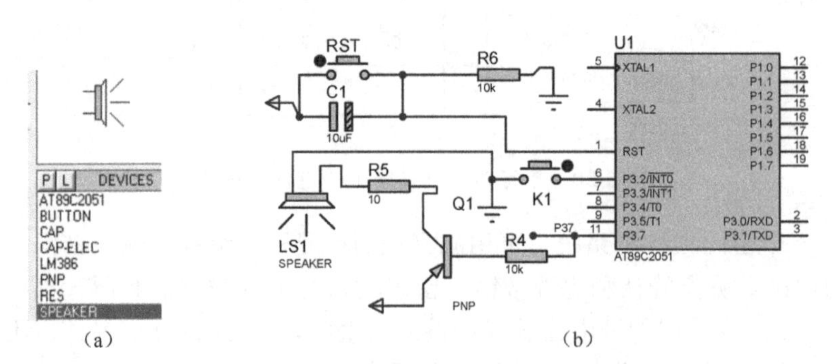

（a）　　　　　　　　（b）

图 7-1　单片机唱歌电路所用元器件列表及原理图

1．任务要求

通过单片机控制喇叭或无源蜂鸣器播放生日快乐乐曲。

2．任务目标

掌握发声原理，会根据乐谱计算出产生声音的振荡信号所需的定时数据，能正确编写程序播放一段乐曲。

3．任务分析

（1）根据乐谱查发声频率、计算定时数据，编写程序，使单片机播放出生日快乐的音乐，以复位按键作为播放键。

（2）音乐播放后进入睡眠省电状态。

单片机进入睡眠状态，只要设置其空闲位 IDL=1（位于 PCON.0），但该位不可寻址，即不能进行位操作，故对其所在的特殊功能存储器 PCON 中的 0 位进行或操作：PCON|=0x01。

7.1.2　音乐数据准备

声音是由物体的振动产生，并通过空气、固体或液体等介质传播的波动现象。在压电陶瓷上通过一定频率的交变电压，就会引起压电陶瓷微小形变，从而带动空气发生振动，如果振动频率在 20Hz～20kHz 之间，就可以被人耳所听见。对电磁喇叭接入交变电流同样可以发声。本节通过单片机给电磁小喇叭提供不同频率的振荡信号，即音频脉冲，使其发出不同的声音构成音乐。

1．产生音频脉冲

要产生音频脉冲，只要算出某一音频的半周期，然后利用单片机定时器对此半周期进行定时。每当定时时间到，就将输出音频脉冲的 I/O 口反相，如此不断重复，就可在 I/O 口产生一定频率的方波音频脉冲。

（1）设置定时器/计数器为定时器，计算定时音频半周期的定时初值。

设 f_{r} 是待产生的声音频率，f_{osc} 是晶体振荡频率，则音频半周期所占的机器周期数目为

$$N=(1/2f_{\mathrm{r}})/(12/f_{\mathrm{osc}})=f_{\mathrm{osc}}/24/f_{\mathrm{r}}$$

式中，N 是计数值。

定时值 $T=65536-N=65536-f_{\mathrm{i}}/2f_{\mathrm{r}}=65536-f_{\mathrm{osc}}/24/f_{\mathrm{r}}$

例如，当 f_{osc}=12MHz，中音 1DO：f_{r}=523Hz，得 T=64580。

（2）C 调各音符频率与定时初值（T 值）的对照表见表 7-1。

2．建立音乐的准备工作

（1）先找出乐谱的音符，然后由表 7-1 建立 T 值表的顺序，见表 7-2。

表 7-1　C 调各音符频率与定时初值（T 值）的对照表

音符	频率（Hz）	简码（T 值）	音符	频率（Hz）	简码（T 值）
低 1DO	262	63628	#4FA#	740	64860
#1DO#	277	63731	中 5SO	784	64898
低 2RE	294	63835	#5SO#	831	64934

续表

音符	频率（Hz）	简码（*T* 值）	音符	频率（Hz）	简码（*T* 值）
#2RE#	311	63928	中 6LA	880	64968
低 3MI	330	64021	#6LA#	932	64994
低 4FA	349	64103	中 7SI	988	65030
#4FA#	370	64185	高 1DO	1046	65058
低 5SO	392	64260	#1DO#	1109	65085
#5SO#	415	64331	高 2RE	1175	65110
低 6LA	440	64400	#2RE#	1245	65134
#6LA#	466	64463	高 3MI	1318	65157
低 7SI	494	64524	高 4FA	1397	65178
中 1DO	523	64580	#4FA#	1480	65198
#1DO#	554	64633	高 5SO	1568	65217
中 2RE	587	64684	#5SO#	1661	65235
#2RE#	622	64732	高 6LA	1760	65252
中 3MI	659	64777	#6LA#	1865	65268
中 4FA	698	64820	高 7SI	1976	65283

（2）把 *T* 值表放在程序 SndTinit[]中。

（3）节拍码与节拍数的关系见表 7-3。

（4）简谱码（音符）为高 4 位，节拍码（节拍数）为低 4 位，简谱码和节拍码组成一字节的参数放在程序的 jianfu[]，即简谱节拍码表。

各调 1/4 节拍的时间设定见表 7-4。

表 7-2　*T* 值顺序表

简符	发音	简符码	（*T* 值）
5	低 SO	1	64260
6	低 LA	2	64400
7	低 SI	3	64524
1	中 DO	4	64580
2	中 RE	5	64684
3	中 MI	6	64777
4	中 FA	7	64820
5	中 SO	8	64898
6	中 LA	9	64968
7	中 SI	A	65030
1	高 DO	B	65058
2	高 RE	C	65110
3	高 MI	D	65157
4	高 FA	E	65178
5	高 SO	F	65217
	不发音	0	

表 7-3　节拍码与节拍数的关系

节拍码	节拍数	节拍码	节拍数
1	1/4 拍	6	1 又 1/2 拍
2	2/4 拍	8	2 拍
3	3/4 拍	A	2 又 1/2 拍
4	1 拍	C	3 拍
5	1 又 1/4 拍	F	3 又 3/4 拍

表 7-4　节拍时间设定表

曲调值	DELAY（ms）
调 4/4	125
调 3/4	187
调 2/4	250

3．歌谱实例：生日快乐歌 C3/4

|5·5 6 5| i 7 -|5·5 6 5| 2 i -|
祝你生日快乐　祝你生日快乐
|5·5 5 3| i 7 6| 4·4 3 i| 2 i -|
我们高声歌唱　祝你生日快乐

7.1.3　程序结构设计

为结构化程序设计考虑，将所有的定义及函数声明设计到一个头文件 defn.h 中。将音乐播放程序独立为一 C 文件，保存为 sondplay.c，在主程序中包含 defn.h 头文件，便可调用其中定义的音乐播放程序。工程架构及主程序如图 7-2 所示。主程序保存为 71.c（music.c），工程保存为 71.uv2，将 71.c、sondplay.c 添加到工程框架下。

```
Target 1
  Source Group 1
    music.c
      defn.h
      reg51.h
    sondplay.c
      defn.h
      reg51.h
```

```
04 //71.c    ----music.c
05 #include"defn.h"
06
07 void main()
08 {   Sond();
09
10     PCON|=1;
11 }
```

图 7-2　任务 1 的工程架构及主程序

7.1.4　程序设计

1．defn.h 头文件设计

```
#ifndef   __DEFINE_H__
#define   __DEFINE_H__
#include<reg51.h>
typedef   unsigned   char   Uchar;              //数据类型重命名
typedef   unsigned   int   Uint;
void   Sond();                                  //发声函数声明
sbit   Soundbit=P3^7;                           //发声引脚定义
#endif
```

2．sondplay.c 文件设计

```
#include"defn.h"
Uchar   sondT, sondF;                           //全局变量
//生日快乐     有休止符，发声有停顿
//   根据表 7-2、表 7-3 将乐谱转变为音符与音长数据
Uchar   code   jianfu[]={
            0x02,0x83,0x81,0x94,0x84,0xb4,0xa4,0xa4,
            0x02,0x83,0x81,0x94,0x84,0xc4,0xb4,0xb4,
```

```
            0x04,0x83,0x81,0xF4,0xd4,0xb4,0xa4,0x94,0x02,
            0xe3,0xe1,0xd4,0xb4,0xc4,0xb4,0xb4,0x02,
            0x02,0x83,0x81,0x94,0x84,0xb4,0xa4,0xa4,
            0x02,0x83,0x81,0x94,0x84,0xc4,0xb4,0xb4,
            0x04,0x83,0x81,0xF4,0xd4,0xb4,0xa4,0x94,0x02,
            0xe3,0xe1,0xd4,0xb4,0xc4,0xb4,0xb4,0x02,
            00    };              //00 为结束标志
//  声音的频率数据
Uint  code  SndTinit[]={64260,64400,64524,64580,64684,
            64777,64820,64898,64968,65030,65058,65110,65157,65178,65218};
//T0 定时产生方波，通过发声元件发声，无参数传递返回，但有全局变量
void  T0f()  interrupt  1
{     TH0=SndTinit[sondF-1]/256;
      TL0=SndTinit[sondF-1]%256;
     Soundbit=~Soundbit;
}
void  Sond()
{  Uchar  i;                                        //函数的局部变量
   TMOD |=0x11;                                     //T0、T1 定时，方式 1
   IE  |=0x82;                                      //T0 开中断，T1，查询方式
   for( i=0;  ;i++ )                                //根据数组 jianfu[]发声
   {  if( ! jianfu[i] )
         { break; }                                 //结束则退出循环
      else
         {      sondF=jianfu[i]>>4;
                sondT=(jianfu[i]&0x0F)*3;           //1/4 拍的时间 187ms/3=62.333ms
                if(sondF!=0)                        //音符非 0，找频率定时值
                 {  TH0=SndTinit[sondF-1]/256;
                    TL0=SndTinit[sondF-1]%256;
                    TR0=1;                          //启动 T0，定时方波发声
                 }
                else
                      TR0=0;                        //音符为 0，为休止符
                TH1=(65536-62333)/256;              //T1 定时 62.3ms
                TL1=(65536-62333)%256;
                TR1=1;                              //发声或休止的时长
                for(;sondT!=0;sondT--)
                {      while(TF1==0);               //等待定时 62.3ms 时间到
                       TF1=0;
                       TH1=(65536-62333)/256;       //T1 定时 62.3ms
                       TL1=(65536-62333)%256;
                }
                TR1=0;TR0=0;                        //音乐结束关发声 T0 及时长 T1
         }
   }
}
```

3．主程序设计

主程序如图 7-2 右侧所示，保存为 71.c(music.c)。

7.1.5　编译、代码下载、仿真、测判

按项目 1 所述方法，先在 Keil 中新建工程，然后添加源程序、设置工程选项并编译，生成代码文件 71.HEX、71.omf。参考 2.1.7 节下载代码 71.omf，设置振荡频率为 12MHz，进行仿真调试，并自行设计程序流程图。将代码下载到实物板进行测试。

实践结果记录：是否成功？________________。自评分：______________________。

根据以下音符音长数据，修改程序，听是什么音乐。答：______________________。

```
        0x44,0x84,0x94,0xA4,0x84,0x84,0x94,0xA4,0x84,0xA4,0xB4,0xC8,0xA4,0xB4,0xC8,0xC2,0xD2,
0xC2,0xB2,0xA4,0x84,0xC2,0xD2,0xC2,0xB2,0xA4,0x84,0x84,0xC4,0x88,0x84,0x54,0x98,0x00
```

7.1.6　无线音乐门铃

1．程序框架

在生日快乐歌的基础上，扩展为一个可切换多首乐曲的音乐门铃。上电后无声，单击 K1 播放音乐，等播放完毕再一次单击，播放下一首。不播放时系统是掉电状态以省电。播放键可接至中断引脚，从掉电状态唤醒系统而播放音乐。程序框架参考图 7-3。

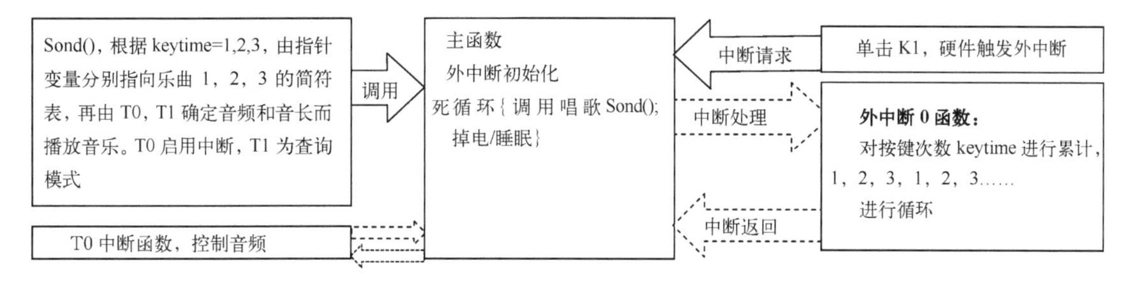

图 7-3　音乐门铃程序框架图

2．程序要点点拨

（1）在主函数中进行外中断初始化：

```
EA=1;EX0=1;IT0=1;
```

（2）在 sondplay.c 中增加全局变量以记录门铃按键次数：

```
Uchar   keytime=0;
```

（3）在 sondplay.c 中增加按键的外中断函数：

```
void   int0_sev()   interrupt   0     //外中断 0 函数
```

```
{    keytime=(keytime%3)+1;    }//按键次数，1，2，3 循环，3 首歌循环播放
```

（4）在 sondplay.c 中增加乐曲的简符数组表：

```
Uchar   code   jianfu1[]={0x02,……,0 };
Uchar   code   jianfu2[]={ 0x84,……,0 };
Uchar   code   jianfu3[]={ 0x04, ……,0 };
```

（5）在 sondplay.c 中增加指针变量，根据外中断按键次数播放不同的乐曲：

```
void Sond( )
{           Uchar    *songnumb;
            TMOD    |=0x11;
            IE   |=0X82;
            switch( keytime )
                    {       case 1: songnumb=jianfu1; break;
                            case 2: songnumb=jianfu2; break;
                            case 3: songnumb=jianfu3; break;
                            default : *songnumb=0; break;
                    }
            for( ; ; )
    {
            if ( ! ( *songnumb) )
                    { break;   }
            else
                    {       sondF=*songnumb>>4;
                            sondT=(*songnumb&0x0f)*3;
……                  //以下内容同 7.1.4 节中的 Sond( )
}
```

3. 无线门铃硬件系统参考

也可根据需要，再将门铃改造成无线的，只要将按键与播放系统分离，按键与无线发射模块连接，外中断引脚与无线接收模块连接即可。如图 7-4 所示，应用 315MHz 或 433MHz 超再生无线模块及配套编码、解码芯片 2262、2272 可便捷改造。单片机可用低功耗的芯片，用电池供电，其他硬件和程序不变。

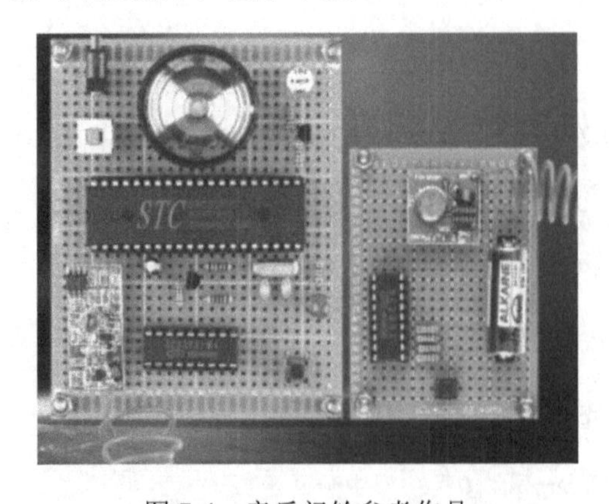

图 7-4　音乐门铃参考作品

7.2　任务 2：用 74HC595 串出 3 位数据

7.2.1　任务要求与分析

1. 任务要求

通过 3 个 74HC595 级联串出 3 个数据显示在 3 个独立的数码管上。

用 74HC595 串出 3 位数据电路所用元器件列表及原理图如图 7-5 所示。每按键一次，通过单片机的串口发送一字节的数据。

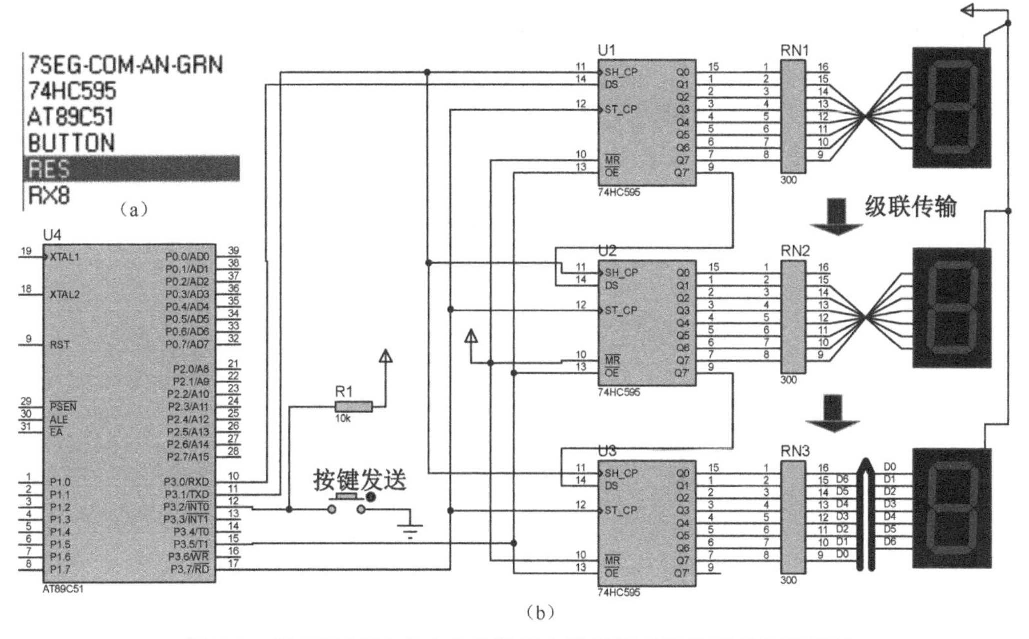

图 7-5　用 74HC595 串出 3 位数据电路所用元器件列表及原理图

2. 任务目标

掌握串口工作方式 0 的原理，掌握 74HC595 的接口电路及接口程序设计。

3. 任务分析

（1）串口工作方式 0 为移位寄存器方式，可与内部有移位寄存器的 74HC595 直接连接并传输数据，当然也可用两根普通的 I/O 口模拟 74HC595 的时序进行数据传输。

（2）按键识别可采用外中断 0。

（3）74HC595 可级联，逐级推动数据一一往前传输。

7.2.2　74HC595 简介

74HC595 是 8 位串入并出移位寄存器，具有三态输出功能（即具有高电平、低电平和高阻抗三种输出状态）的门电路。74HC595 有输出锁存功能，具有 100MHz 的移位频率，可与单片机的串口工作方式 0 匹配。引脚布局、内部结构如图 7-6 所示，真值表见表 7-5。

1．引脚功能

（1）74HC595 的数据端

① DS：串行数据输入端，级联的话接上一级的 Q_7'。

② Q_0~Q_7：8 位并行输出端，可以直接控制数码管的 8 个段。

③ Q_7'：级联输出端。将它接下一个 74HC595 的 DS 端。

（2）74HC595 的控制端

① $\overline{OE}$（13 脚）：高电平时禁止输出（高阻态）。如果单片机有空闲的引脚，用一个引脚控制它，可以方便地产生闪烁和熄灭效果，比通过数据端移位控制要省时省力。

② $\overline{MR}$（10 脚）：低电平时将移位寄存器的数据清 0。通常接到 V_{CC} 防止数据清 0。

③ SH_CP（11 脚）：上升沿时，移位寄存器的数据移位，$Q_0' \rightarrow Q_1' \rightarrow Q_2' \rightarrow Q_3' \rightarrow \cdots \rightarrow Q_7'$；下降沿时，移位寄存器数据不变（脉冲宽度：5V 时，大于几十纳秒就行，通常选微秒级）。

④ ST_CP（12 脚）：上升沿时，移位寄存器的数据进入数据寄存器；下降沿时，数据寄存器数据不变。通常将 ST_CP 置为低电平，当移位结束后，在 ST_CP 端产生一个正脉冲（5V 时，大于几十纳秒就行了，通常选微秒级），更新显示数据。

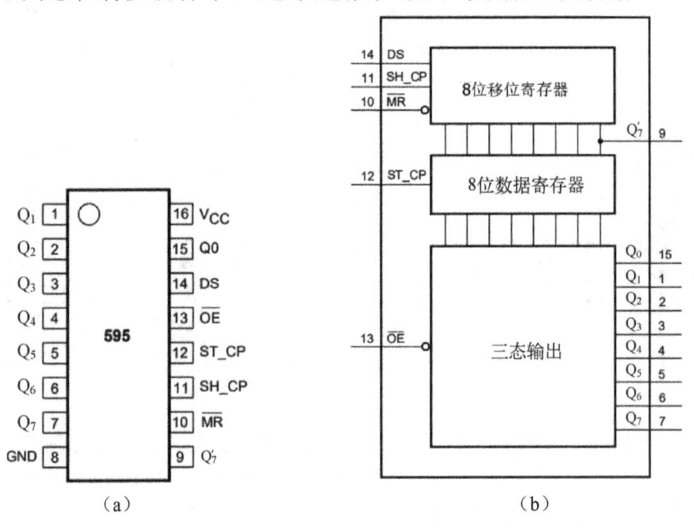

图 7-6　74HC595 的引脚布局、内部结构

表 7-5　74HC595 的真值表

输　入					输　出		功　能
SHCP	STCP	OE	MR	DS	Q_7'	Q_n	
×	×	L	L	×	L	NC	仅移位寄存器清 0
×	↑	L	L	×	L	L	清空移位寄存器、数据寄存器
×	×	H	L	×	L	Z	清空移位寄存器，并行输出为高阻状态
↑	×	L	H	H	Q_6'	NC	逻辑高电平移入移位寄存器位 0，所有的位顺移，$Q'_{n-1} \rightarrow Q'_n$
×	↑	L	H	×	NC	Q_n'	移位寄存器的内容到达数据寄存器并从并口输出
↑	↑	L	H	×	Q_6'	Q_n'	移位寄存器内容移入，先前的移位寄存器的内容到达数据寄存器并输出，即移位与数据同步输出

H=高电平状态；L=低电平状态；↑=上升沿；↓=下降沿；Z=高阻态；NC=无变化；×=无关系

2．驱动能力与工作条件

如图 7-7 所示，单电源供电，电源最小为 2V，最大为 6V；钳位二极管电流为±20mA，每个引脚输出电流最大为±35mA。

Absolute Maximum Ratings(Note 1)

(Note 2)

Supply Voltage (V_{CC})	−0.5 to +7.0V
DC Input Voltage (V_{IN})	−1.5 to V_{CC} +1.5V
DC Output Voltage (V_{OUT})	−0.5 to V_{CC} +0.5V
Clamp Diode Current (I_{IK}, I_{OK})	±20 mA
DC Output Current, per pin (I_{OUT})	±35 mA

Recommended Operating Conditions

	Min	Max	Units
Supply Voltage (V_{CC})	2	6	V
DC Input or Output Voltage (V_{IN}, V_{OUT})	0	V_{CC}	V

图 7-7　74HC595 的极限参数和工作条件（数据手册截图）

3．工作时序

工作时序如图 7-8 所示。

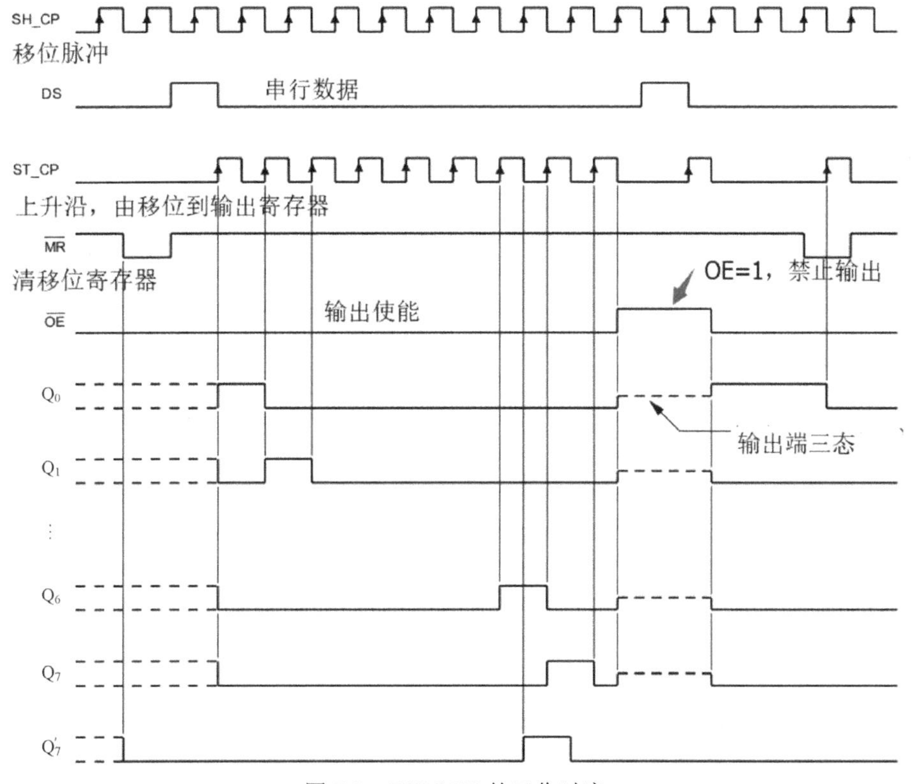

图 7-8　74HC595 的工作时序

7.2.3　单片机串口通信简介

1．什么是串口通信

串口通信就是串口按位（bit）发送和接收字节。尽管比按字节（byte）的并行通信慢，但硬件简单且可实现远距离通信。RS-232C 串行标准最远达 15m，RS-422 最远达

1200m。要实现更远的通信就需要调制、解调。

通信的快慢用“波特率”表示，单位为 Baud，符号为 Bd。波特率表示每秒钟传送的码元（携带数据信息的信号单元）符号的个数，是单位时间内载波调制状态改变的次数。每个码元可以携带 n 位信息。比特率指每秒钟传送的二进制位数（单位为 bit/s）。单片机的串口通信属于基带传输，即每个码元带有“1”或“0”这样的 1bit 信息，所以单片机的波特率在数值上与比特率相等。

串行通信使用 3 根线：地线、发送、接收。通信双方有一个协议，何时发，何时发送完，并判断接收方收到的信息是否正确等，而这些信息只能以电平的高低来表示，构成这些位的数据称为 1 帧。异步串行通信规定了传输数据帧格式，共 4 部分：起始位、数据位、奇偶校验位、停止位，如图 7-9 所示。一般采用 1+8+1 和 1+8+1+1 两种帧格式。

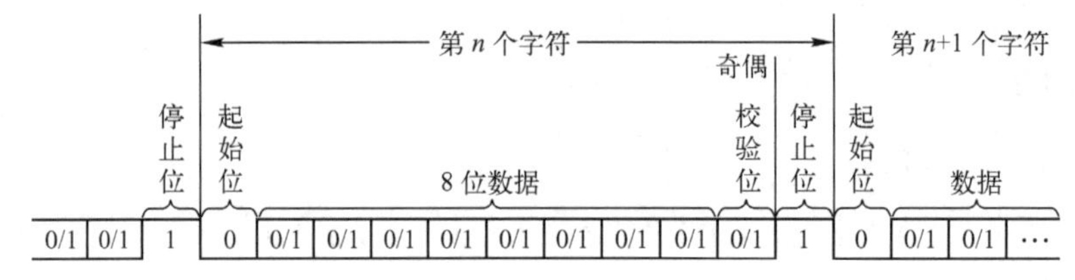

图 7-9　异步串口通信数据帧格式

- 起始位：1 位，低电平 0，表示数据传送开始。规定在数据发送线上无数据时电平为 1。
- 数据位：5～8 位，要传送的数据，数据位由低位开始，以高位结束。
- 奇偶校验位：1 位，也可以没有。数据发送完后，发送奇偶校验位，发送的数据中“1”的个数是偶数则奇偶校验位数据为 0，否则为 1。例如，如果数据是 111，则校验位为 1。
- 停止位：1 或 2 位，为高电平 1，表示数据传送的结束。

2．51 单片机的串口资源

51 单片机有一个可编程的全双工串行通信接口，它可用作 UART，也可用作同步移位寄存器，其帧格式可有 8 位、10 位或 11 位，并能设置各种波特率，给使用者带来很大的灵活性，通过引脚 RXD（P3.0，串行数据接收端）和引脚 TXD（P3.1，串行数据发送端）与外界进行通信。图 7-10 中有两个物理上独立的接收、发送缓冲器 SBUF，它们占用同一地址 99H，可同时发送、接收数据。发送缓冲器只能写入，不能读出；接收缓冲器只能读出，不能写入。

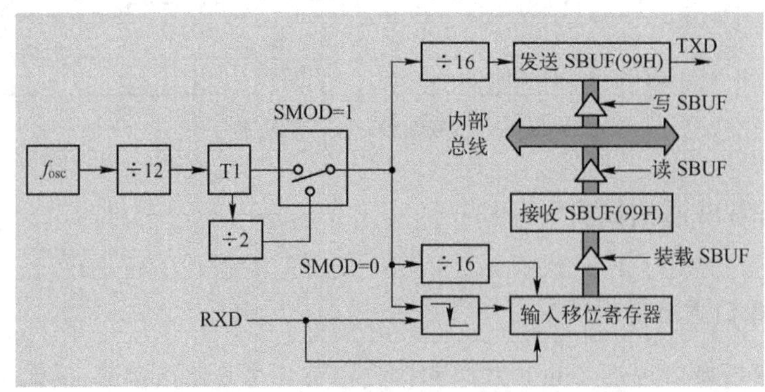

图 7-10　51 单片机的串口结构

（1）波特率发生器（T1）：串行发送与接收的速率与移位时钟同步。51 单片机 T1 作为串行通信的波特率发生器，T1 溢出率经 2 分频（或不分频）又经 16 分频作为串行发送或接收的移位脉冲。移位脉冲的速率即是波特率。

（2）串行接收数据：当接收中断标志位 RI＝0 时，置允许接收位 REN＝1 就会启动接收一帧数据进入输入移位寄存器，并装载到接收 SBUF 中，同时使 RI=1。当发读 SBUF 命令时（执行 MOV　A, SBUF 指令，或 X= SBUF），从接收 SBUF 取出经内部总线送 CPU。

（3）串行发送数据：直接将待发送的数据写入发送缓冲器，SBUF=X;。

8051 串口是一个可编程接口，只要对特殊功能寄存器 SCON、PCON 赋合适的值即可。

（4）SCON：串口控制寄存器。SCON 用来设定串口的工作方式、接收/发送控制以及状态标志等，见表 7-6。

表 7-6　SCON 各位名称

位序号	D7	D6	D5	D4	D3	D2	D1	D0
位符号	SM0	SM1	SM2	REN	TB8	RB8	TI	RI

① SM0、SM1 为工作方式选择位。串口有四种工作方式，它们由 SM0、SM1（两位二进制数 4 种组合：00、01、10、11 表示工作方式 0、1、2、3）设定。其中方式一最为常用。

② SM2 为多机通信控制位。

③ REN 为允许串行接收位。

④ TB8 为方式 2、3 中发送数据的第九位。RB8 为方式 2、3 中接收数据的第 9 位。

⑤ TI/RI 为发送/接收中断标志位，发送完毕由内部硬件使 TI 置 1；接收完毕由内部硬件使 RI 置 1，向 CPU 发出中断申请。在中断服务程序中，必须使用软件将其清 0，取消此中断申请。

⑥ PCON：电源控制寄存器。该寄存器中的最高位 SMOD 为波特率倍增位。SMOD=1 时倍增，否则不倍增。

3. 串口工作方式 0

主要用作串口扩展，具有固定的波特率，为 $f_{osf}/12$。同步发送/接收，由 TXD 提供移位脉冲，RXD 用作数据输入/输出通道。发送/接收 8 位数据，**低位在先**。串口的其他工作方式参见表 7-7。

表 7-7　串口工作方式说明

SM0	SM1	工作方式	功 能 说 明	发送/接收端	用　途
0	0	0	同步移位寄存器输入/输出，波特率为 $f_{osc}/12$	RXD/RXD	接移位寄存器，扩充并口
0	1	1	8 位 UART，波特率可变（2^{SMOD}×溢出率/32）	TXD/RXD	双机通信
1	0	2	9 位 UART，波特率为 $2^{SMOD}\times f_{osc}/64$	TXD/RXD	多机通信
1	1	3	9 位 UART，波特率可变（2^{SMOD}×溢出率/32）	TXD/RXD	多机通信

7.2.4 程序框架及程序设计

参考图 7-11，自行完成程序流程图。程序保存为 72.c。

```
//串口方式 0，连接 74HC595，按键发送数据
#include<reg51.h>
#include<intrins.h>
typedef  unsigned  char  Uchar;        //数据类型重命名
sbit    RCK=P3^7;                      //定义控制端
sbit    int0b=P3^2;
sbit    E595=P3^5;
Uchar  DispBuf[6]={1, 2, 3, 5, 7, 8 };          //待发送的数据数组初始化
Uchar  code  DispTab[ ]={0xC0,0xF9,0xA4,0xB0,0x99,0x92,0x82,0xF8,0x80,
                0x90,0x88,0x83,0xC6,0xA1,0x86,0x8E,0xFF};//定义共阳极显示码表
/*  外中断 0 服务函数，无参数传递。串行发送数据，每中断一次发送一个数据，返回。发
完 6 个数循环*/

void  Int0sv(void )  interrupt  0
{  Uchar  tmp;
   static  Uchar  num=0;                       //计数静态变量
   if( int0b==1)                               //若为抖动，则退出中断
         return;
   else
         {      E595=0;
                RCK=0;                         //74HC595 数据输出关闭
                num=num%6;                     //保证取数组[0～5]，共 6 个元素
                tmp=DispBuf[ num ];            //取出待显示字符
                SBUF=DispTab[ tmp ];           //送出字形码数据
                while( TI==0 )
                   { ; }                       //等待发送结束
                TI=0;
                RCK=1;                         //上升沿数据由寄存器到端口显示
                _nop_();_nop_();_nop_();_nop_();
                RCK=0;
                num=num+1;                     //每发送一字节，计数变量 num +1
         }
   while( int0b==0 )
         { ; }
}
void  main()
{  E595=1; RCK=0;                              //关闭 74HC595 的数据输出
   SCON=0;                                     //串口方式 0
   IT0=1;                                      //外中断 0 为边沿触发
   EA=1;EX0=1;                                 //外中断 0 允许
   while(1)
     { ; }                                     //死循环，等待
}
```

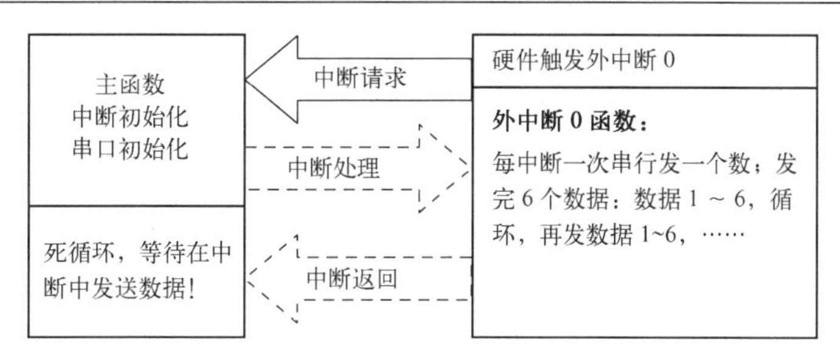

图 7-11　任务 2 的程序框架

7.2.5　编译、代码下载、仿真、测判

按项目 1 所述方法，先在 Keil 中新建工程，然后添加源程序 72.c、设置工程选项并编译，生成代码文件 72.HEX、72.omf。参考 2.1.7 节下载代码 72.omf，设置振荡频率为 12MHz，进行仿真调试，填写表 7-8。第 3 次单击按键，应该看到如图 7-12 所示的状态。

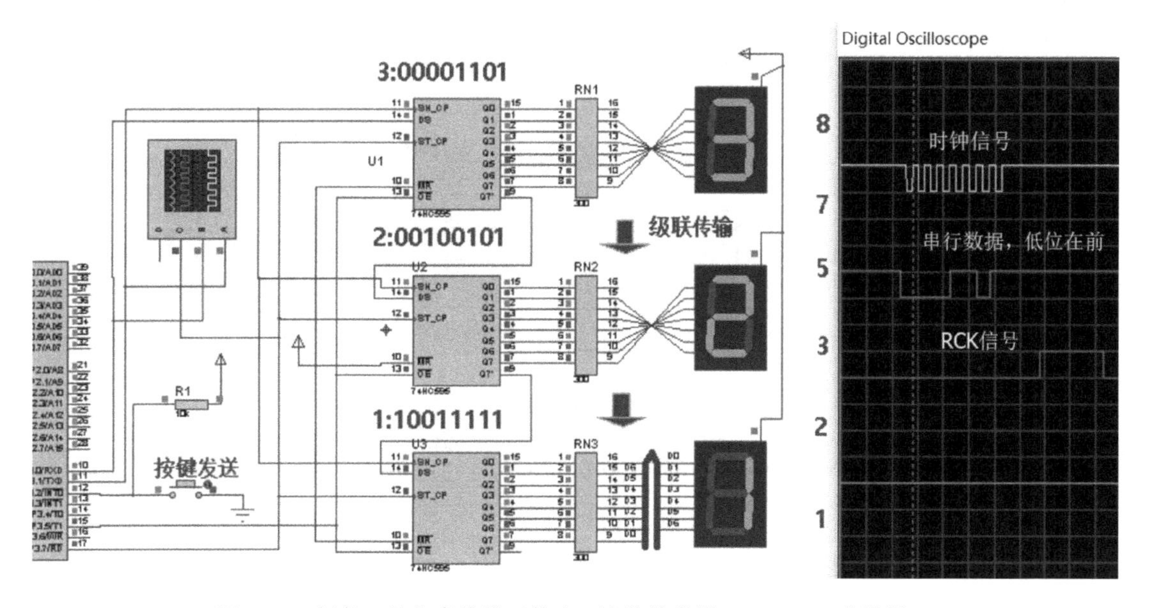

图 7-12　任务 2 的仿真片段（单击 3 次依次发送 1、2、3 三个数据）

表 7-8　任务 2 的仿真调试记录

操　　作	显示的现象
第 1 次单击	
第 2 次单击	
第 3～6 次单击	
第 7～9 次单击	
实践点滴记录与总结：________________	
是否成功？________________。　自评分：________	

将代码下载到实物板进行观测。

7.2.6 进阶设计 1：串出自己的手机长号数字

参考任务 2 的设计方法，要注意以下两点：

（1）待显示数据的数组扩展：把要显示的数据按显示的先后顺序定义在一个数组中：

```
Uchar   DispBuf[6] = { 1, 2, 3, 5, 7, 8 };          //待发送的数据数组初始化
```

结合本进阶设计，此数组元素要扩展到 11 个数字，即自己的 11 位手机号码。

（2）注意循环发送数据的条件判断，就是 11 位数字发完再重新开始。

7.3 任务 3：用 74HC595 串行控制 8×8 点阵显示 I♥U

7.3.1 任务要求与分析

用 74HC595 串行控制 8×8 点阵显示 I♥U 的电路原理图如图 7-13 所示。

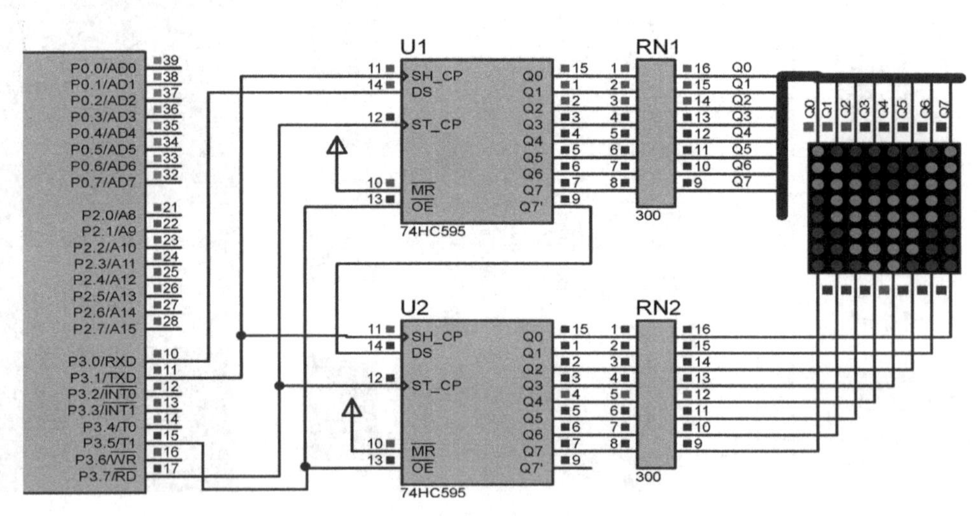

图 7-13　任务 3 的电路原理图

1．任务要求

通过两块 74HC595 级联来控制一块 8×8 的点阵显示，依次显示 I、♥、U 三幅图形。

2．任务目标

掌握点阵显示原理及显示程序设计方法。掌握图形点阵码的生成方法。

3．任务分析

（1）如图 7-14 所示，测试 8×8 LED 点阵仿真模型引脚，弄清各引脚的功能以便进行电路设计。

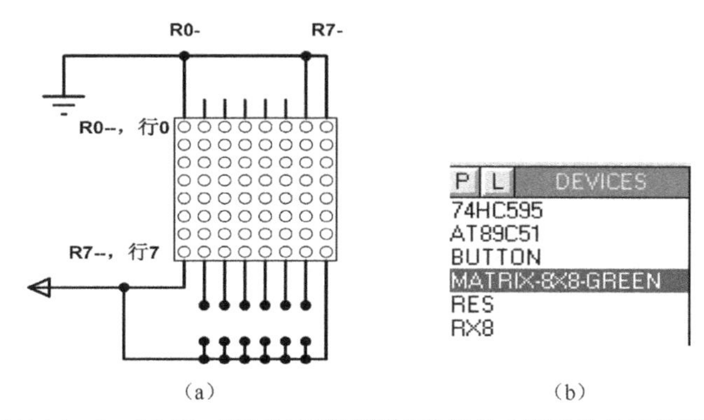

图 7-14　8×8 LED 点阵仿真模型测试和任务 3 所用的元器件列表

（2）如图 7-15 所示，手工或是应用取模软件（zimo221.exe，纵向取模）生成三幅图形的点阵码。

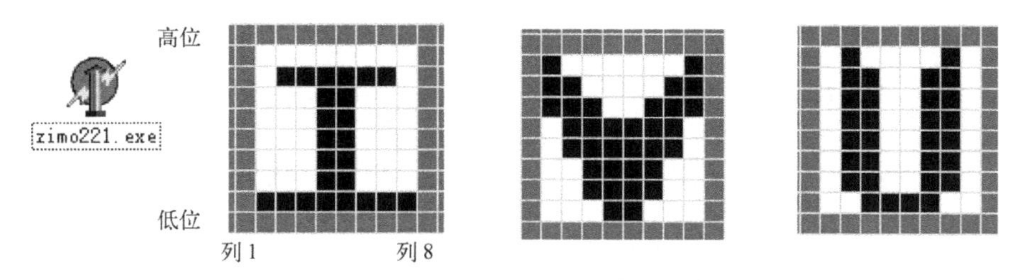

I:0x01,0x41,0x41,0x7F,0x7F,0x41,0x41,0x01,

♥:0xE0,0x78,0x3E,0x1F,0x1F,0x3E,0x78,0xe0

U:0x00,0xFE,0x7F,0x01,0x01,0x7F,0xFE,0x00

图 7-15　图形点阵码生成

（3）将三幅图形的点阵码组成一个数组，并存储在 ROM 中，Uchar code Dis_tab[]，以便显示引用。

7.3.2　程序框架与程序设计

参考程序框架图 7-16 自行设计程序流程图。程序保存为 73.c。工程保存为 73.uv2。将 2.7.5 节的 **dly_nms.h 复制到本工程的文件夹中。**

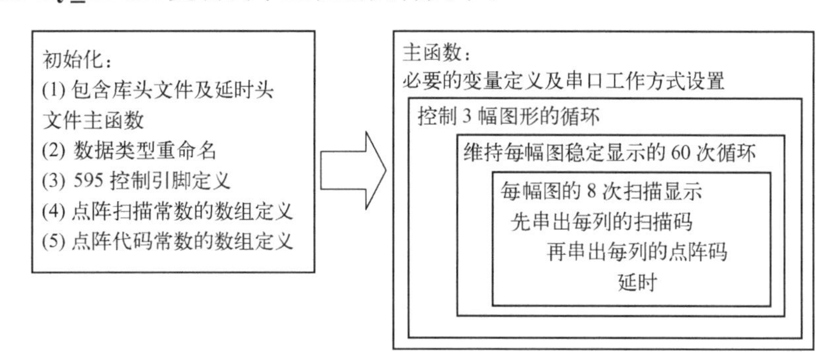

图 7-16　任务 3 的程序框架

```
//串口方式 0，连接 74HC595，显示三幅图形
```

```
#include<reg51.h>
#include<intrins.h>
#include "dly_nms.h"                        //包含可变的延时函数，参见 2.7.5 节
typedef  unsigned  char  Uchar;             //数据类型重命名
#define  NOP  _nop_()                       //NOP 宏定义
sbit     RCK=P3^7;                          //定义控制端
sbit     E595=P3^5;
//共阳极扫描码
unsigned char Dis_scan[8]={1,2,4,8,0x10,0x20,0x40,0x80};
//三幅图形的点阵码 I ♥ U
Uchar  code  Dis_tab[]={0x01,0x41,0x41,0x7F,0x7F,0x41,0x41,0x01,
                        0xE0,0x78,0x3E,0x1F,0x1F,0x3E,0x78,0xe0,
                        0x00,0xFE,0x7F,0x01,0x01,0x7F,0xFE,0x00};
void  main()
{  Uchar  tmp;
   Uchar  colum_nmb=0;                          //列数
   Uchar  looptime,  char_nmb;                  //每幅图的循环次数、总幅数
   RCK=0; E595=1;
   SCON=0;                                      //串口工作方式 0
   while(1)                                     //不断循环执行以下内容
   { for(char_nmb=0; char_nmb<3; char_nmb++)    //共 3 幅图内容
         for(looptime=0; looptime<60; looptime++)  //每幅图重复显示 60 次
             for(colum_nmb=0; colum_nmb<8 ; colum_nmb++)//每幅有 8 字节的点阵码
               {   E595=0; RCK=0;
                   tmp=Dis_scan[colum_nmb];     //取出列扫描码
                   SBUF=tmp;                    //串口发送
                   while(TI==0)
                        {;}                     //等待发送结束
                   TI=0;
                   tmp=~Dis_tab[colum_nmb+8*char_nmb];//取出待显每列点阵码
                   SBUF=tmp;                    //串口发送
                   while(TI==0)
                        {;}                     //等待发送结束
                   TI=0;                        //发送完，清 TI
                   RCK=1;                       //数据从 74HC595 输出
                   NOP;NOP;NOP;NOP;             //延时
                   RCK=0;                       //关闭 74HC595 寄存器输出
                   Dly_nms(1);                  //延时
               }
   }
}
```

7.3.3 编译、代码下载、仿真、测判

按项目 1 所述方法，先在 Keil 中新建工程，然后添加源程序、设置工程选项并编译，生成代码文件 73.HEX、73.omf。参考 2.1.7 节下载代码 73.omf，设置振荡频率为

12MHz，进行仿真调试。

将代码下载到实物板进行观测。

实践结果记录：____

____。

是否成功？____________________。自评分：____________________。

7.3.4　进阶设计 2：我的点阵图形设计

自行设计一幅 8×8 的点阵图形，并取得点阵码，修改程序，4 幅图形循环显示。记录自己的图形点阵码：____。

7.3.5　进阶设计 3：人行道点阵小人指示灯设计

注意观察人行道边的点阵灯，绿色跑步小人；红色站立小人；再配合时间，增加一倒计时并由数码管显示倒计时间。

7.4　任务 4：双单片机间串行通信

7.4.1　任务要求与分析

双单片机间串行通信的电路原理图如图 7-17 所示。

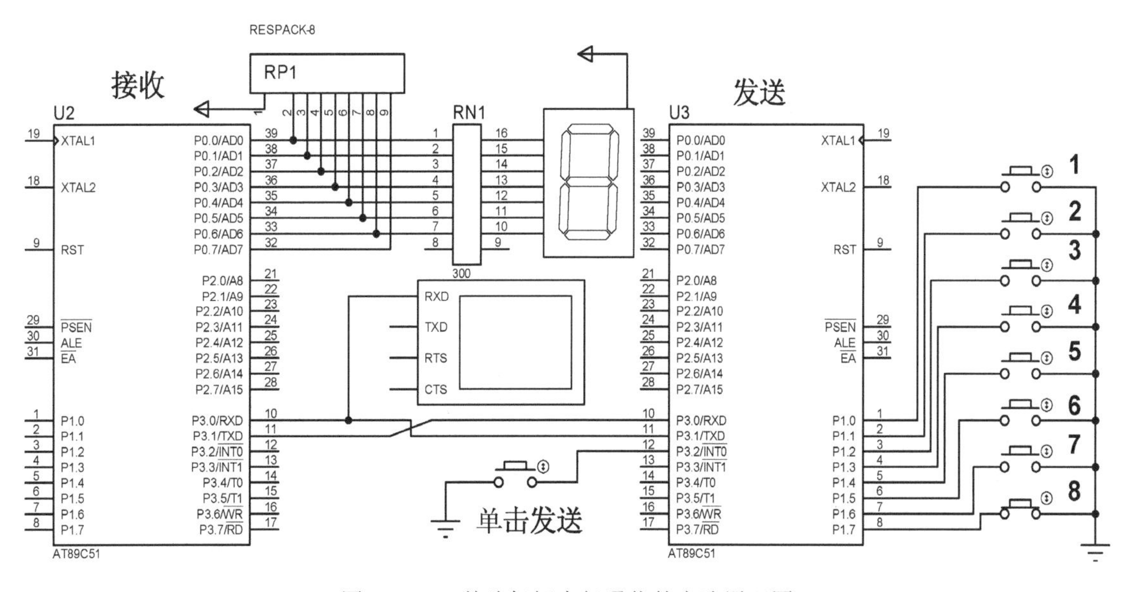

图 7-17　双单片机间串行通信的电路原理图

1．任务要求

按下发送方某个按键：K1～K8，再单击发送按钮 K9，接收方将收到的数据显示在共阳极的数码管上。

2. 任务目标

掌握串口工作方式 1 下异步通信原理，设定通信协议，编写通信程序，借助仿真工具对现象进行监测、判断。

3. 任务分析

发送方进行按键识别、发送数据；接收方接收数据并显示。

（1）按键识别：根据图 7-17，只有键按下的引脚为低电平，其余为高电平。方法 1：所以在某时刻只按一个键的情况下，即引脚数据 8 位中只有一位是低电平，它移 n 次到最低位，那它的键值就是 n+1。方法 2：用 switch 语句。本任务中采用方法 1。

（2）单击按键，发送数据。发送键直接接入外中断引脚，启用中断，一有按键便发送数据，故发送数据在中断函数中。把按键识别也安排在中断函数中，要发送数据时再去读键值。

（3）串口完成一字节的发送、接收的标志位 TI、RI 必须用程序语句清 0。

7.4.2 串口工作方式 1 及波特率计算

1. 串口工作方式

串口工作方式见表 7-7（此处不考虑多机通信）。

2. 串口工作方式 1 下的波特率计算

波特率通过 T1 定时输出方波得到。在此应用中，T1 不能启用中断，常处于自动重装载模式（即工作方式 2）。设计数初值为 COUNT，单片机的机械周期为 T，则定时时间为 (256−COUNT)×T。从而在 1s 内发生溢出的次数为（即溢出率）为

$$1/[(256-\text{COUNT})\times T]=f_{\text{osc}}/[12\times(256-\text{COUNT})]$$

其波特率为

$$2^{\text{SMOD}}/[32(256-\text{COUNT})\times T]=2^{\text{SMOD}}\times f_{\text{osc}}/[32\times12\times(256-\text{COUNT})]$$

表 7-9 列出了几个常用的波特率以及重装值。

表 7-9　串口方式 1 常用的波特率以及重装值

波特率	11.059MHz（重装值）	12MHz（重装值）	SMOD	定时模式
62.5kBd		FFH	1	2
19.2kBd	FDH	FDH	1	2
9.6kBd	FDH	FDH	0	2
4.8kBd	FAH	F9H	0	2
4.8kBd	F4H	F3H	1	2
2.4kBd	F4H	F3H	0	2
1.2kBd	E8H	E6H	0	2
600Bd	D0H	CCH	0	2

续表

波特率	11.059MHz（重装值）	12MHz（重装值）	SMOD	定时模式
300Bd	A0H	98H	0	2
150Bd	40H	30H	0	2
110Bd	72H（6MHz）		0	2
110Bd	FEE4H（12MHz）		0	1

7.4.3　程序框架及程序设计

发送方的程序框架如图 7-18 所示，参考它自行绘制程序流程图。程序保存为 74send.c，接收方程序保存为 74recv.c。

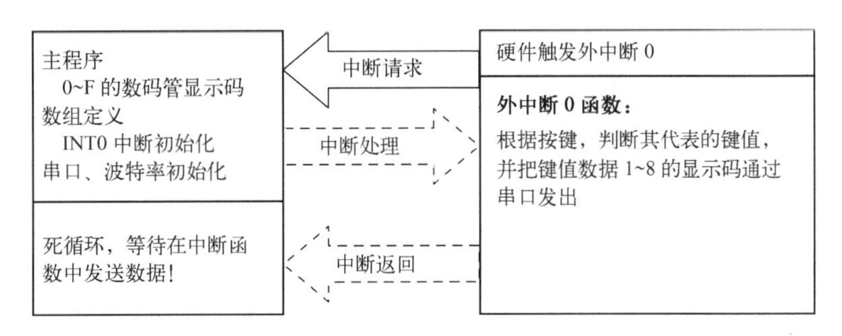

图 7-18　任务 4 发送方的程序框架

1．发送方程序设计

```
#include<reg51.h>
typedef   unsigned   char   Uchar;          //数据类型重命名
Uchar   code   dis_code []={0xC0,0xF9,0xA4,0xB0,0x99,0x92,0x82,
        0xF8,0x80,0x90,0x88,0x83,0xC6,0xA1,0x86,0x8E};//共阳极数码管显示码
//主函数无参数无返回值
void   main(void)
{   TMOD=0x20;                          //T1，方式 2，定时器
    TH1=0xFD;TL1=0xFD;                  //11.0592MHz，9600Bd
    SCON=0x40;                          //串口工作方式 1
    TR1=1;                              //启动 T1 工作
    IT0=1;EX0=1; EA=1;                  //边沿触发，开启外中断 0
    while(1)                            //死循环
          {;}
}
/* 外中断 0 服务函数，无参数传递无返回值    */
void   int0f(void)   interrupt   0
{   static   Uchar   tmp;               //临时局部静态变量
    Uchar   i;                          //循环变量，也是独立按键值变量
    P1=0xff; tmp=P1;                    //从 P1 读数据到 tmp
    for(i=1;   ; i++)                   //循环判断是哪个键按下，相应引脚为 0 电平
```

```
        {tmp=tmp>>1;                          //移位运算符会影响标志位 CY
            if(CY==0)   break; }              //i 中为键值
    SBUF= dis_code[i];                        //把 i 键值的显示码从串口发送出去
    while( ! TI )
        {  ;  }                               //等待发送完
    TI=0;                                     //发完后清 TI 标志位
}
```

2．接收方程序设计

接收方的程序框架如图 7-19 所示，参考它自行绘制程序流程图。

```
// 74Recv.c，将接收到的显示码送共阳极数码管显示
#include<reg51.h>                          //包含单片机硬件资源定义的头文件
//串口接收中断函数，无参数传递与返回
void  serial()  interrupt  4  using  1
{  RI=0;                                   //清接收标志 RI
   P0=SBUF;                                //将串口接收到的数据送 P0 口显示
}
void  main(void)
{  TMOD=0x20;                              //T1，定时，方式 2
   TH1=0xFD;TL1=0xFD;                      //11.0592MHz，9600Bd
   SCON=0x50;                              //串口方式 1，允许接收
   TR1=1;                                  //启动 T1
   EA=1;ES=1;RI=0;                         //允许串口中断
   while(1) ;                              //死循环
}
```

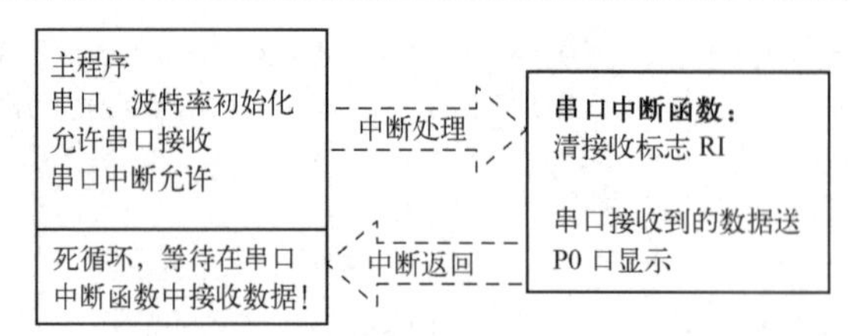

图 7-19　任务 4 接收方的程序框架

7.4.4　编译、代码下载、仿真、测判

按项目 1 所述方法，先在 Keil 中新建工程，然后添加源程序、设置工程选项并编译，生成代码文件 74.HEX、74.omf。参考 2.1.7 节下载代码 74.omf，设置振荡频率为 11.0592MHz，进行仿真调试，填写表 7-10。如图 7-20 所示，按下 K4 后，再单击发送键 K9，接收端的数码管上显示 4，且从虚拟终端监测到从串口接收到的是数据 4 的共阳极显示码 0x99。

表 7-10　任务 7.3 的仿真调试记录

键的操作	数码管显示内容	键的操作	数码管显示内容
只按下键 1，单击发送键 K9		只按下键 5，单击发送键 K9	
只按下键 2，单击发送键 K9		只按下键 6，单击发送键 K9	
只按下键 3，单击发送键 K9		只按下键 7，单击发送键 K9	
只按下键 4，单击发送键 K9		只按下键 8，单击发送键 K9	
按下键 1、2，单击发送键 K9		按下键 5、6，单击发送键 K9	
实践点滴记录与总结：________			
是否成功？________。　自评分：________			

实践中有更新颖的想法，可自行设计修改软、硬件，测试并作好记录。

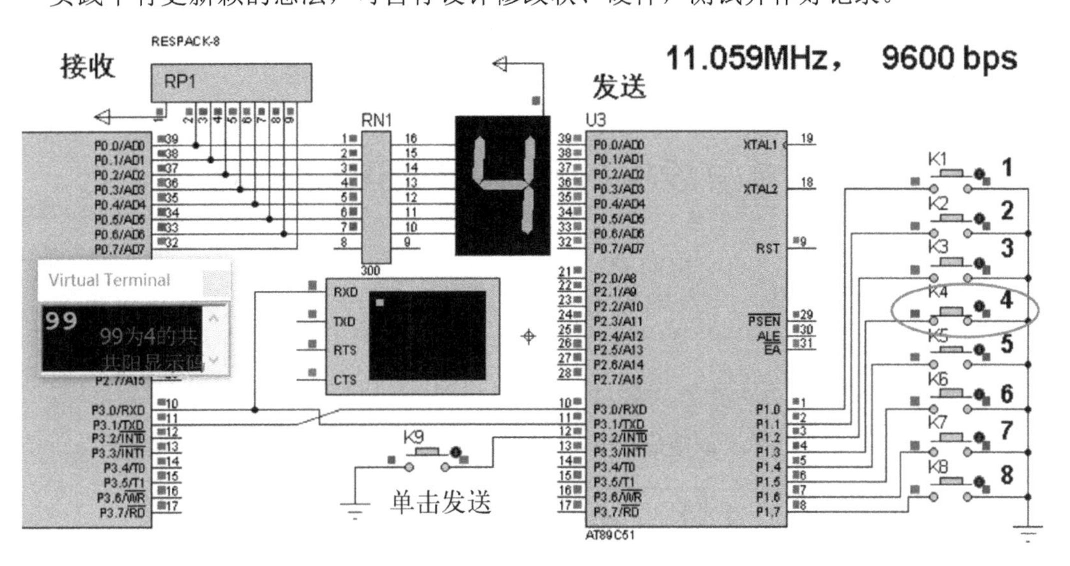

图 7-20　串口数据传输仿真测试片段

7.4.5　用串口调试助手监测目标板上的数据

（1）运行软件 stc-isp-15xx-v6.85H.exe。

（2）参考 2.1.7 节将**发送方的代码**下载到目标板的单片机中。保证目标板与 USB 接口连接正确后再对其供电，或从 USB 取电。

（3）选择下载软件右侧的“串口调试助手”，对照图 7-21 进行操作。注意串口号与实际一致，波特率与程序收发数据的波特率一样，注意接收区选择 HEX 模式，再打开串口。参考表 7-10 操作，只依次按下键 K1～K8，单击发送键 K9 后，在串口助手的接收框中可看到接收到的 1～8 的十六进制的共阳极显示码。

应用这个方法，可实时监测目标板上运行程序中的一些关键数据，只要将它们从串口发出，由串口助手接收，就可在计算机上监视它们，以帮助实时监测数据，判断系统是否运行正常。

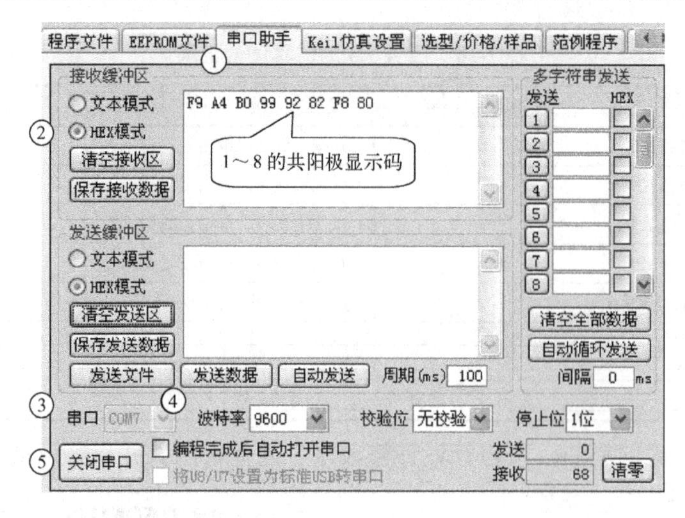

图 7-21　代码下载软件中的“串口助手”操作示意

7.5　任务 5：用单总线接口元件 DS18B20 测温

7.5.1　任务要求与分析

1．任务要求

参考图 7-22，应用数字集成温度传感器测量温度，并将温度数据从串口输出。

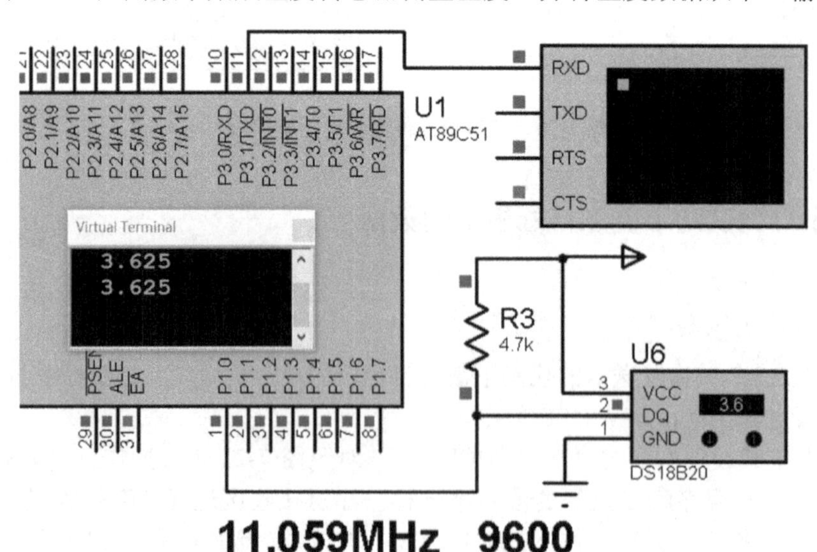

图 7-22　任务 5 测温电路原理图

2．任务目标

掌握一线制测温元件 DS18B20 的应用，熟练应用串口助手检测数据。

3．任务分析

（1）正确设计单片机与 DS18B20 的接口电路。

（2）通过阅读 DS18B20 数据传输时序，正确编写程序。

（3）应用 printf( )将数据从串口输出以便监测。

用 sprintf( )将数据转换为字符串，以便进一步应用，如可直接作为字符液晶的显示数据。

7.5.2　DS18B20 简介

DS18B20 是一款一线制数字集成温度监测元件，直接输出数字量，数据由一根线传输。如图 7-22 所示，它有三个引脚：（1）DQ 为数字信号输入/输出端；（2）GND 为电源地；（3）VCC 为外接供电电源输入端（在寄生电源接线方式时接地）。

1．DS18B20 特征

（1）宽的电压范围：3.0～5.5V，在寄生电源方式下可由数据线供电。

（2）单线制、多点测温：在与微处理器连接时仅需要一条口线即可实现与微处理器的双向通信，并支持单线并联，多个 DS18B20 可以并联在唯一的三线上，实现组网多点测温。

（3）精度：温范围-55～＋125℃，在-10～+85℃时精度为±0.5℃。

（4）可编程的分辨率：9～12 位，对应的可分辨温度分别为 0.5℃、0.25℃、0.125℃和 0.0625℃。

（5）转换时间：9 位分辨率时最多需要 93.75ms 将温度转换为数字，12 位分辨率时最多需要 750ms。元件默认为 12 位分辨率。

2．DS18B20 工作流程、命令字

DS18B20 的工作流程主要是以下三步：

（1）初始化；

（2）ROM 命令（后跟必需的数据操作）；

（3）RAM 功能命令（后面跟着所需的数据操作）。

每次访问 DS18B20 时都遵循这个顺序，否则读数失败。但在搜索 ROM[F0h]和报警搜索[ECh]命令时例外，发出这两个 ROM 命令中的任意一个后主控器必须返回到（1）。

DS18B20 工作中的命令字见表 7-11，RAM 结构见表 7-12。

表 7-11　DS18B20 命令字

ROM 指令	约定代码	功　能
读 ROM	33H	读 DS18B20 温度传感器 ROM 中的编码（即 64 位地址），适用于总线上只有一个 DS18B20
匹配 ROM	55H	这个指令后面紧跟着由控制器发出了 64 位序列号，当总线上有多只 DS18B20 时，只有与控制器发出的序列号相同的芯片才可以响应，其他的等下一次复位。这条指令适应单芯片和多芯片挂接
搜索 ROM	F0H	用于确定挂接在同一总线上 DS18B20 的个数和识别 64 位 ROM 地址。为操作各元器件作好准备
跳过 ROM	CCH	忽略 64 位 ROM 地址，直接向 DS18B20 发温度变换命令。适用于单片工作
告警搜索命令	ECH	执行后只有温度超过设定值上限或下限的片子才响应

续表

ROM 指令	约定代码	功　能
温度变换	44H	启动温度转换，12 位转换时最长为 750ms（9 位为 93.75ms）。结果存入片内 RAM 的 0、1 字节中
读暂存器	BEH	连续读取片内 RAM 中 9 字节的内容，依次从字节 0 到字节 8，随时可用复位命令终止
写暂存器	4EH	向 RAM 中写入数据的指令，随后写入的两字节的数据将会被存到 RAM 的 2、3 字节（报警的上、下限寄存器的 TH、TL）。写入过程中可以用复位信号终止写入
备份设置	48H	将 RAM 中第 2、3 和 4 字节字节的内容复制到 EEPROM 中
恢复设置	B8H	将 EEPROM 中内容恢复到 RAM 中的第 2、3 和 4 字节
读供电方式	B4H	读 DS18B20 的供电模式。寄生供电时 DS18B20 发送“0”，外接电源供电 DS1820 发送“1”

表 7-12　DS18B20 的 RAM 结构

寄存器内容	字节地址	寄存器内容	字节地址
温度值低位（LS Byte）	0	保留	5
温度值高位（MS Byte）	1	保留	6
高温限值（TH）	2	保留	7
低温限值（TL）	3	CRC 校验值	8
配置寄存器	4，8 位格式为 TM，R1，R0，11111。 TM 为工作模式，1 为测试，0 为工作。 R1、R0 设为 00、01、10、11 时对应 9～12 位的分辨率，默认 12 位；最大转换时间依次是 93.75ms、187.5ms、375ms、750ms		

3．12 位分辨率的温度数据格式

12 位分辨率的 DS18B20 温度数据格式如图 7-23 所示：用 16 位符号扩展的二进制补码读数形式提供，以 0.0625℃/LSB 形式表达，其中 S 为符号位。前面 5 位是符号位，如果测得的温度大于 0，这 5 位为 0，只要将测到的数值乘于 0.0625 即可得到实际温度；如果小于 0，这 5 位为 1，测到的数值需要取反加 1 再乘 0.0625 即可得到实际温度。

低8位	bit 7	bit 6	bit 5	bit 4	bit 3	bit 2	bit 1	bit 0
LS Byte	2^3	2^2	2^1	2^0	2^{-1}	2^{-2}	2^{-3}	2^{-4}
高8位	bit 15	bit 14	bit 13	bit 12	bit 11	bit 10	bit 9	bit 8
MS Byte	S	S	S	S	S	2^6	2^5	2^4

图 7-23　DS18B20 的 12 位分辨率的温度数据格式

4．DS18B20 时序

（1）初始化时序，如图 7-24 所示。

（2）写时序，如图 7-25 所示。

写时序分为写 0 和写 1。在写数据时间隙的前 15μs 总线需要被控制器拉至低电平，而后则将是芯片对总线数据的采样时间，采样时间在 15～60μs，采样时间内如果控制器将总线拉高则表示写 1，如果控制器将总线拉低则表示写 0。每一位的发送都应该有一个至少 15μs 的低电平起始位，随后的数据 0 或 1 应该在 45μs 内完成。整个位的发送时间

应该保持在 60～120μs，否则不能保证正常通信。

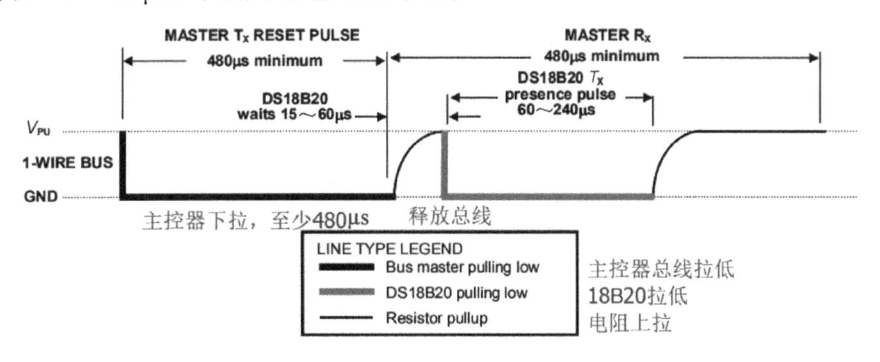

图 7-24　DS18B20 的初始化时序

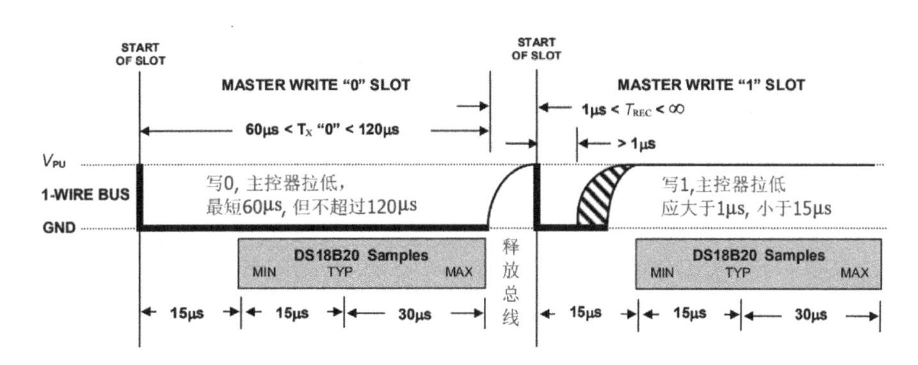

图 7-25　DS18B20 的写时序

（3）读时序，如图 7-26 所示。

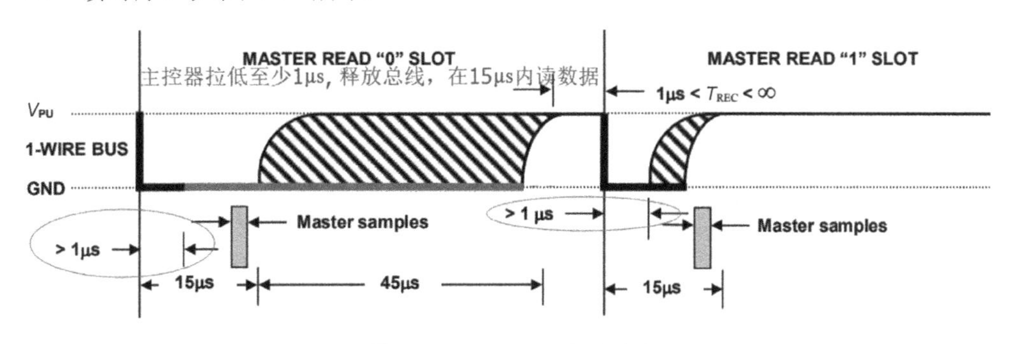

图 7-26　DS18B20 的读时序

读时序中的采样时间应该更加精确才行，读时序也是必须先由主控器产生至少 1μs 的低电平，表示读时间的起始。随后在总线被释放后的 15μs 中，DS18B20 会发送内部数据位，这时主控器发现总线为高电平表示读出数据 1，如果总线为低电平则表示读出数据 0。每一位的读取之前都由主控器加一个起始信号，必须在读时序开始的 15μs 内读取数据位才可以保证通信正确。

7.5.3　程序框架及程序设计

在设计较大较繁的程序时，不适合将所有内容写在一个 C 文件中，应分模块进行结构化设计，可提高程序的可维护性和移植性。模块可以是 C 文件或是头文件。本任务中将延时程序单独设计为头文件 delay.h 和 delay.c，将测温程序设计为一个头文件 18b20.h（定义接口、声明函数，见图 7-27 右侧）和 18b20.c（测温程序主体）。程序架构如图 7-27 所示。只要包含了头文件，就可调用其中声明的函数。

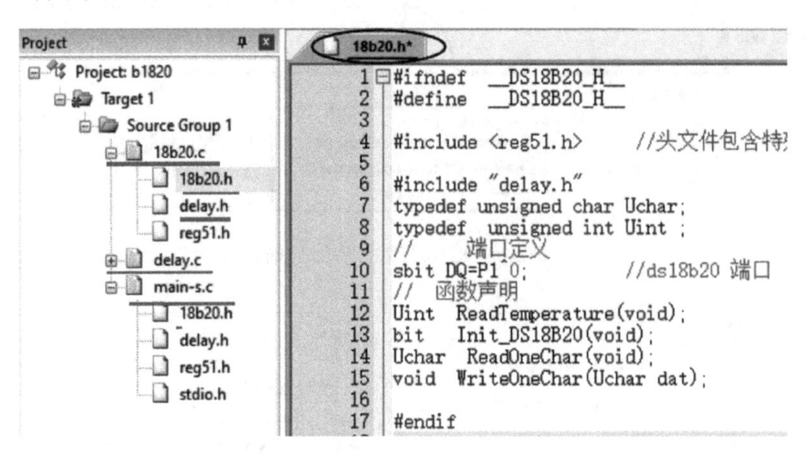

图 7-27　测温的程序框架及 18b20.h 头文件

1．main-s.c

```
/*        DS18B20 温度检测并输出到串口          */
#include<stdio.h>
#include "18b20.h"
// 串口通信初始化
void UART_Init(void)
{
     SCON    =  0x50;                       // SCON：模式 1，8 位 UART，使能接收
     TMOD |= 0x20;                          // TMOD：timer 1，模式 2，8 位 重装
     TH1     =  0xFD;                       // 波特率 9600Bd，晶振 11.0592MHz，不用倍增
     TL1     =  0xFD;
//   TH1 = 0XF3; TL1 = 0XF3;
//   PCON = PCON|0X80;                      // 12MHz，波特率倍增，4800Bd
     TR1     =  1;                          // TR1：timer 1 打开
   TI = 1;
}
//  主函数
void   main (void)
{  int   temp;
   float   temperature;
   char   displaytemp[7];                   //定义显示区域临时存储数组
   UART_Init( );
   temp = ReadTemperature( );
   DelayMs(1000);
   while (1)                                //主循环
         {       temp = ReadTemperature( );
                 temperature=(float)temp*0.0625;
```

```
//将温度的数值转换成字符串，以便后继应用
                  sprintf( displaytemp , " %7.3f " , temperature );
//直接通过 printf 发数字，可在 STC 的串口助手中，以文本方式，看到温度数值
                  printf("%7.3f\n",temperature);
                  DelayMs(1000);
      }
 }
```

2. 18b20.c

```
#include "18b20.h"
bit   Init_ DS18B20(void)                      // 18B20 初始化
{    bit    dat=0;
     DQ = 1;                                   //DQ 复位
     DelayUs2x(5);                             //稍做延时
     DQ = 0;                                   //单片机将 DQ 拉低
     DelayUs2x(200);                           //精确延时大于 480μs，小于 960μs
     DelayUs2x(200);
     DQ = 1;                                   //拉高总线
     DelayUs2x(50);                            //15～60μs 后接收 60～240μs 的存在脉冲
     dat=DQ;                                   //如果 x=0 则初始化成功，x=1 则初始化失败
     DelayUs2x(25);                            //稍作延时返回
     return dat;
}
 Uchar   ReadOneChar(void)                     // 读取一字节，先读低位
{   Uchar   i=0;
    Uchar   dat = 0;
    for (i=8; i>0; i--)
    {
          DQ = 0;                              // 给脉冲信号
          dat>>=1;
          DQ = 1;                              // 给脉冲信号
          if(DQ)
                dat |=0x80;
          DelayUs2x(25);
    }
     return(dat);
}
//  写入一字节，先写低位
 void   WriteOneChar(Uchar   dat)
{
    Uchar i=0;
    for (i=8; i>0; i--)
    {
          DQ = 0;
          DQ = dat&0x01;
          DelayUs2x(25);
```

```
            DQ = 1;
            dat>>=1;
        }
        DelayUs2x(25);
}
//      读取温度
Uint    ReadTemperature(void)
{
            Uchar a=0;
            Uint    b=0;
            Uint    t=0;

            Init_ DS18B20( );
            WriteOneChar(0xCC);          // 跳过读序号列号的操作
            WriteOneChar(0x44);          // 启动温度转换
            DelayMs(10);
            Init_DS18B20( );
            WriteOneChar(0xCC);          //跳过读序号列号的操作
            WriteOneChar(0xBE);          //读取温度寄存器等，共可读 9 个，前两个是温度
            a=ReadOneChar( );            //低位
            b=ReadOneChar( );            //高位

            b<<=8;
            t=a+b;
            return(t);
}
```

3．delay.h

```
#ifndef    __DELAY_H__
#define    __DELAY_H__
// 晶振 12MHz，精确延时请使用汇编，约延时 T=tx2+5μs
void    DelayUs2x(unsigned    char     t);
void    DelayMs(unsigned int    t);
#endif
```

4．delay.c

```
#include "delay.h"
//晶振 12MHz，精确延时请使用汇编，约延时 T=tx2+5μs
void    DelayUs2x( unsigned    char     t)
{          while(--t);    }
//大致延时 1ms
void    DelayMs( unsigned    int    t)
{                  while(t--)
            { DelayUs2x(245); DelayUs2x(245);    }
}
```

7.5.4　编译、代码下载、仿真、测判

按项目 1 所述方法，先在 Keil 中新建工程，然后添加源程序、设置工程选项并编译，生成代码文件 75.HEX、75.omf。参考 2.1.7 节下载代码 75.omf，设置振荡频率为 11.0592MHz，进行仿真调试，调整 18B20，看虚拟终端显示的数据，填写表 7-13。

表 7-13　任务 5 的仿真调试记录

18B20 上的温度值	虚拟终端数据	18B20 上的温度值	虚拟终端数据
-20		22	
-3		81	
实践点滴记录与总结：______________________________			
是否成功？______________。	自评分：__________		

参考 7.4.5 节，将实物板用 ISP 下载线连接到计算机，在计算机上打开串口助手，接收区以“文本模式”接收，可看到实时监测的环境温度。用 Proteus 仿真时，应用断点暂停后还可查看变量的实时值，如图 7-28 所示，当时的温度值是 3.625。

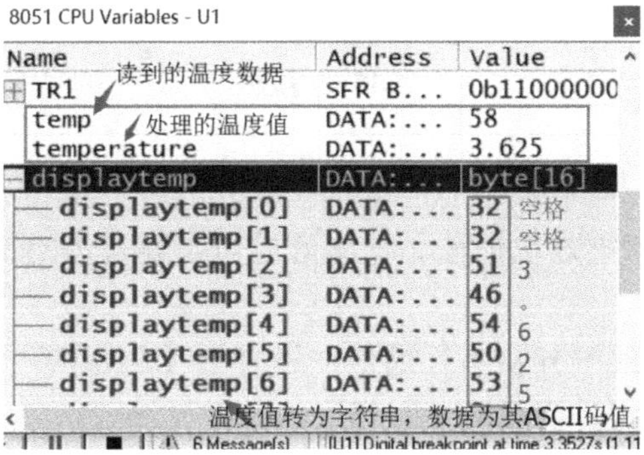

图 7-28　在 Proteus 中仿真时观测到的变量

7.6　知识小结

项目 7 知识点总结思维导图如图 7-29 所示。

由单片机产生不同频率的方波驱动发声元件即可发出特定的声音，按乐谱产生一定序列的频率信号即可演奏出音乐。注意频率数组、音符与音长数据的生成。

符合单片机串口工作方式 0，即移位寄存器的工作时序的串入并出芯片，它与单片机间的接口程序设计时采用串口工作方式 0 为宜。当然可以用普通 I/O 口来模拟接口芯片的工作时序进行数据传输的程序设计。在单片机串口工作方式 0 的方式下也可与并入串出芯片 74HC165 连接，进行输入口的扩展。当然 74HC165 也可级联，级联 N 个可扩展 $N\times 8$ 个输入口。

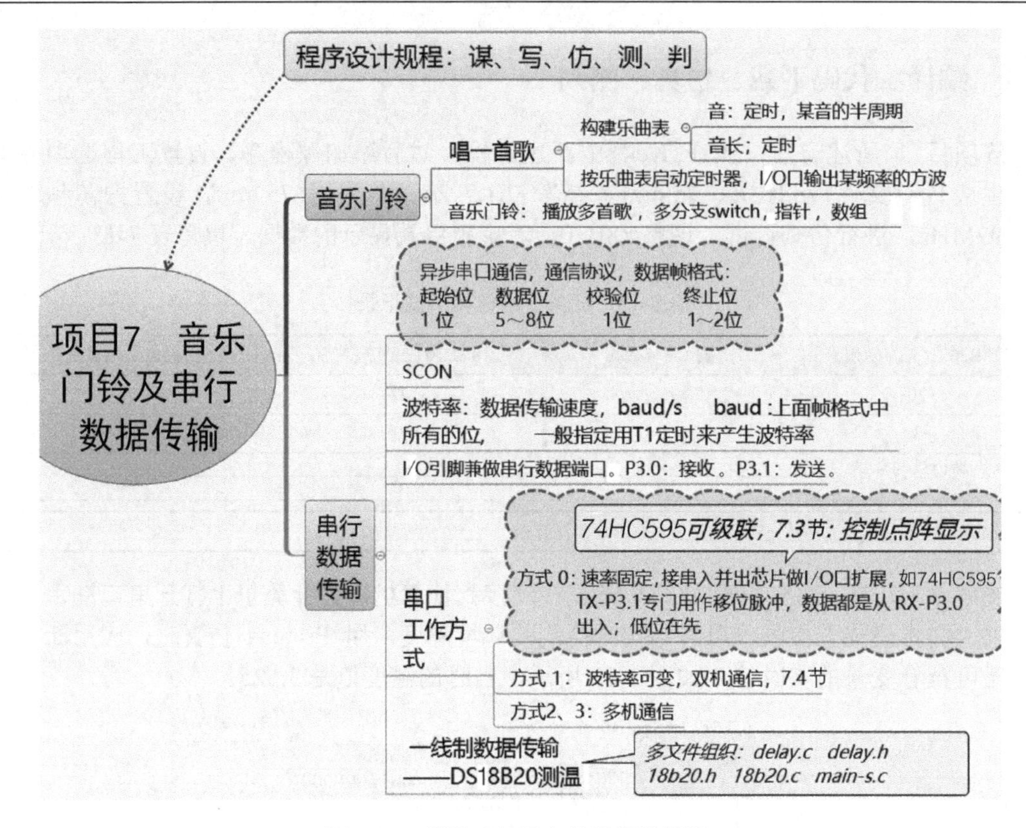

图 7-29　项目 7 知识点总结思维导图

串口工作方式 1 常用来双机通信。但实际应用中要考虑距离，可通过增强驱动或经 MAX232 提高传输距离。

除了单片机串口的三线制异步串行通信，还有如 DS18B20 一线制的、I^2C 接口二线制的等串行数据传输，编程时要严格按照相应的时序设计。

习题与思考 7

（1）以 7.2 节的串口输出到数码管的方式改造 5.3 节、5.6 节的数据输出显示方式。

（2）在 7.3 节的基础上设计一个 16×16 点阵的显示装置。注意硬件、软件的扩展。

（3）将 6.1 节的并联数码管换成 8×8 的点阵，试扩展 Segdisplay(Uchar *dis_data, Uchar cnt)，控制 8×8 点阵的显示。

（4）设计一个 32 路数字信号采集系统，并将采集到的信号以适当的方式显示出来，如 LED、字符液晶 1602 或数码管。

（5）修改 6.5 节的任务，使游戏结束后加播一段音乐或是一个铃声。

项目 8　A/D 及 D/A 接口应用

项目目标

（1）理解接口芯片的工作时序，正确编写 A/D、D/A 接口程序。

（2）掌握字符型液晶显示器的程序设计。

项目知识与技能要求

（1）掌握 8 位串行 ADC0831 工作原理、时序及接口程序设计；

（2）掌握 8 位并行 DAC0832 工作原理、时序及接口程序设计；

（3）掌握 LCD1602 的应用程序设计。

8.1　任务 1：LCD 显示的简易电压表

8.1.1　任务要求与分析

LCD 显示的简易电压表电路所用元器件列表及原理图如 8-1 所示。

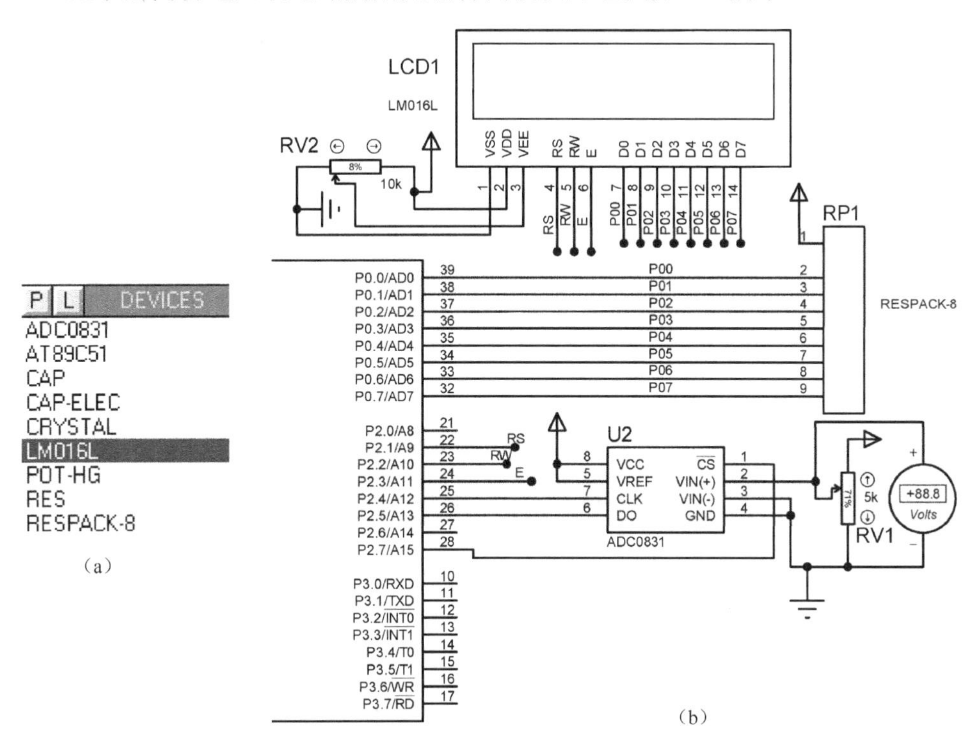

图 8-1　LCD 显示的简易电压表电路所用元器件列表及原理图

1. 任务要求

参考图 8-1，用 ADC0831 把 0～5V 的电压转换为电压数值，并显示在 LCD1602 上。

2. 任务目标

（1）掌握 A/D 转换的原理，看懂 ADC0831 的二线（一根时钟线、一根数据线）工作时序，能正确编写 ADC 程序。

（2）掌握字符液晶的显示原理与编程。

（3）不同的输入模块（如 ADC）与输出模块（如 LCD）组合构建新的控制系统。

3. 任务分析

将任务分模块设计。

（1）液晶显示：命令字、分析时序、程序设计为 lcd1602.h；

（2）ADC 转换：分析时序、编程 adc0831.h。

（3）有参函数把 ADC 与 LCD 显示联系起来。

8.1.2 程序规划

为结构化程序设计考虑，将常用公共的定义及库函数所在的头文件引用等设计为一个头文件 myhead.h 中（见图 8-2），将 A/D 独立设计为一头文件 adc0831.h，将 LCD 的显示独立设计为一头文件 lcd1602.h。在主程序中将它们一一包含便可调用其中的函数，只需将主程序添加到工程中，将 2.7.5 节的 dly_nms.h 复制到本工程中。

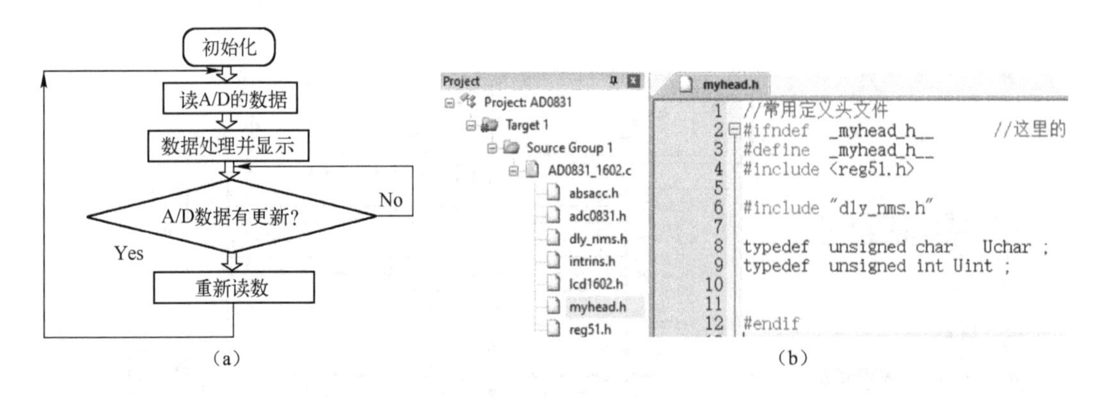

图 8-2 任务 1 的程序流程图、组织及 myhead.h 头文件

8.1.3 LCM1602 简介

液晶显示模块 LCM（习惯上直接称 LCD）由字符型 LCD 液晶显示器和 HD44780 控制驱动器构成。HD44780 由 DDRAM、CGROM、IR、DR、BF、AC 等大规模集成电路组成，具有简单且功能较强的指令集，可实现字符移动、闪烁等显示效果。

1．引脚说明（见表 8-1）

表 8-1　LCD1602 的引脚说明

引脚	V_{SS}	V_{DD}	V_{EE}	RS	RW	E	D0～D3	D4～D7
功能	地	电源	控制明暗对比，接可变电阻调节，接地时明暗对比度最大	0：指令寄存器 IR。 1：数据寄存器 DR	0：写。 1：读	读/写使能（下降沿使能）	低 4 位三态双向数据总线。4 位模式时悬空	高 4 位三态双向数据总线。 另外，BD7 为忙碌 BF 标志位

注：15、16 为背光电源，不同型号可能不一致，注意查资料确认。

2．数据的显示码

数据显示 RAM（Data Display RAM，DDRAM）用于存放要显示的字符码，只要将标准的 ASCII 码放入 DDRAM 中，内部控制线路就会自动将数据传送到显示器上，并显示出该 ASCII 码对应的字符。

3．LCM 指令集（见表 8-2）

表 8-2　LCM 指令集表

指令说明	指令码									
	RS	$R/\overline{W}$	D7	D6	D5	D4	D3	D2	D1	D0
清屏，光标回至左上角	0	0	0	0	0	0	0	0	0	1
光标回原点，屏幕不变	0	0	0	0	0	0	0	0	1	×
进入模式设定： 设定读/写一个字符后，光标移动方向（$I/\overline{D}$）及是否要移位显示（S）	0	0	0	0	0	0	0	1	$I/\overline{D}$	**S**
	$I/\overline{D}$=1（或 0）：当读（或写）一个字符后，地址指针加 1（减 1），光标也加 1（减 1）。 S=1：当写一个字符后，整个屏幕左移（$I/\overline{D}$=1）或右移（$I/\overline{D}$=0），以得到光标不移动而屏幕移动的效果。S=0：当写一个字符时，屏幕不移动									
显示屏开/关	0	0	0	0	0	0	1	**D**	**C**	**B**
	D=1，开显示屏；D=0，关显示屏，数据仍保留在 DDRAM 中。 C=1，开光标显示；C=0，关闭光标。 B=1，光标所在位置的字符闪烁；B=0，字符不闪烁。									
移位： 移动光标位置或令显示屏移动	0	0	0	0	0	1	**S/C**	**R/L**	×	×
	不读/写数据的情况下，（不影响 DD RAM 数据） S/C=1，显示屏移位；S/C=0，光标移位。 R/L=1，右移；R/L=0，左移									
功能设定： 设定数据库长度与显示格式	0	0	0	0	1	**DL**	**N**	**F**	×	×
	DL=1，数据长度为 8 位；DL=0，数据长度为 4 位。 N=1，两行显示；N=0，一行显示。 F=1，5×10 字形；F=0，5×7 字形									
CGRAM 地址设定	0	0	0	1	CGRAM 地址					

续表

指令说明	指令码									
	RS	R/$\overline{W}$	D7	D6	D5	D4	D3	D2	D1	D0
DDRAM 地址设定	0	0	1	DDRAM 地址						
忙 BF/地址计数器	0	1	BF	地址计数器内容						
写入数据	1	0	写入数据							
读取数据	1	1	读出数据							

4. LCM 写数据时序

从图 8-3 可看出，许多时间参数都是纳秒级的，使能 E=1 最短是 450ns，从使能有效到整个写周期结束最短 1μs。故在 12MHz 时，各信号时段维持不需额外延时，写周期可适当延时数十微秒。

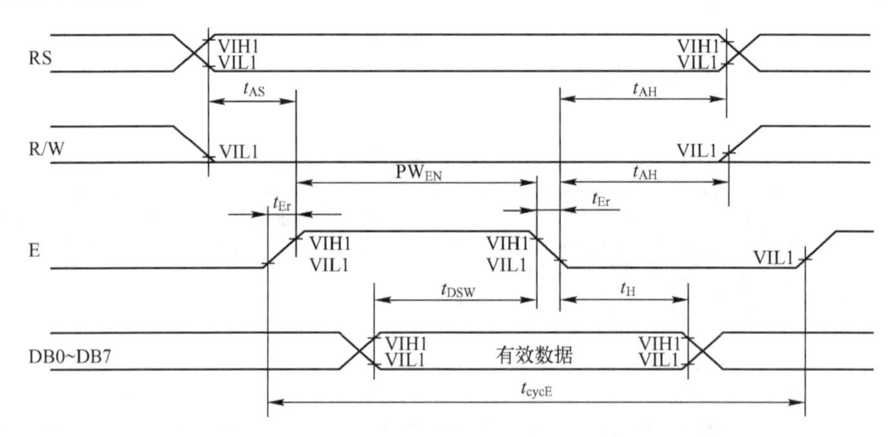

项　　目	符号	条件	最小值	最大值
E 周期（ns）	t_{cycE}		1 000	—
E 脉宽（高电平）(ns)	P_{WEN}		450	—
E 上升 / 下降时间 (ns)	t_{Er}, t_{Ef}	V_{DD}=5V±5%	—	25
地址设置时间 (RS, R/WtoE) (ns)	t_{AS}	V_{SS}=0V	140	—
地址保持时间 (ns)	t_{AH}	T_a=25℃	10	—
数据设置时间 (ns)	t_{DSW}		195	320
数据保持时间 (ns)	t_H		10	—

图 8-3　LCD1602 写时序图、关键时间说明（t_{cycE} 最小 1ms）

8.1.4　LCD 显示的头文件 lcd1602.h 设计

```
#ifndef  _1602_h__           //这里的名称可与头文件名不一样
#define  _1602_h__
#include "myhead.h"
#define  DPORT  P0           //LCD1602 与单片机接口定义
sbit  RS  =P2^1 ;
```

```
sbit  RW  =P2^2 ;
sbit  E   =P2^3 ;
const  Uchar CurFlash=1 ;              //有光标且闪烁
void  LcdPos(Uchar , Uchar) ;          //确定光标位置
void  LcdWd(Uchar ) ;                  //写数据
void  LcdWc(Uchar) ;                   //送控制字（检测忙信号）
void  LcdWcn(Uchar) ;                  //送控制字子程序（不检测忙信号）
void  WaitIdle() ;                     //正常读/写操作之前检测 LCD 控制器状态
//在指定的行与列显示指定的字符，xpos 为行，ypos 为列，c 为待显示字符
void  WriteChar(Uchar c ,  Uchar xPos ,  Uchar yPos)
{  LcdPos(xPos , yPos) ;
   LcdWd(c) ;
}
void  WriteString(Uchar *s , Uchar xPos , Uchar yPos)
{  Uchar i ;
   if(*s==0)                           //遇到字符串结束
          return ;
   for(i=0 ;  ; i++)
   {      if( *(s+i)==0)
              break ;
          WriteChar(*(s+i) , xPos , yPos) ;
          xPos++ ;
          if(xPos>15)                  //如果 XPOS 中的值未到 15（可显示的最多位）
              break ;
   }
}
void  SetCur(Uchar Para)               //设置光标
{  Dly_nms(2) ;
   switch(Para)
   {      case  0:
                 { LcdWcn(0x08) ;     break ; }       //关显示
          Case  1:       {LcdWcn(0x0c) ; break ; }   //开显示但无光标
          case  2:       {LcdWcn(0x0e) ; break ; }   //开显示有光标但不闪烁
          Case  3:       {LcdWcn(0x0F) ; break ; }   //开显示有光标且闪烁
          default:break ;
}
}
void  ClrLcd()  //清屏命令
{  LcdWcn(0x01) ;       }
/*  等待 LCD1602 空闲，LCD1602 忙时不能进行读/写操作    */
void  WaitIdle()
{  Uchar  tmp ;
   RS=0 ;
   RW=1 ;
   E=1 ;   _nop_() ;
   for( ;  ; )
   {      tmp=DPORT;  tmp&=0x80;
```

```
            if( tmp==0)
                break ;
    }
    E=0 ;
}
void   LcdWd( Uchar   c)          //写字符子程序
{// WaitIdle() ;                  //仿真时屏蔽
    RS=1 ;
    RW=0 ;
    DPORT=c ;                     //将待写数据送到数据端口
    E=1 ;
    Dly_nms(1) ;                  //理论上 1μs 即可，但仿真时至少 30μs，实际也可以
    E=0 ;
}
void   LcdWc(Uchar   c)           //送控制字子程序（检测忙信号）
{// WaitIdle() ;                  //仿真时屏蔽
    LcdWcn( c ) ;
}
void   LcdWcn(Uchar   c)          //送控制字子程序（不检测忙信号）
{   RS=0 ;
    RW=0 ;
    DPORT=c ;
    E=1 ;
    Dly_nms(1) ;
    E=0 ;
}
void   LcdPos(Uchar xPos , Uchar yPos)          //设置第（xPos,yPos）个字符的 DDRAM 地址
{   unsigned   char   tmp ;
    xPos&=0x0F ;                                //x 位置范围是 0～15
    yPos&=0x01 ;                                //y 位置范围是 0～1
    if(yPos==0)                                 //显示第 1 行
        tmp=xPos ;
    else
        tmp=xPos+0x40 ;                         //显示第 2 行
    tmp|=0x80 ;
    LcdWcn(tmp) ;
}
void   RstLcd()                                 //复位 LCD 控制器
{   Dly_nms(50) ;                               //如果使用 12MHz 或以下晶振，此数值不必改
    LcdWcn(0x38) ;                              //显示模式设置
    LcdWcn(0x08) ;                              //显示关闭
    LcdWcn(0x01) ;                              //显示清屏，光标回左上角
    LcdWcn(0x06) ;                              //地址指针及光标+1
    LcdWcn(0x0c) ;                              //显示屏开及光标开关及光标处的字符是否闪烁
}
#endif
```

8.1.5　ADC0831 简介及时序

1. 引脚及参数

ADC0831 的引脚及功能说明如图 8-4 所示。

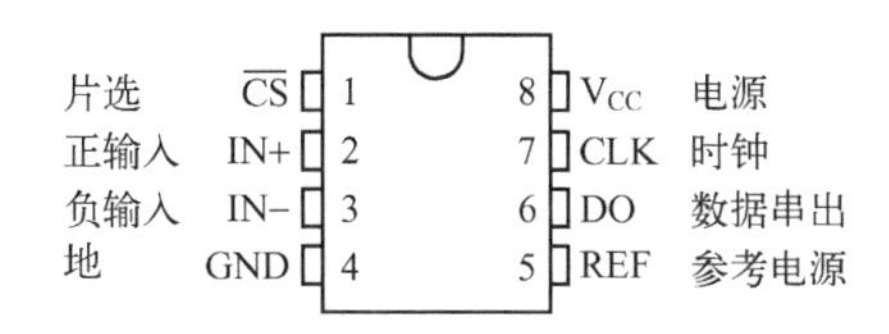

图 8-4　ADC0831 引脚及功能说明

主要参数：单通道；8 位分辨率；易与微处理器连接或独立运行；供电范围是 4.5～6.3V，5V 供电下输入电压范围是 0～5V；输入/输出与 TTL、CMOS 兼容；在 CLK=250kHz 时，转换时间是 32μs。

极限参数：电源的极限值是 6.5V；输入的模拟电压极限值是–0.3～V_{CC}+0.3V；每个引脚输入电流最大为±5mA；整个芯片输入电流为±20mA。

2. ADC0831 时序

ADC0831 的时序如图 8-5 所示。

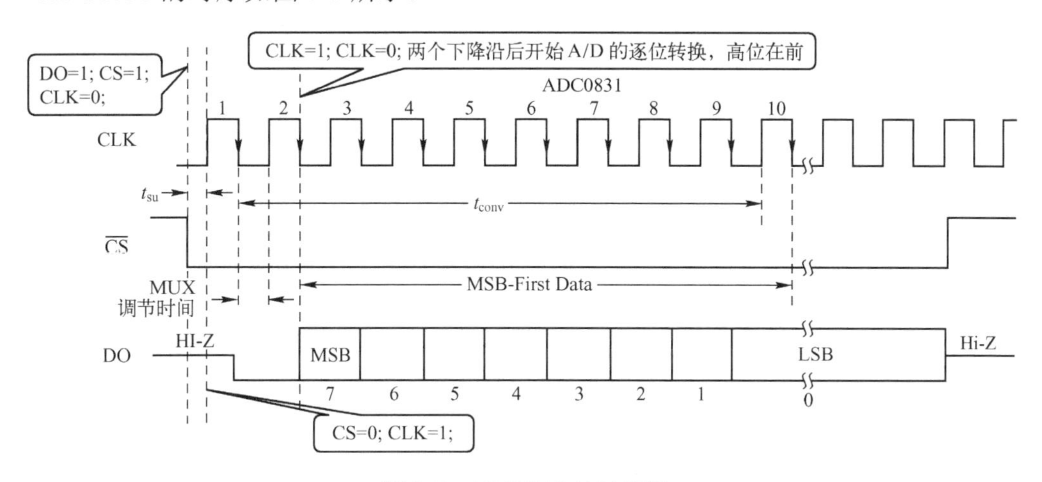

图 8-5　ADC0831 的时序图

8.1.6　ADC0831 的头文件 adc0831.h 设计

```
#ifndef  __ADC0831_h__
#define  __ADC0831_h__
#include "myhead.h"
sbit  CS=P2^7 ;                              //ADC0831 与单片机接口定义
sbit  CLK=P2^4 ;
sbit  SDO=P2^5 ;
```

```
/*   ADC0831  转换函数，无入口参数，返回转换后的数字值       */
Uchar   Ad_conv( void )
{  Uchar time , AD_val=0 ;
   DO=1 ; CS=1 ;
   CLK=0 ;        NOP ; NOP ;                    //参考时序图 8-5 理解
   CS=0 ;         NOP ; NOP ;
   CLK=1 ;        NOP ; NOP ;
   CLK=0 ;        NOP ; NOP ;
   CLK=1 ;        NOP ; NOP ;
   CLK=0 ;        NOP ; NOP ;
   for(time=0  ;  time<8 ; time++)
   {       DO=1 ;                                //置输入引脚
           NOP ;
           AD_val<<=1 ;                          //ADC 后，高位在前，故左移
           if(DO= =1)AD_val++ ;                  //串出每位数据，每位数据判断，高电平为 1
           CLK=1 ;                               //时钟形成下降沿
           NOP ; NOP ;
           CLK=0 ;
           NOP ; NOP ;
   }
           CS=1 ;                                //转换结束，片选失效
   return   AD_val ;
}
#endif
```

8.1.7　C51 对存储器和外设的绝对地址访问

单片机应用系统中，外设的地址是由硬件电路确定的，以变量形式对其访问时，必须事先指定变量在系统中的绝对地址；也有一些变量需要明确在存储器中的具体地址，而不是让编译程序自行分配。由于 51 系列单片机资源有限，往往需要实现绝对地址访问，C51 提供了三种访问绝对地址的方法，常用以下两种。

1．绝对宏

绝对宏是利用 C51 提供的头文件 absacc.h 中定义的宏来访问绝对地址，absacc.h 中定义的宏包括 CBYTE、DBYTE、PBYTE、XBYTE（对 MCS-51 系列单片机的存储空间 code 区、data 区、pdata 区、xdata 区进行绝对地址的字节访问），CWORD、DWORD、PWORD、XWORD（相关存储区的双字节访问）。

（1）按字节访问存储器宏的形式

```
宏名[地址]
```

数组中的下标就是存储器的地址，因此使用起来非常方便。例如：

```
#define  PA  XBYTE[0xFFFE]          //将 PA 定义为片外 RAM 地址是 0xFFFE 的字节变量
DBYTE[0x30]=48 ;                    //对片内 RAM 地址为 0x30 的单元赋值 48
```

（2）按整型数访问存储器宏的形式

```
宏名[下标]
```

由于整型数占两字节，所以下标与地址的关系为地址=下标×2。

```
m_data = XWORD [0x0002] ;              //m_data 指向外部数据存储区地址 0x0004
```

2．_at_关键字

使用“_at_”关键字可以实现绝对地址访问，具体的格式如下所示：

```
数据类型 [存储类型] 变量名 _at_ 地址常数;
```

举例：指定 D-dis 数组从片外数据存储器 0x1000 单元开始存放。

```
char xdata D-dis [25] _at_ 0x1000;
```

在使用“_at_”关键字实现绝对地址访问时必须注意以下几点。

（1）_at_后面的绝对地址必须在可用的实际存储空间内。

（2）绝对变量不能初始化，且必须是全局变量。

（3）bit 类型的函数和变量不能用_at_定义。

（4）用_at_关键词声明一个变量来访问一个 XDATA 外围设备时，应使用 volatile 关键词禁止 C 编译器进行优化，确保可以访问到要访问的存储区。例如，定义一个代表外设地址为 0x2000 的变量 xval：

```
volatile   unsigned char   xdata   xval    _at_ 0x2000 ;
```

8.1.8　主程序设计

```
//保存为 81.c （ADC0831_1602.c）
#include   "lcd1602.h"
#include   "adc0831.h"
#include   "myhead.h"
#include<absacc.h>
/*为方便查看处理后的电压数据，把它们存储在一数组中，且指定数据首地址，调试时可通
过片内 RAM 存储窗口监视它们                              */
//绝对地址要定义为全局变量，电压数据的首地址在片内 RAM    0x40
Uchar   data   Vdata[6]   _at_   0x40 ;
void   main(void)
{  Uint   a ;                                  //运算过程中两个临时变量。
   Uint   b ;
   Uchar   xPos , yPos ;
   Uchar   *s="Current Voltage:" ;
   RstLcd ( ) ;                                //LCD 复位
   ClrLcd ( ) ;                                //LCD 清屏
   while(1)
   {      a=Ad_conv( ) ;                       //调用 A/D 函数
          b=(a*100)/51 ;                       //将 A/D 结果的数字量对应电压值扩大 100 倍
```

```
            Vdata[0]=b/100+0x30 ;                    //电压值的整数部分数值的 ASCII 码
            Vdata[1]='.' ;                           //小数点
            Vdata[2]=(b%100)/10+0x30 ;               //第 1 位小数数值的 ASCII 码
            Vdata[3]=b%10+0x30 ;                     //第 2 位小数数值的 ASCII 码
            Vdata[4]='V' ;                           //符号 V
            Vdata[5]=0 ;                             //结束标志
            SetCur(CurFlash) ;                       //开光标显示、闪烁
            xPos=0 ;                                 //位置参数初始为 0
            yPos=0 ;
            WriteString(s , xPos , yPos) ;           //x 位置范围是 0～15
            xPos=5 ;                                 //y 位置范围是 0～1
            yPos=1 ;
            WriteString(Vdata , xPos , yPos) ;
            Dly_nms(10) ;
            while(a= =Ad_conv())
                {Dly_nms(300)   ;   }
            }
    }
```

8.1.9 编译、代码下载、仿真、测判

按项目 1 所述方法，先在 Keil 中新建工程，然后添加源程序、设置工程选项并编译，生成代码文件 81.HEX、81.omf。参考 2.1.7 节下载代码 81.omf，设置振荡频率为 12MHz，进行仿真调试,调整可调电阻，观测直流电压表的显示及 LCD 的显示，它们应该一致，如图 8-6 所示。自行设计程序流程图。

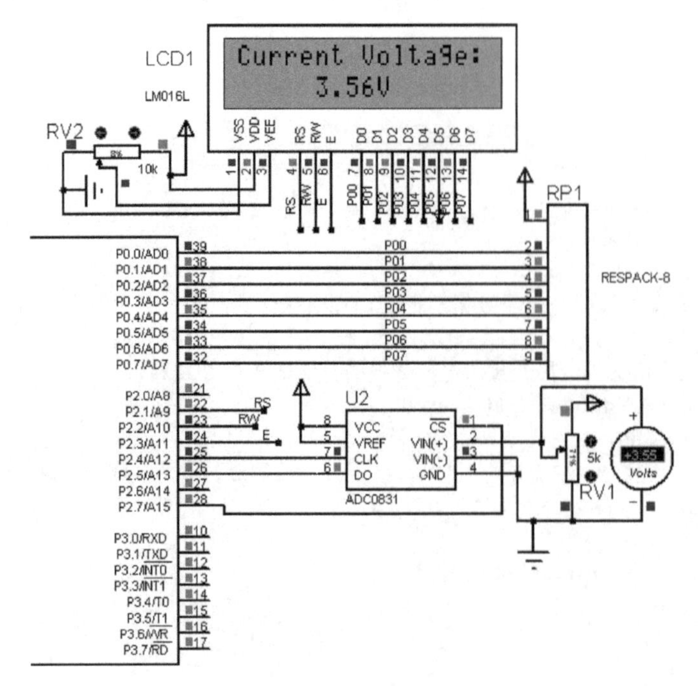

图 8-6 任务 1 的电压表仿真片段图

将代码下载到实物板进行观测。用万用表测 ADC0831 引脚 2 的电平，并与 LCD 显示对比。

任务设计是否成功？___________自评分：_______ 。

8.1.10　进阶设计 1：在 LCD 上显示自己的姓名、学号

（1）在 LCD 上显示自己的姓名（拼音或是英文）、学号。

（2）设计两幅内容轮流显示，如第一幅为姓名及学号，第二幅为班级及专业。自由发挥。

8.2　任务 2：简易波形发生器

8.2.1　任务要求与分析

1．任务要求

应用并行的 8 位 D/A 转换器 DAC0832 设计生成如图 8-7 所示的正弦波、三角波、方波，并由一按键来切换选择三种波形。

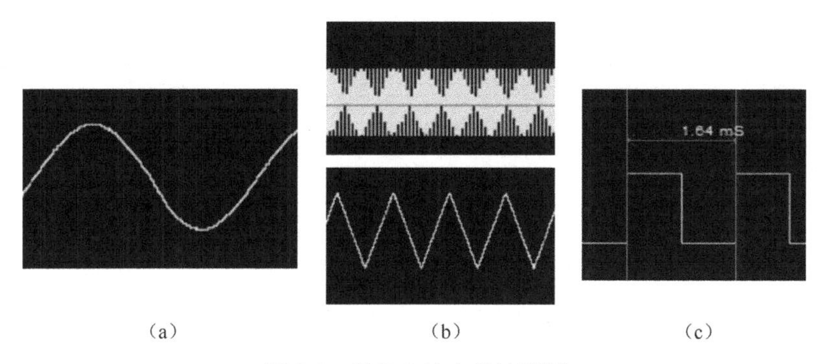

（a）　（b）　（c）

图 8-7　任务 2 输出的波形图

2．任务目标

（1）理解 D/A 转换原理，掌握 DAC0832 的工作过程。

（2）理解将 DAC0832 输出的电流转变为电压的运放电路原理。

（3）理解正弦波数据如何生成，掌握 sin*x* 函数的应用；

（4）理解信号周期的控制。

3．任务分析

在未要求信号周期的前提下，只考虑波形的形状。

（1）波形数据产生：对于方波，只要交替输出时长相等的高低电平即可，周期可依程序估算；对于正弦波，应用 sin()函数计算得到数据；对于三角波，可由数据 0～FF 递增、FF～0 递减得到，每个数据跟随的延时长度决定信号周期。

（2）按键的程序设计：按键直接与外中断引脚连接，在外中断中累计按键次数，1、2、3、1…据此调用不同的波形函数。

电路参考图 8-8，输入数字量与输出模拟电压的关系为

$$V_o=V_{ref}\times((Din-128)/128)$$

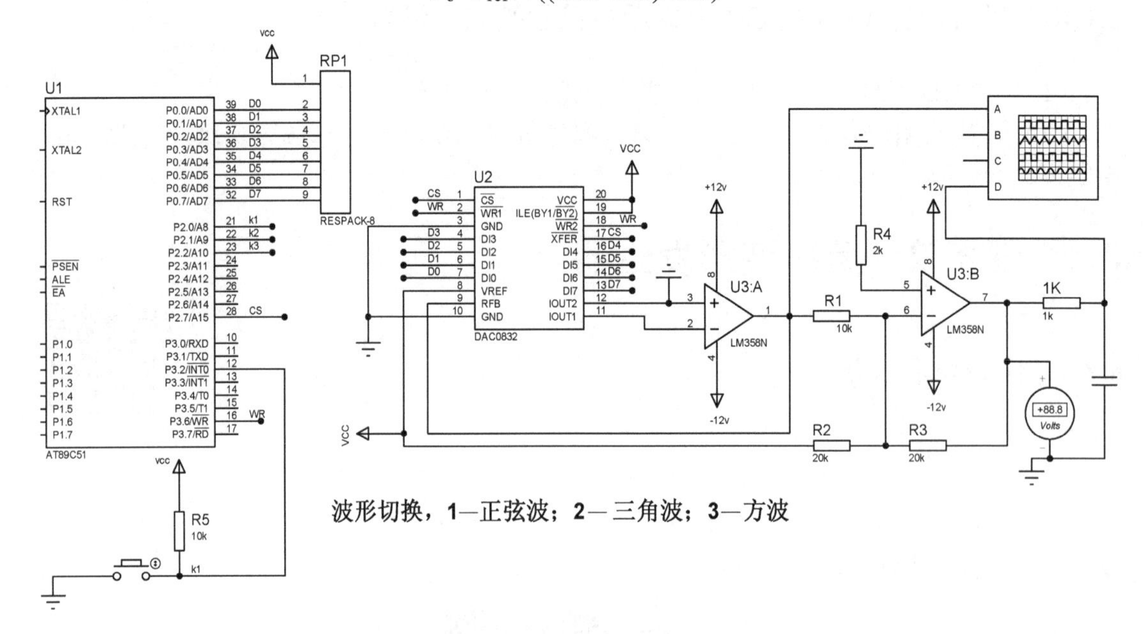

图 8-8　任务 2 简易信号发生器的电路原理图

8.2.2　DAC0832 简介

1．主要参数

分辨率为 8 位；电流建立时间为 1μs；可单缓冲、双缓冲或直接数字输入；只需在满量程下调整其线性度；单一电源供电（+5～+15V）；与 12 位 DAC1230 系列互换，引脚兼容；直接与常用的微处理器连接，也可独立工作；逻辑输入满足 TTL 电平；低功耗，20mW。

2．引脚功能

各引脚如图 8-8 中的 DAC0832 所示。

DI0～DI7：8 位数据输入线，TTL 电平，有效时间应大于 90ns（否则锁存器的数据会出错）。

ILE：数据锁存允许控制信号输入线，高电平有效。

CS：片选信号输入线（选通数据锁存器），低电平有效。

WR1：数据锁存器写选通输入线，负脉冲（脉宽应大于 500ns）有效。

XFER：数据传输控制信号输入线，低电平有效。

WR2：DAC 寄存器选通输入线，负脉冲（脉宽应大于 500ns）有效。

IOUT1：电流输出端 1，其值随 DAC 寄存器的内容线性变化。

IOUT2：电流输出端 2，其值与 IOUT1 值之和为一常数。

RFB：反馈信号输入线，改变 RFB 端外接电阻值可调整转换满量程精度。

VCC：电源输入端，V_{CC}的范围为+5～+15V。

VREF：基准电压输入线，VREF 的范围为–10～+10V。

AGND：模拟信号地。DGND：数字信号地。

8.2.3　程序流程与程序设计

1. 程序流程图

任务 2 的程序流程图如图 8-9 所示。

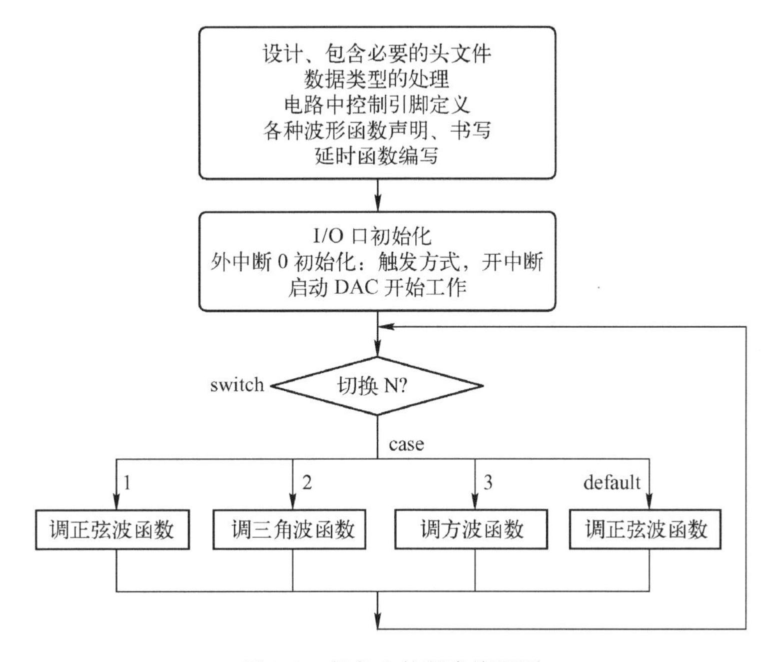

图 8-9　任务 2 的程序流程图

2. 参考程序设计

```
#include<reg51.h>                          //单片机硬件资源头文件引用
#include<math.h>                           //将要引用其中的正弦函数
typedef  unsigned  char  Uchar ;           //数据类型重命名
typedef  unsigned  int  Uint ;
#define  DAC P0                            //DAC 与单片机的接口引脚定义
sbit  CS1=P2^7 ;                           //DAC 芯片的片选控制脚定义
sbit  WR=P3^6 ;                            //DAC 芯片的写控制脚定义
void  tran(void) ;                         //三种波形函数声明
void  pulse(void) ;
void  sin_w(void) ;
Uchar  temp=1 ;                            //全局变量，切换按键记录
```

```
void   delay(Uint   v)                       //带参数的延时函数
{   while(v != 0)   v-- ;   }                //经调试参数为 1 时，12MHz,延时 18μs
void main( )
{   P0=0xff   ; P1=0xFF ;
    P2=0xFF ; P3=0xFF ;
    IT0=1 ;   EA=1 ; EX0=1 ;                  //开外中断 0，边沿触发
    CS1=0 ;   WR=0 ;                          //DCA 的片选有效、写有效，开始工作
    while(1)
    {   switch( temp )
        {   case 1: sin_w( ) ; break ;
            case 2: tran( ) ;   break ;
            case 3: pulse( ) ; break ;
            default:sin_w( ) ; break ;
        }
    }
}
void   wave_ switch(void)   interrupt   0   using   2   //按键次数
{   temp++ ;
    if(temp= =4)
        temp=1 ;
}
void   tran(void)                             //三角波
{   Uchar   i ;
    for(i=0 ; i<0xFE ; i+ =2)                 //上升沿
    {   DAC=i ;
        delay(2) ;
    }
    for(i=0xff ; i>1 ; i- =2)                 //下降沿
    {   DAC=i ;
        delay(2) ;
    }
}
void   pulse(void)                            //方波
{   DAC=0 ;
    delay(100) ;
    DAC=0xff ;
    delay(100) ;
}
void   sin_w(void)                            //正弦波
{   float i ; Uchar   tmp ;
    for(i=0 ; i<6.28 ; i+=0.02)
    {   tmp=(1+sin(i))*2*2*2*2*2*2*2 ;
        DAC=tmp ;
        delay(1) ;
    }
}
```

8.2.4　编译、代码下载、仿真、测判

按项目 1 所述方法，先在 Keil 中新建工程，然后添加源程序 82.c、设置工程选项并编译，生成代码文件 82.HEX、82.omf。参考 2.1.7 节下载代码 82.omf，设置振荡频率为 12MHz，进行仿真调试，用虚拟示波器观测波形，A 通道的信号周期=__________；幅值=________________；写出依程序估算周期的表达式：_________________。B 通道的信号周期=________；幅值=__________。写出依程序估算周期的表达式：____________________。

将代码下载到实物板，输出信号接示波器进行观测。A 通道的信号周期=_______；幅值=______________。B 通道的信号周期=_______________；幅值=__________。比较仿真与实际是否一致。答：_________________________。

仿真实践是否成功？________________________。自评分：____________。

8.2.5　进阶设计 2：设计一可调频率 1～20kHz 的方波发生器

思路点拨：1～20kHz 的方波，其周期就是 1s～50μs，半周期就是 500ms～25μs。为简单入手，可设置一按键进行 10 级频率可调。例如，开始是 1kHz，按第 1 次按键，频率变为 2kHz，按第 2 次按键，频率变为 4kHz，按第 3 次按键，频率变为 6kHz、8kHz、10kHz、12kHz、14kHz、16kHz、18kHz、20kHz。充分利用外中断来记录按键次数，再据此设计出相应的半周期定时。在定时中断中输出信号取反即输出方波信号。

8.3　知识小结

项目 8 知识点总结思维导图如图 8-10 所示。

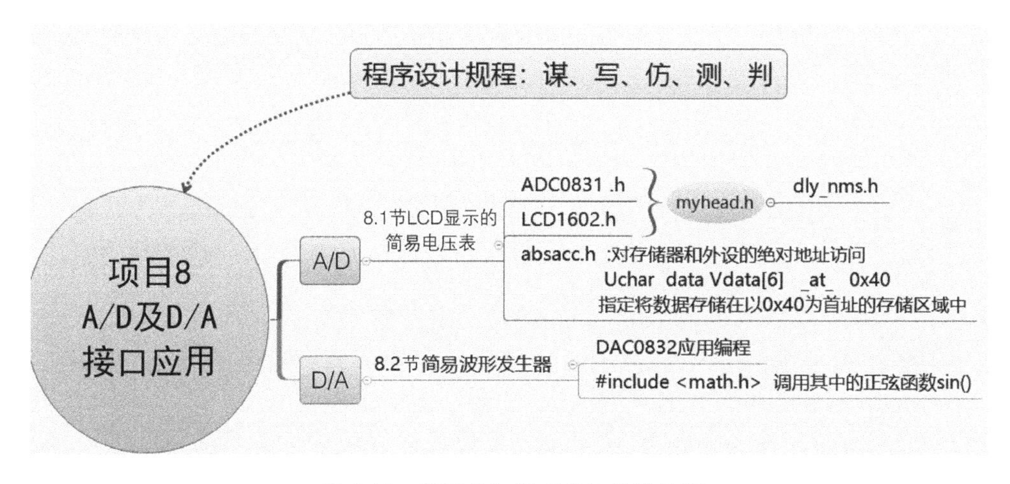

图 8-10　项目 8 知识点总结思维导图

单片机是数字器件，出、入的数据全是数字量，所以在接收模拟信号前需要 A/D 转换；需要输出模拟量时要先进行 D/A 转换。转换器件的选择要依实际情况进行，如根据精度要求选择分辨率，根据数据快慢考虑转换时间等。另外，在转换程序设计时要特别

注意器件的工作时序。

习题与思考 8

（1）将 8.1 节中的电压值显示在并联的数码管上（参考 6.1 节数码管显示）。

（2）查阅串行 DAC 器件 TLC5615，设计周期为 10ms 的方波发生器。

（3）将 6.5 节中的显示部分换成 LCD1602 来实现。

（4）将 5.5.7 节中的显示元件换成 LCD1602 来实现。

附录 A　开发板电路原理图、使用说明

除任务 5.3 外，本开发板可完成书中 42 个任务。项目 4 的各任务可通过 STC 的下载软件中的串口调试助手接收开发板发来的数据进行测试。

1. 电路原理图说明

（1）LED 的电源可通过短路帽接通或断开，如图 A-1（a）所示。

（2）P3.2～P3.5 接独立按键，如图 A-1（b）所示。

（3）P1 口也是秒表预置的拨动开关输入口，拨到右边即为低电平，否则为高电平，如图 A-1（c）所示。

（4）单片机的 4 组 I/O 口 P0～P3 都有上拉电阻，都有双排针设计以方便扩展，如图 A-1（d）所示。

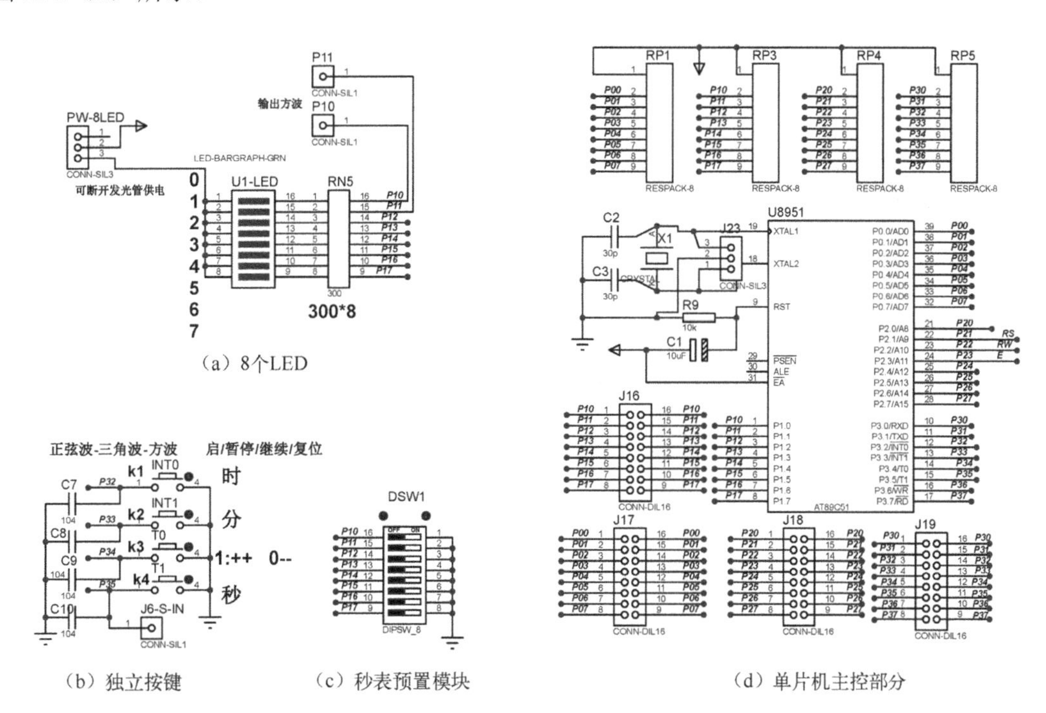

（a）8个LED

（b）独立按键　（c）秒表预置模块　（d）单片机主控部分

图 A-1　8 个 LED、独立按键、秒表预置模块、单片机主控部分的电路原理图

（5）74HC245 的片选端由 P2.6 控制，如图 A-2 左侧所示。

（6）字符液晶的电源可通过短路帽控制通或断，如图 A-2 右侧所示。

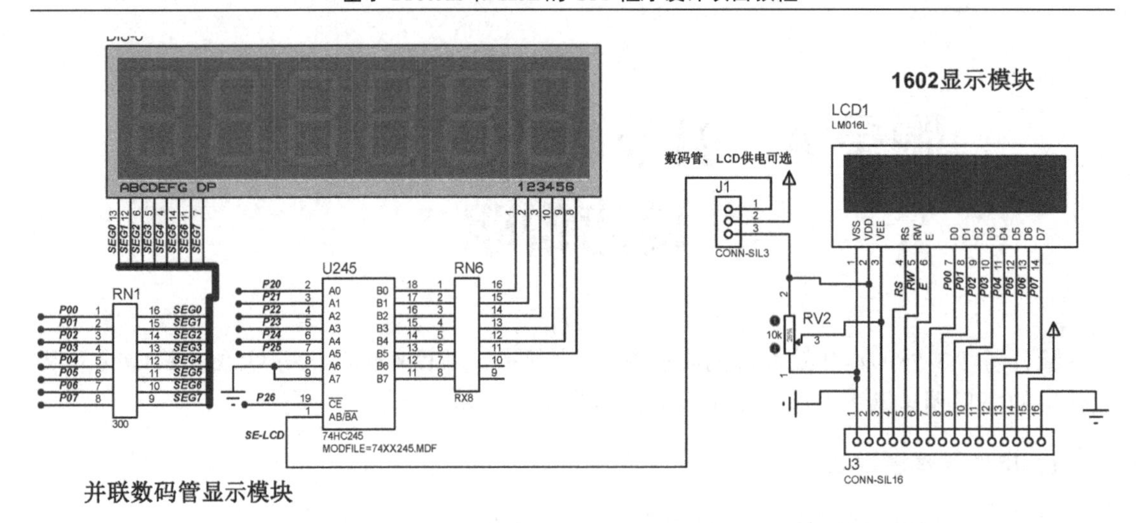

图 A-2　并联数码管、LCD 显示模块电路原理图

（7）电源可由 USB 接口提供或通过三脚电源接口，还留有备用的 VCC、GND 接口，如图 A-3（a）所示。

（8）STC 单片机的下载接口电路，如图 A-3（b）所示。

（9）发声由 P3.7 控制，可通过短路帽接通或断开，如图 A-3（c）所示。

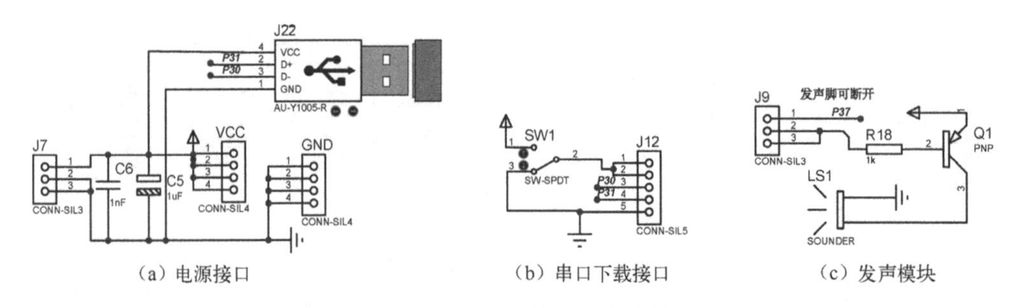

图 A-3　电源接口、串口下载接口、发声模块电路原图

（10）矩阵键盘由 P3 口控制，ADC0831 的片选端是 P2.7。J4、J5 为扩展用，如图 A-4 所示。

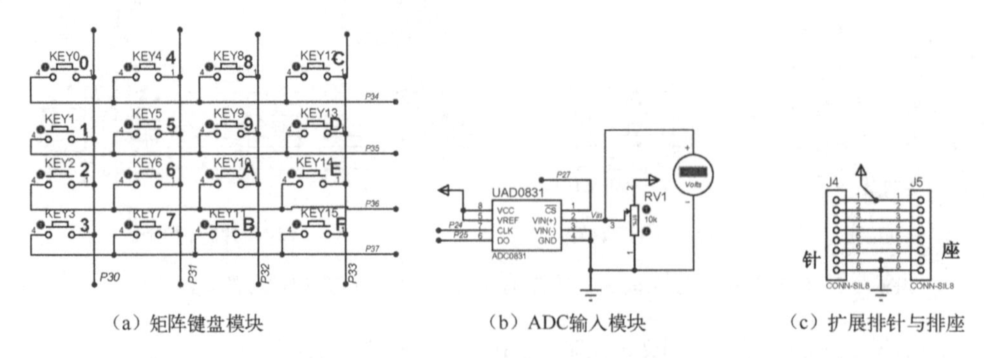

图 A-4　矩阵键盘模块、ADC 输入模块、扩展排针与排座电路原理图

（11）DAC0832 的片选端由 P2.7 控制，可通过短路帽接通或断开。注意，LM358 需要±12V 双电源，如图 A-5 所示。

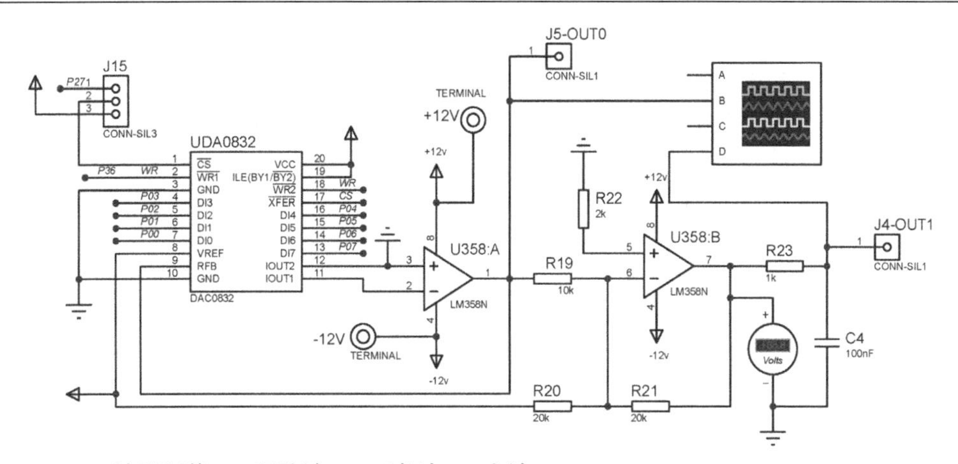

图 A-5　D/A 电路原理图

（12）独立数码管的电源可通过短路帽接通或断开，8×8 点阵与前两个数码管并联，如图 A-6 所示。

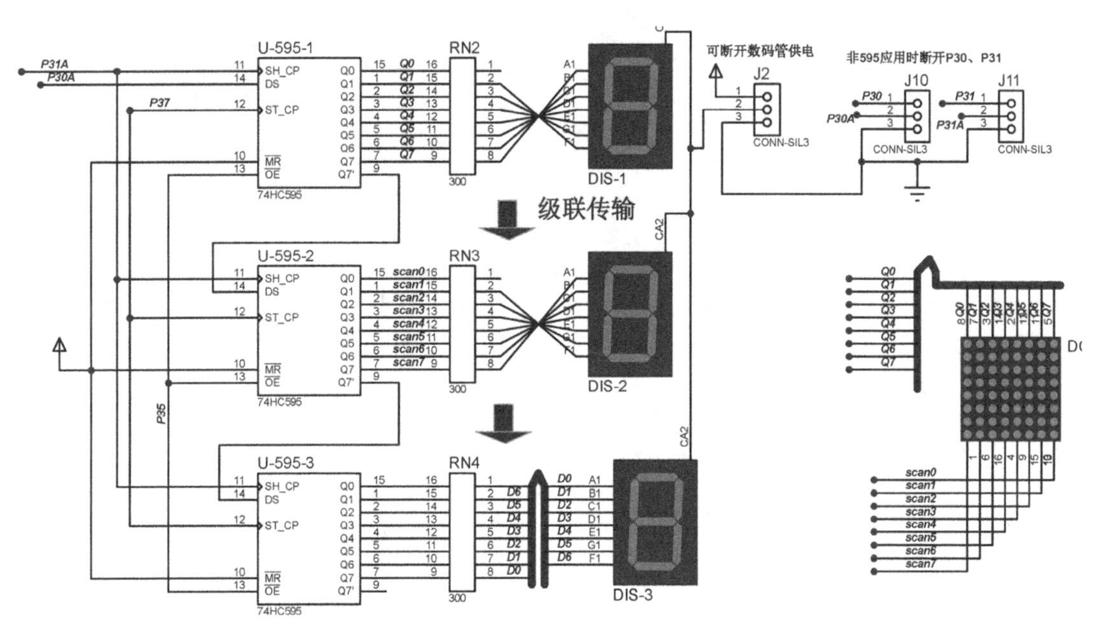

图 A-6　独立数码管与点阵模块的接口电路原理图

（13）拓展模块如图 A-7 所示。

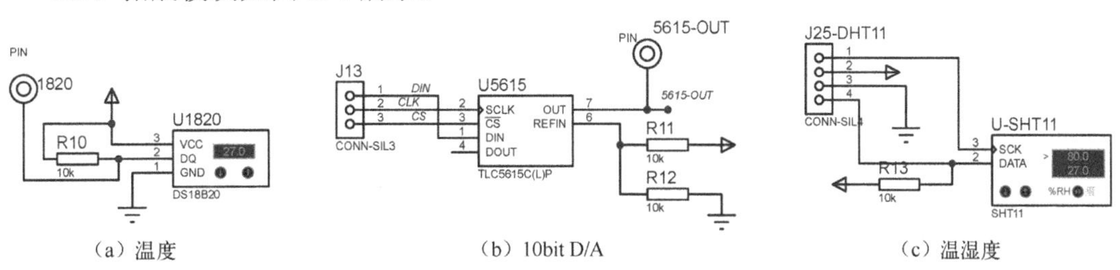

（a）温度　　（b）10bit D/A　　（c）温湿度

图 A-7　拓展模块

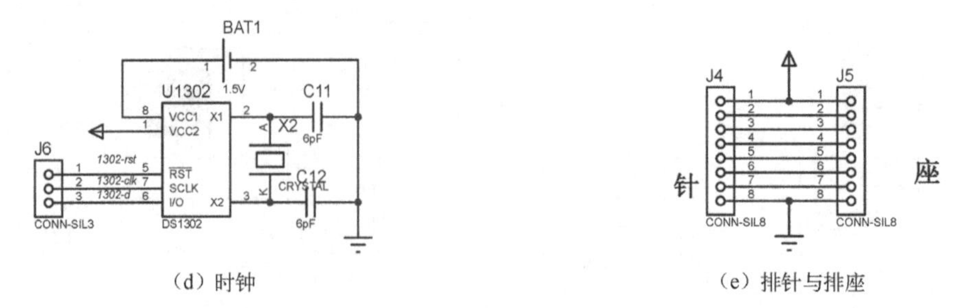

（d）时钟　　　　（e）排针与排座

图 A-7　拓展模块（续）

2．实物说明（见图 A-8）

图 A-8　实物开发板说明

附录 B　C51 程序设计实践报告要求

<table>
<tr><td>题目</td><td colspan="5"></td></tr>
<tr><td>姓名</td><td></td><td>班级</td><td></td><td>学号</td><td></td></tr>
<tr><td>功能描述</td><td colspan="5"></td></tr>
<tr><td>系统框图</td><td colspan="5"></td></tr>
<tr><td rowspan="2">电路设计</td><td>1．电路图</td><td colspan="4">在 Proteus 中完成电路设计，参照图 2-9，振荡、复位电路要完整，EA 引脚接正电源。（报告中要求画完整的电路）</td></tr>
<tr><td colspan="5">2．操作说明</td></tr>
<tr><td rowspan="4">软件设计</td><td>1．程序框架</td><td colspan="4"></td></tr>
<tr><td>2．思路与算法说明</td><td colspan="4"></td></tr>
<tr><td>3．流程图</td><td colspan="4"></td></tr>
<tr><td>4．源程序</td><td colspan="4">在 Keil 中完成程序设计，源程序的扩展名为 .c，注意设置输出选项。（在管理器窗口 Target 上右击，选 Option for target，选弹出窗口的 Output，再选中 Create HEX 复选框，按确定后，再编译。报告中要求写出程序）。同时设置输出 OMF 文件。</td></tr>
<tr><td>测试方案与数据记录</td><td colspan="5"></td></tr>
<tr><td>仿真调试（问题记录与总结）</td><td colspan="5"></td></tr>
<tr><td>任务完成情况（打钩）</td><td>完成</td><td colspan="2">有不足之处</td><td>半成品</td><td>未实践</td></tr>
<tr><td>自评（打钩）</td><td>非常满意</td><td colspan="2">满意</td><td>有缺憾</td><td>不满意</td></tr>
<tr><td>总结（知识、能力、素养等方面）</td><td colspan="5">收获：
改进的方法：</td></tr>
</table>

附录C　C51的运算符优先级及结合性

优先级	运算符	名称或含义	使用形式	结合规则
1	[ ]	数组下标	数组名[常量表达式]	自左向右
	( )	圆括号	(表达式)/函数名(形参表)	
	.	成员选择（对象）	对象.成员名	
	→	成员选择（指针）	对象指针→成员名	
2	-	负号运算符	-表达式	自右向左
	(类型)	强制类型转换	（数据类型）表达式	
	++	自增运算符	++变量名/变量名++	
	--	自减运算符	--变量名/变量名--	
	*	取值运算符	*指针变量	
	&	取地址运算符	&变量名	
	!	逻辑非运算符	!表达式	
	~	按位取反运算符	~表达式	
	sizeof	长度运算符	sizeof（表达式）	
3	*	乘	表达式*表达式	自左向右
	/	除	表达式/表达式	
	%	取余	整型表达式%整型表达式	
4	+	加	表达式+表达式	自左向右
	-	减	表达式-表达式	
5	<<	左移	变量<<表达式	自左向右
	>>	右移	变量>>表达式	
6	>	大于	表达式>表达式	自左向右
	>=	大于等于	表达式>=表达式	
	<	小于	表达式<表达式	
	<=	小于等于	表达式<=表达式	
7	==	等于	表达式==表达式	自左向右
	!=	不等于	表达式!=表达式	
8	&	按位与	表达式&表达式	自左向右
9	^	按位异或	表达式^表达式	自左向右
10	|	按位或	表达式|表达式	自左向右
11	&&	逻辑与	表达式&&表达式	自左向右
12	||	逻辑或	表达式||表达式	自左向右
13	?:	条件运算符	表达式 1?表达式 2:表达式 3	自左向右
14	=	赋值运算符	变量=表达式	自右向左
	*=	乘后赋值	变量*=表达式	
	/=	除后赋值	变量/=表达式	
	%=	取余后赋值	变量%=表达式	
	+=	加后赋值	变量+=表达式	
	-=	减后赋值	变量-=表达式	
	<<=	左移后赋值	变量<<=表达式	
	>>=	右移后赋值	变量>>=表达式	
	&=	按位与后赋值	变量&=表达式	
	^=	按位异或后赋值	变量^=表达式	
	|=	按位或后赋值	变量|=表达式	
15	,	逗号运算符	表达式，表达式…	自左向右

参 考 文 献

[1] 张靖武，周灵彬，刘兴来. 单片机原理、应用与 PROTEUS 仿真——汇编+C51 编程及其多模块、混合编程（本科版）[M]. 北京：电子工业出版社，2015.

[2] 张靖武，周灵彬，皇甫勇兵，等. 单片机原理、应用与 PROTEUS 仿真（第 3 版）[M]. 北京：电子工业出版社，2014.

[3] 周灵彬，任开杰. 基于 Proteus 的电路与 PCB 设计[M]. 北京：电子工业出版社，2010.

[4] 周坚. 单片机 C 语言轻松入门（第 3 版）[M]. 北京：北京航空航天大学出版社，2017.

[5] 徐爱钧. 单片机 C 语言编程与 Proteus 仿真技术[M]. 北京：电子工业出版社，2016.

[6] 宋雪松. 手把手教你学 51 单片机:C 语言版[M]. 北京：清华大学出版社，2014.

[7] 蔡杏山. 新编 51 单片机 C 语言教程：从入门到精通实例详解全攻略[M]. 北京：电子工业出版社，2017.

[8] MM74HC595 DATASHEET. 1999. http :// www.fairchildsemi.com

[9] DAC0830/DAC0832. 2002. http://www.national.com

[10] ADC0831/ADC0832/ADC0834/ADC0838. 2002. http:// www.national.com

[11] 通用 1602 液晶显示模块使用手册. 2002. http:// www.willar.com

[12] Keil Software Inc. Cx51 Compiler User's Guide. 2001.

[13] Proteus VSM help. http://www.labcenter.com/index.cfm

[14] 何钦铭，颜晖，张泳. C 语言程序设计（第三版）[M]. 北京：高等教育出版社，2015.

反侵权盗版声明